Conserver la Couverture

LA PHYSIQUE

DE

L'ÉLECTRICITÉ

PAR

L.-M. LE DANTEC

PROFESSEUR DE SCIENCES A TRÉGUIER

PARIS

LIBRAIRIE CENTRALE DES SCIENCES

MATHÉMATIQUES, ÉLECTRICIENS, ARTS MILITAIRES ET INDUSTRIELS, PHOTOGRAPHIE
AGRICULTURE, ETC.

J. MICHELET

25, Quai des Grands-Augustins (près le Pont Saint-Michel).

1896

LA PHYSIQUE

DE

L'ÉLECTRICITÉ

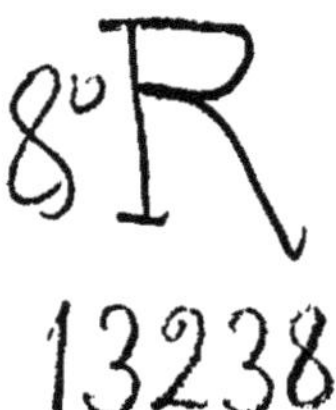

LA PHYSIQUE

DE

L'ÉLECTRICITÉ

L.-M. Le DANTEC
PROFESSEUR DE SCIENCES A TRÉGUIER

PARIS

LIBRAIRIE CENTRALE DES SCIENCES

Mathématiques, Électriciens, Arts Militaires et Industriels, Photographie
Agriculture, etc.

J. MICHELET

25, Quai des Grands-Augustins (près le Pont Saint-Michel).

1896

LA PHYSIQUE

DE

L'ÉLECTRICITÉ

Préambule philosophique

1. Dans l'étude que j'ai faite sur la Lumière, je n'ai eu besoin que d'une donnée sur la constitution des dernières molécules des corps : leur *sphéricité*.

Avec ces sphérules élémentaires et leur élasticité modifiée par la cohésion dans les cristaux, j'ai pu, *a priori*, prévoir et expliquer *physiquement* tous les phénomènes de l'Optique.

Pour ne pas compliquer cette étude par une discussion philosophique, je me suis contenté dans ce travail de poser la sphéricité moléculaire en simple *postulatum*.

Mais tous ceux qui m'ont fait l'honneur d'examiner cette étude en sont toujours venus à cette question préalable : quelles sont donc vos raisons pour affirmer ainsi que les molécules de la matière sont sphériques. Comment entendez-vous cette sphéricité ?

Je ne puis donc présenter cette nouvelle étude sur la Physique de l'Electricité sans répondre à cette question fondamentale.

Aussi bien l'idée que je me suis faite de l'électricité ne me permet plus de m'appuyer sur un simple *postulatum*. Toutes les explications que je donne sont fondées non plus seulement sur la sphéricité, mais sur *toutes les conditions mécaniques intimes* que des considérations purement philosophiques m'avaient conduit à introduire dans la constitution de ces sphérules primordiales, même avant que je connusse les phénomènes dont il fallait chercher l'explication.

Je vais donc exposer immédiatement ma manière de voir sur cette question qui s'impose d'ailleurs à tout physicien soucieux de pénétrer dans le pourquoi des phénomènes.

ARTICLE Ier

Etat actuel de la question.

---

2. — Les essais de théorie tentés jusqu'ici sur la constitution de la matière reviennent aux trois systèmes principaux suivants.

1° Les uns, se trouvant en présence de ces deux idées : *« L'esprit est essentiellement simple, et la matière est essentielle- « ment composée »*, n'ont jamais pu se débarrasser de la seconde.

Malgré tous les efforts de leur imagination s'acharnant à pourfendre la matière, ils l'ont toujours vûe se dresser devant eux avec une nouvelle droite et une nouvelle gauche, réalisant ainsi deux rêveries de la fable antique : celle de l'Hydre qui pour une tête perdue en retrouvait cent autres ; — et celle du Phénix qui renaissait de ses cendres.

D'après eux, les corps tels que nous les voyons et touchons, ne nous donnent point une idée exacte de l'*étendue* de la matière telle qu'elle est dans son essence. Leur porosité empêche leur extension d'être continue. Elle est interrompue par les vides qui constituent cette porosité.

Pour se faire une idée exacte de l'étendue essentielle à la matière il faut, d'après eux, se faufiler en imagination à travers le labyrinthe des pores d'un corps, en briser tous les points de contact, et réduire ce corps à un amas de molécules, de petites masses *dans l'intérieur desquelles, prétendent-ils, il n'y a plus de pores, plus de vides, plus de solution de continuité.*

Ces molécules, qui sont pour les corps ce que les pierres sont pour un édifice, remplissent adéquatement tout le volume sous lequel notre pensée les perçoit encore dans les régions de l'infiniment petit ; — et, comme ce volume, considéré géométriquement, est divisible à l'infini, la molécule matérielle qui n'est autre chose que ce volume caillé, coagulé, solidifié, est aussi divisible à l'infini.

2° D'autres philosophes, craignant le malheur de ces infortunés qu'ils voyaient tomber éternellement dans le chaos de la matière indéfinie, — comme le Satan de Milton, — ont voulu s'arrêter dans cette chute en se donnant pour point d'appui les *atomes*, c'est-à-dire les *insécables*.

Comme les premiers ils admettent qu'après un certain nombre de divisions on arrive en présence de molécules qui ont l'étendue véritable, une étendue continue, sans pores.

Mais au lieu de convenir logiquement, comme eux, que ce qui a droite et gauche, haut et bas, est nécessairement divisible, ils osent prétendre que ces molécules étendues résistent à tous les efforts, même à ceux de l'imagination ; — qu'elles sont en un mot de véritables atomes.

Parmi ces philosophes, il en est qui ont poussé l'énergie de leur foi en ces petits solides indestructibles jusqu'à se féliciter de ne pas croire en Dieu et d'avoir par là-même le droit de croire aux atomes.

« Descartes, a-t-on dit, fut un bon catholique et par « suite, il repoussa l'idée des atomes, parce qu'il

« serait absurde pour qui croit en Dieu, de supposer « que ce Dieu ne pourrait pas diviser un atome. »

Ceux qui parlent ainsi s'imagineraient-ils donc que la Toute-Puissance divine implique la puissance de faire l'impossible. Si leurs atomes étaient métaphysiquement insécables il est évident qu'ils ne feraient nulle injure à Dieu en lui déniant la puissance de les subdiviser ; pas plus qu'ils n'amoindriraient ses prérogatives en disant qu'il ne peut faire que deux et deux ne donnent point quatre, et que le rapport de la circonférence au diamètre ne soit point 3,14... Toutes ces vérités absolues ne sont que des rayonnements de sa suprême Raison et de son éternelle Sagesse.

En avouant donc qu'ils sont forcés de se débarrasser de Dieu pour sauver leurs atomes, ils avouent implicitement l'absurdité qu'ils ont commise en admettant des *corps composés indécomposables*.

3° D'autres enfin, trouvant également absurde, — et de s'arrêter devant l'indestructibilité des atomes, — et de se laisser tomber éternellement dans le chaos de la matière indéfinie, ont admis un commencement d'idée vraie.

« Tout élément matériel étendu, disent-ils avec rai-« son, peut de toute nécessité être subdivisé ; mais en « poussant assez loin cette subdivision, on arrive à « des éléments simples ou monades, qui n'ayant plus « aucune des dimensions de l'étendue sont par là-« même indécomposables. »

Mais là s'arrête leur idée. Ils n'affirment rien au sujet de leurs monades. Ce sont des êtres simples, sans parties, voilà tout. Ils ne pensent pas à donner la moindre petite propriété essentielle à ces pauvres petits êtres.

L'homme a pu dire de lui-même : « Je pense, donc je suis. » Mais il ne peut rien dire d'analogue au sujet des monades de cette troisième opinion.

Ces philosophes semblent oublier que l'axiome : « *il « faut être, avant d'avoir telle ou telle manière d'être.* » n'indique qu'une priorité de raison et qu'aucun être ne peut exister sans une manière d'être ; — ou, s'ils y pensent, ils ne remarquent point que la simplicité de nature ne constitue pas à elle seule une manière d'être.

3. — Aussi, je ne sais laquelle de ces trois opinions est le plus à plaindre.

La première tombera éternellement dans l'abîme du chaos. « *In bottomless perdition* ! »...

La seconde, condamnée à tomber comme la première, rêve pendant sa chute qu'elle a trouvé un ciment assez fort pour consolider sous ses pieds les atomes disloqués ; mais ce n'est là qu'un rêve, absurde comme la plupart des rêves.

La dernière, il est vrai, ne tombe pas dans un abîme, mais elle aborde un rivage qui n'est peuplé que d'ombres. Elle se trouve en présence d'une multitude d'êtres dont le nombre est sans doute parfaitement déterminé, mais elle a procédé dans son analyse de la matière avec une vigueur telle qu'elle l'a réellement *vaporisée*. Ses monades sont des êtres abstraits, des êtres de raison pure, qui attendent pour revenir à l'existence qu'on leur redonne leur manière d'être.

Ce qu'il y a de malheureux c'est que, sans aucun doute, les partisans de cette opinion ont procédé au dépouillement de la matière de telle sorte qu'ils n'ont point su distinguer entre les vêtements accessoires et les vêtements essentiels ; et par suite ils n'ont pu lui rendre ce qui lui est indispensable pour venir reprendre sa place dans le monde réel.

4. — La seconde opinion étant à négliger pour la trop évidende absurdité de ses atomes, la première et la troisième restent seules sur le champ de bataille. Leurs interminables disputes font perdre bien du temps dans les cours de Philosophie, sans aider beaucoup les progrès de l'intelligence. Car, vu que probablement elles tiennent chacune un bout de la vérité, on ne peut se faire le champion exclusif de l'une d'elles sans aller contre la vérité, c'est-à-dire sans déraisonner.

« La matière est essentiellement composée donc divisible à l'infini ! » s'écrie la première.

« La matière est réductible à des éléments simples,
« donc non divisible à l'infini ! » réplique la seconde.

Ce qui les frappe c'est que ces deux propositions sont contradictoires ; ce qu'elles ne voient pas c'est que le mot matière peut et même doit représenter en réalité deux termes pour chacun desquels ces deux affirmations incompatibles pourraient bien être vraies isolément, en toute rigueur philosophique.

5. — Les Physiciens déconcertés par ces stériles discussions de l'Ecole ont fini par ne plus s'occuper de cette question de la constitution de la matière et se sont adonnés exclusivement à la Physique expérimentale.

Cependant, comme l'esprit synthétique est l'un des attributs essentiels de la nature humaine, ils n'ont pu se contenter de la collection des faits qu'une expérimentation patiente, habile et précise avait accumulés sous leurs yeux. Et, tout en tournant le dos avec dédain à tous ces systèmes philosophiques contradictoires ne leur permettant d'aboutir à aucune idée synthétique nette et précise, ils ont tenté de leur côté la synthèse des faits par la méthode mathématique.

Leibnitz et Newton en inventant le calcul différentiel et intégral leur ont mis pour cela entre les mains un instrument vraiment merveilleux.

Grâce à l'habileté avec laquelle des génies tels que Newton, Fresnel, Ampère, Biot, Cauchy, Pouillet et autres ont su manœuvrer cet admirable engin, les phénomènes les plus compliqués de la Gravitation universelle, de la Lumière, de la Chaleur et de l'Electricité ont eu leur formule, leur *symbole analytique.*

Sans s'inquiéter davantage de ce que pourraient bien être les forces de la Nature et les êtres physiques qui obéissent à ces forces, ils ont, dans tous les cas, — lumière, chaleur, électricité, — substitué à l'étude directe des forces réelles en jeu dans les phénomènes, la considération d'un ellipsoïde théorique obtenu en composant suivant trois lignes perpendiculaires tous les petits mouvements insaisissables que ces forces peuvent produire.

6. — Tout en reconnaissant que l'intervention des mathématiques est absolument indispensable dans la science pour en préciser les phénomènes, et surtout pour calculer pratiquement les effets utiles que nous pouvons en tirer, il faut bien se souvenir que les lois du *nombre* ne sont pas les seules que Dieu a imposées à son œuvre, mais que sa sagesse y fait régner aussi les lois du *poids* et celles des *volumes*.

Il faut se dire qu'il y a là, au fond des choses, des êtres nettement définis dont le poids et le volume présentent des entités réelles, distinctes, non confondues dans la *continuité* impossible que l'on suppose, et qui doivent par conséquent produire des effets individuels précis, appartenant en propre à chacune de ces entités.

Si donc l'on veut faire de la Physique véritable, si l'on veut pénétrer réellement les secrets de l'Œuvre divine, il faut tenter d'arriver jusqu'à ces êtres, au lieu de leur substituer l'abstraction de notre ellipsoïde dont le fonctionnement dépend de notre volonté, tandis que leur fonctionnement, à eux, dépend des lois naturelles que Dieu leur a imposées.

7. — Par la méthode abstraite des mathématiques, nous ne pouvons prétendre qu'à formuler des *symboles* des phénomènes, sans en saisir le mécanisme intime.

« Si l'on se contente, comme on le fait d'ordinaire, — dit le grand géomètre Poinsot dans sa théorie nouvelle de la rotation des corps, — de traduire les problèmes en équations, et qu'on s'en rapporte ensuite aux transformations du calcul pour mettre au jour la solution qu'on a en vue, on trouvera le plus souvent que cette solution est plus cachée dans ces symboles analytiques, qu'elle ne l'était dans la nature même de la question proposée. Ce n'est donc point dans le calcul que réside cet art qui nous fait découvrir, mais dans cette considération attentive des choses, où l'esprit cherche avant tout à s'en faire une idée, en essayant, par l'analyse proprement dite, de les décomposer en d'autres plus simples afin de les revoir ensuite comme si elles étaient formées par la réunion de ces choses simples dont il a une pleine connaissance.

« Ainsi notre méthode n'est que cet heureux mélange de l'analyse et de la synthèse, où le calcul n'est employé que comme un *instrument* ; instrument précieux et nécessaire sans doute, parce qu'il assure et facilite notre marche, mais *qui n'a par lui-même aucune vertu propre ; qui ne dirige point l'esprit, mais que l'esprit doit diriger comme tout autre instrument.*

« Ce qui a pu faire illusion à quelques esprits sur cette espèce de force qu'ils supposent aux formules de l'analyse, c'est qu'on en retire avec assez de facilité des vérités déjà connues, et qu'on y a pour ainsi dire soi-même introduites ; et il semble alors que l'analyse nous donne ce qu'elle ne fait que nous rendre dans un autre langage.

« Quand un théorème est connu on n'a qu'à l'exprimer par des équations : si le théorème est vrai, chacune d'elles ne peut manquer d'être exacte, aussi bien que les transformations qu'on en peut déduire ; et si l'on arrive ainsi à quelque formule évidente ou bien établie d'ailleurs, on n'a qu'à prendre cette expression comme un point de départ, à revenir sur ses pas, et le calcul seul *paraît avoir conduit comme de lui-même* au théorème dont il s'agit.

« Mais c'est en cela que le lecteur est trompé. Ainsi, pour prendre un exemple dans la question même qui fait l'objet de ce mémoire, il est bien clair qu'aujourd'hui rien ne serait plus aisé que de retrouver nos idées dans les expressions analytiques d'Euler et de Lagrange, et même de les en dégager avec un air de facilité qui ferait croire que ces formules devaient les produire spontanément. Cependant, comme ces idées ont échappé jusqu'ici à tant de géomètres qui ont transformé ces formules de tant de manières, il faut convenir que cette analyse ne les donnait point, puisque, pour les y voir, il aura fallu attendre qu'un autre y parvînt par une voie toute différente.

« Encore une fois, gardons-nous de croire qu'une science soit faite quand on l'a réduite à des formules analytiques. Rien ne nous dispense d'étudier les choses en elles-mêmes, et de nous bien rendre compte des idées qui font l'objet de nos spéculations. N'oublions pas que les résultats de nos calculs ont presque toujours besoin d'être vérifiés d'un autre côté par quelque raisonnement simple, ou par l'expérience. Que si le calcul seul peut quelquefois nous offrir une vérité nouvelle, il ne faut pas croire que sur ce point même l'esprit n'ait plus rien à faire ; mais, au contraire, il faut songer que, cette vérité étant indépendante des méthodes ou des artifices qui ont pu nous y conduire, il existe certainement quelque démonstration simple qui pourrait la porter à l'évidence : ce qui doit être le grand objet et le dernier résultat de la science mathématique.

« Qu'on me pardonne ces réflexions, que je fais, j'ose le dire, dans l'unique intérêt de la science. Je connais le caractère propre et distinctif de l'analyse algébrique, et je pourrais même dire avec précision en quoi cet art a pu perfectionner la logique ordinaire du discours ; je sais tout ce que les bons esprits doivent au calcul ; mais je tâche d'éclairer ceux qui se trompent sur la nature de cet instrument, et en même temps de prévenir l'abus que d'autres en peuvent faire en profitant de cette illusion même ; car, sitôt qu'un auteur ingénieux a su parvenir à quelque vérité nouvelle, n'est-il pas à craindre que le calculateur le plus stérile ne s'empresse d'aller vite la rechercher dans ses formules, comme pour la découvrir une seconde fois, et à sa manière, qu'il dit être la bonne et la véritable ; de telle sorte que l'auteur lui-même, quelquefois peu exercé ou même étranger à ce langage et à ces symboles sous lesquels on lui dérobe ses idées, ose à peine réclamer ce qui lui appartient et se retire presque confus, comme s'il avait mal inventé ce qu'il a si bien découvert ? Singulier artifice qu'il est bon de signaler comme un des plus nuisibles aux progrès des sciences, parcequ'il est, sans contredit, un des plus propres à décourager les inventeurs. »

8. — Oui, il faut bien le reconnaître, toutes nos savantes formules nous laissent dans la nuit la plus complète sur le pourquoi des choses, c'est-à-dire sur le véritable objet de la science.

La Métaphysique de l'Ecole se contentait de voir les êtres dans leurs archétypes, avec leur matière et leur forme, sans s'abaisser jusqu'à préciser en quoi consistaient cette matière et cette forme pour chaque être dans le monde réel.

La Métaphysique du Calcul est un peu coupable de ce même dédain transcendant pour la vraie Physique. Elle est sans doute bien autrement précise et bien autrement féconde que la métaphysique des purs philosophes ; mais, pas plus que cette dernière, elle n'explique *aucun phénomène.*

9. — Ainsi par exemple, que me sert de savoir que le rapport du sinus d'incidence au sinus de réfraction est constant dans la simple réfraction ?

Cette notion suffit sans doute pour que je puisse soumettre au calcul la construction des lentilles et des instruments d'optique ; mais si le géomètre et le praticien peuvent se contenter de cela, le véritable Physicien est loin d'être satisfait. Il entend toujours sa raison curieuse lui demander : mais pourquoi donc le rayon lumineux dévie-t-il en passant d'un milieu dans un autre ? Pourquoi dévie-t-il de plus en plus avec l'obliquité de l'incidence ? Pourquoi dévie-t-il tantôt en se rapprochant, tantôt en s'écartant de la normale ?....

10. — A quoi me sert de savoir avec la loi de Malus que dans la double réfraction du spath d'Islande le rayon ordinaire et le rayon extraordinaire varient l'un par rapport à l'autre comme le sinus et le cosinus ?

A quoi me sert même de savoir avec Huyghens que ces deux rayons sortent du cristal, — l'ordinaire comme s'il y avait une sphère, — et l'extraordinaire comme s'il y avait un ellipsoïde dans ce cristal; surtout quand on ajoute: « mais évidemment il n'y a « là ni sphère ni ellipsoïde réels » ?

Le Physicien vraiment digne de ce nom se demandera toujours : mais pourquoi donc y a-t-il deux élasticités différentes dans le spath d'Islande ? Pourquoi y en a-t-il une qui reste la même dans toutes les directions et pourquoi l'autre varie-t-elle avec la direction à travers le cristal ? Pourquoi la loi de Malus n'est-elle applicable qu'au spath et pourquoi le rayon ordinaire n'existe-t-il pas dans la tourmaline, — cristal rhomboédrique comme le spath ?

11. — A quoi me sert de savoir que Fresnel a pu faire des formules correspondant à la non interférence des rayons polarisés à angle droit, quand il me dit que pour obtenir ce résultat il a dû renoncer aux vibrations longitudinales dans la Lumière.

Je me demande aussitôt avec anxiété : mais comment donc la Lumière peut-elle se propager avec des vibrations purement transversales ? Comment une file de molécules vibrant perpendiculairement à la droite de leur alignement peuvent-elles se transmettre les vibrations suivant cette droite ?

Et quand on me répond qu'il faut bien, pour expliquer cette hypothèse, admettre qu'il existe une certaine *viscosité* des atomes grâce à laquelle ils s'entraînent successivement dans leur mouvement transversal, par *agglutination*.... Je m'étonne que des esprits sérieux osent confier au levier mollasse et inconsistant d'une viscosité énigmatique le plus compliqué et en même temps le plus précis de tous les phénomènes de la nature, la Lumière. — Et je comprends que Laplace et Arago aient traité cette hypothèse de Fresnel d'*absurdité mécanique*.

12. — Et quand j'entends Fresnel, Cauchy et Lamé affirmer qu'il existe deux élasticités, constituées, — l'une par la résistance au *changement de volume*, — l'autre par la résistance au *changement de figure* ; — que la première sert à la propagation des vibrations longitu-

dinales, et la seconde à la propagation des vibrations transversales ; — que les fluides, comme l'air, possédant la première élasticité, il n'y a que des vibrations longitudinales dans le son ; — et que l'éther, possédant la seconde élasticité, il n'y a dans la Lumière que des vibrations transversales,... je me sens d'une part sans doute saisi de respect en présence de telles autorités ; mais d'autre part aussi je me trouve complètement dérouté, car toutes ces distinctions me semblent absolument factices.

En effet quand j'analyse les vibrations d'une lame, données comme exemple de l'élasticité qui consiste en la résistance au changement de figure, il me semble qu'elle est absolument assimilable au fait d'un volume d'air comprimé par un piston, fait attribué à l'élasticité qui consiste en la résistance au changement de volume.

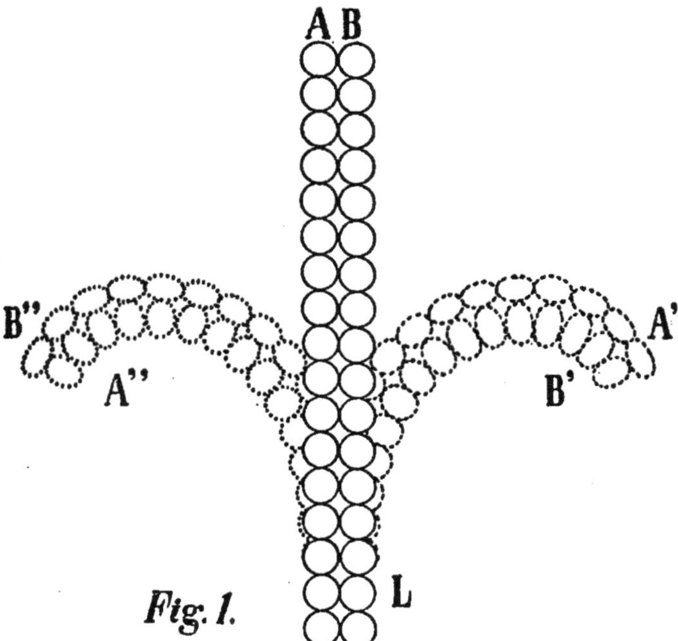

Soit par exemple la lame élastique L, figure 1.

En réalité cette lame est constituée par plusieurs

files de molécules parallèles que nous réduirons à deux, A et B, pour ne pas compliquer l'analyse.

Si les molécules de la lame sont sphériques quand elle est droite en A B ; lorsqu'on la courbera en A' B', les molécules extérieures de la convexité A' s'allongeront en ovoïdes, tandis que les molécules intérieures de la concavité B' s'aplatiront en disques.

Une moitié des molécules est donc dilatée et l'autre moitié comprimée. Donc la réaction va être telle que la série A' va se contracter en A″ et la série B' se dilater en B″.

Or dans le volume d'air qui se dilate après avoir été comprimé par un piston le phénomène physique est exactement le meme.

Les molécules d'air cédant au piston et les molécules d'acier dans la concavité B' ou A″ sont identiquement dans le même état de compression. D'autre part les molécules d'air relevant le piston et les molécules d'acier de la convexité A' ou B″ sont aussi dans le même état de dilatation.

Je ne vois donc aucune nécessité d'admettre deux élasticités, — si ce n'est le besoin de donner une raison à l'absence de vibrations transversales dans le son et à l'absence de vibrations longitudinales dans la Lumière.

Mais au lieu de chercher à expliquer ces deux hypothèses, il eût bien mieux valu ne pas les affirmer, car rien n'est compromettant comme de trouver des raisons à une fausseté.

L'absence des vibrations transversales dans le son est en effet une hypothèse tout aussi fausse que celle de l'absence des vibrations longitudinales dans la Lumière.

13. — Les physiciens ont bien senti que la Physique proprement dite, la Physique qui doit parler si non aux yeux du corps au moins à ceux de l'imagination, ne pouvait se trouver satisfaite par ces abstractions dans lesquelles des données de pure convention se substituent trop souvent à la réalité des phénomènes

en eux-mêmes, et ils ont hasardé quelques hypothèses sur la matière soumise à leurs études.

Sans préciser la constitution intime des molécules ou atomes, ils ont admis généralement cette ancienne hypothèse de Bernouilly sur les gaz :

« Les molécules des gaz sont lancées rectilignement avec des vitesses moyennes égales dans tous les sens, se croisant dans toutes les directions, pouvant même se rencontrer et se réfléchir par le choc sans perdre leur quantité de mouvement. »

Je crois que c'est là un de ces énoncés auxquels personne ne croit ; mais qu'on laisse passer parce que par là-même qu'ils ne disent rien de précis ils ne gênent personne.

14. — Quelques-uns voulant préciser davantage la constitution de la matière, ont complété l'opinion qui la réduit à des éléments simples, en attribuant à ces éléments simples ou monades, des forces abstraites d'attraction et de répulsion.

Pour eux la monade serait immobile, et Dieu, par sa Toute-Puissance, créerait autour de cette monade une sorte d'atmosphère magique, d'un rayon déterminé, dans l'intérieur de laquelle il y aurait répulsion, — et en dehors de laquelle il y aurait attraction de la part de la molécule.

La surface géométrique, abstraite, immatérielle, où la puissance de répulsion serait ainsi subitement transformée en puissance d'attraction constituerait aux yeux de ces physiciens la *sphère moléculaire*, c'est-à-dire l'étendue de la matière.

La monade, oisive au centre de son petit domaine, ne serait pour rien dans la délimitation de ce domaine ; ce serait Dieu lui-même qui, à l'occasion de la présence de la monade en tel point, écarterait tout autour de ce point jusqu'à une certaine distance et attirerait tout vers ce point au delà de cette distance...

Mais sans m'arrêter davantage à la discussion de toutes les opinions déjà connues sur la constitution de la matière, j'en viens à exposer ma manière de voir.

ARTICLE II.

Les derniers éléments de la matière sont des êtres simples ou monades inétendues.

15. — L'unique raison qui pousse certains esprits à croire que les derniers éléments de la matière possèdent une extension *physique* sans pores, est la nécessité d'expliquer comment les corps, tels qu'ils tombent sous nos sens, sont étendus et occupent une certaine portion de l'espace à l'exclusion de tout autre corps.

A coup sûr, les auteurs de ce système n'ont pas manqué leur but, et tant qu'à fabriquer des molécules capables de s'adjuger la propriété exclusive d'une portion de l'espace, il faut avouer qu'ils n'ont pas fait la chose à demi.

Mais c'est précisément dans cet excès de qualité qu'est leur défaut. Leurs molécules n'occupent que trop bien le volume qu'elles ont en partage.

Toute la susbtance qu'ils emprisonnent dans les flancs de ces molécules n'est qu'une surcharge encombrante et bien embarrassante quand ils voudront rendre compte de l'élasticité et de la compressibilité des corps.

Comment donc expliqueront-ils que deux volumes d'hydrogène et un volume d'oxygène ne donnent que deux volumes de vapeur d'eau ; — que trois volumes d'hydrogène et un volume d'azote ne donnent que deux volumes de gaz ammoniac ?

Ils ne peuvent invoquer pour cette explication la porosité de la matière considérée en gros, car le volume dû à cette porosité est un élément étranger, un élément négatif dans l'étendue de la matière.

Comme d'ailleurs leurs molécules jouissent d'une impénétrabilité *absolue*, il se trouve que leur hypothèse est en contradiction flagrante avec les faits.

16. — Admettons donc que tous les êtres existants sont simples ; que ceux qui, vu la grossièreté de nos moyens d'observation, nous apparaissent toujours comme composés, ne sont en réalité que des agrégations plus ou moins nombreuses, mais mathématiquement déterminées, d'êtres simples.

Dieu est un Etre Simple dont la propriété essentielle est l'Asséité, c'est-à-dire qu'il existe par Lui-Même ; et cette propriété entraîne l'Eternité et toutes les perfections.

Les Purs Esprits sont des êtres simples dont la propriété essentielle est d'avoir une volonté éclairée par une intelligence dans la sphère des idées pures.

L'Ame humaine est un être simple qui a pour propriété essentielle d'avoir une volonté guidée : — en premier lieu par la raison seule dans ses excursions à travers le monde de l'éternelle Vérité ; — et en second lieu par la raison secondée par l'instinct dans le gouvernement de cette portion de matière qui lui est adjointe et qu'on appelle son corps.

L'âme animale est un être simple qui a pour propriété essentielle une sorte de volonté inférieure guidée par un instinct aveugle et inconscient dans les actes qu'elle doit exécuter en se servant, comme d'instrument, d'un corps qu'elle peut transporter çà et là.

L'âme végétative est un être simple dont la propriété essentielle consiste en une puissance organisatrice, en vertu de laquelle elle peut construire avec du charbon, de l'eau et quelques autres minéraux ces édifices admirables que nous appelons un chêne, une rose, un brin d'herbe.

Dans l'homme, l'animal et le végétal, les êtres simples ont été appelés des âmes, parce qu'ils tiennent sous leur domination une certaine quantité d'autres êtres simples inférieurs auxquels ils communiquent des mouvements plus ou moins compliqués qu'ils *animent* en un mot.

Nous trouvons donc dans l'échelle des êtres. Dieu, les Purs Esprits, l'Ame humaine, l'Ame animale, l'Ame végétative et enfin l'être simple minéral dont il s'agit de déterminer la propriété essentielle, c'est-à-dire la *forme* grâce à laquelle il produit l'*étendue*.

ARTICLE III.

La propriété essentielle commune à tous les éléments matériels, est le MOUVEMENT, et c'est par le mouvement que la matière est étendue.

17. — Un des résultats les plus certains et les plus heureux des travaux de la Science moderne, est la démonstration de ce grand principe : — que tous les phénomènes si variés de la nature se ramènent à du mouvement ou à des transformations de mouvement.

Dans la généralité des phénomènes, je n'en prendrai qu'un seul, comme étant le plus propre à nous faire saisir la question de la *Forme* que Dieu a pu donner à la monade minérale : c'est la liquéfaction de tous les gaz, dont aucun n'est plus permanent.

On ignore la densité exacte de l'hydrogène liquéfié ; je suppose donc les nombres, mais cela n'infirme en rien ma conclusion.

Un mètre cube d'hydrogène comprimé dans les appareils Cailletet et Pictet devient, je suppose, un décimètre cube d'hydrogène liquide.

Que s'est-il passé ?

Evidemment toute la matière pondérable qui était dans le mètre cube est encore là dans le décimètre cube. Pas une molécule pondérable n'a été anéantie ; pas une n'a même été éliminée.

Une seule chose a été expulsée ; c'est de la *Chaleur.*

Or la chaleur, c'est du mouvement.

Donc c'est du mouvement que l'on a soutiré à l'hydrogène ; c'est donc grâce à du mouvement que ce décimètre cube occupait tout à l'heure l'espace d'un mètre cube.

C'EST DONC PAR LE MOUVEMENT QUE LA MATIÈRE EST ÉTENDUE

Je dirai donc que le mouvement est la propriété

essentielle de la monade minérale, la *forme* qui fait que cet être simple est une molécule matérielle, au lieu d'être une âme végétative ou une âme animale.

ARTICLE IV.

Le seul mouvement qui permette aux monades simples de former de l'étendue, est le mouvement girosphérique

18. — Il est évident que le mouvement de la monade devra être tel qu'il délimite un volume, et comme le

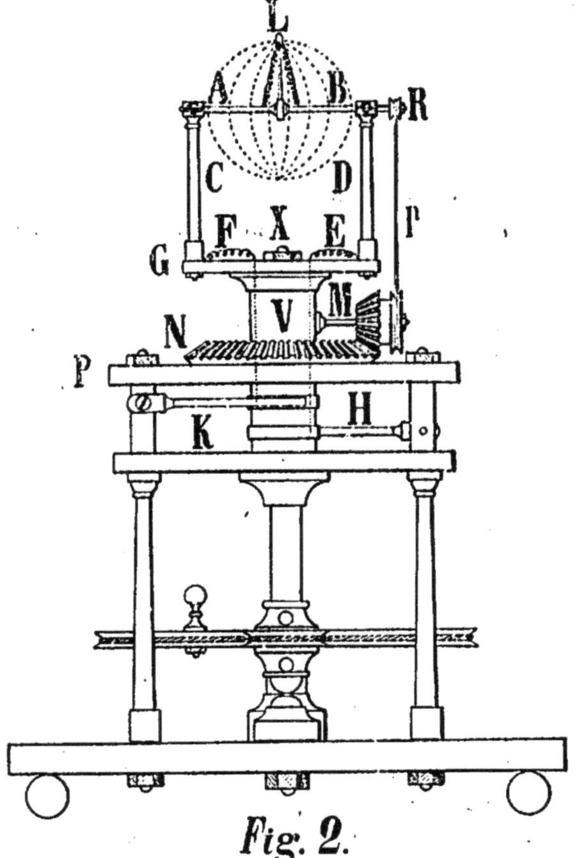

Fig. 2.

plus simple des volumes est la sphère, nous dirons que

la monade décrit la surface d'une sphère, par un mouvement que j'appellerai *girosphérique*.

Ce mouvement est très facile à imaginer et j'ai pu construire un appareil qui en donne une idée parfaite.

Soit fig. 2, un axe vertical XV, pouvant tourner au centre d'une roue d'angle N fixée sur un plateau P.

L'extrémité X de cet axe porte un plateau G surmonté de deux colonnettes C, D.

Une douille V fixée sur l'axe X, porte un axe horizontal sur lequel tourne le pignon d'angle M, pendant qu'il se promène horizontalement sur le pourtour de la roue fixe N.

A ce pignon M est adjointe une poulie qui par le fil *p* actionne la petite poulie R fixée sur l'axe horizontal AB. Cet axe AB, porté par les colonettes C,D, porte lui-même à l'extrémité d'un doigt vertical une petite lampe électrique L.

Deux balais K,H, s'appuyant sur deux bagues fixées sur l'axe vertical X qui est en buis, transmettent le courant aux deux fils E,F.

Ces fils E,F, envoient le courant par les colonnettes C,D, à l'axe AB dont les extrémités sont isolées l'une de l'autre. De là le courant passe à la lampe.

En tournant autour de l'axe AB, le point brillant L donne un méridien lumineux qui, en se déplaçant par la rotation horizontale du plateau G, donne une sphère de feu.

Tel est le mouvement girosphérique grâce auquel la monade simple inétendue, forme l'étendue.

19. — Ce mouvement est en réalité son acte vital ; — l'acte par lequel elle *s'extériore*, comme dit l'Ecole ; — l'acte par lequel elle affirme son existence dans le monde.

L'homme a pu dire de lui-même : « Je pense, donc je suis. » Et la monade pourrait dire : « Je tourne, donc je suis. » Le volume qu'elle délimite ainsi, est son *home*, son chez-soi, son petit domaine dans lequel aucun autre être ne pénètrera en dehors des lois de l'affinité imposées par Le Maître à la nature de chacune des espèces de molécules que nous spécifierons plus tard.

Au lieu de demeurer oisive au centre d'une sphère moléculaire abstraite, formée par une atmosphère magique de répulsion, c'est elle-même qui, se multipliant par la rapidité vertigineuse de sa rotation, ferme le passage à toute intrusion.

20. — Rappelons-nous ici, pour aider notre imagination, ou plutôt pour comprendre que notre imagination doit rester hors de cause dans la conception de ce mouvement, que les dernières molécules de l'éther, dans le triple phénomène de la Chaleur, de la Lumière et de l'Actinie, exécutent simultanément toute la série des vibrations calorifiques *au-dessous* de 400 *trillions* de vibrations à la seconde ; — toute la série des vibrations lumineuses depuis 400 jusqu'à 700 *trillions* à la seconde ; — et toute la série des vibrations actiniques *au-dessus* de 700 *trillions* à la seconde.

La réalité de pareilles vitesses nous prouve que notre raison doit être disposée à admettre dans le mouvement girosphérique une rapidité telle que le retour de la monade en un même point de sa sphère peut être regardé comme touchant à l'instantanéité.

Si d'autre part nous n'oublions pas qu'il s'agit de sphérules dont le diamètre se mesure entre 1 millième et 1 dix-millième de micron, c'est-à-dire en un millionième et 1 dix-millionième de millimètre, la délimitation de la sphère moléculaire par cette espèce de mouvement nous apparaîtra très simple et très naturelle.

21. — La seule objection que l'on puisse faire à cette manière de concevoir l'étendue de la matière, c'est que cette sphère moléculaire n'est pas impénétrable.

« Supposez deux de ces sphères A et B juxtaposées,
» dira-t-on ; il est évident qu'à un moment donné ces
» deux monades pourront se trouver situées diamé-
» tralement à l'opposé l'une de l'autre sur leurs sphè-
» res. Or à ce moment il n'existera aucun obstacle
» physique entre elles : Donc elles auront toute liberté

» de se rapprocher et leurs sphères iront s'enchevê-
» trer l'une dans l'autre. »

A cela je répondrai :

Eh bien puisque votre esprit tombe dans la confusion avec l'impénétrabilité relative, quelque parfaite qu'elle soit, servez-lui ces bonnes grosses molécules matérielles qui n'ont besoin d'aucune forme philosophique pour être étendues, puisqu'elles le sont par le fait même de leur matière physique continue. Avec ces petits blocs absolument pleins, avec ces petits morceaux d'espace caillé, vous pourrez tranquilliser les inquiétudes que l'impénétrabilité simplement relative du mouvement girosphérique vous inspire sur la stabilité de l'Œuvre divine.

Pour défendre à d'imprudents analystes de troubler votre repos en pulvérisant vos molécules par la division à l'infini, vous ferez peut-être bien de les déclarer insécables, c'est-à-dire d'en faire des atomes.

Je vous conseillerai même, pour en finir avec toute espèce de contradicteurs, de *biffer* Dieu ; car outre que vous l'ennuieriez beaucoup en le défiant d'arriver jamais à la dernière parcelle de vos molécules essentiellement matérielles, vous mettriez sa toute-puissance à une rude épreuve en lui demandant de vous les créer.

Il n'y a que le hasard qui puisse réaliser cette merveille-là.

Les ennemis que je redoute le plus pour vous ce sont les Physiciens, avec leurs puissantes machines de compression et les Chimistes avec leurs eudiomètres. Les premiers vous démontreront qu'il n'y a d'autre limite à la réduction du volume des corps que la puissance dont nous pouvons disposer pour les comprimer ; — et les seconds vous feront voir des volumes se compénétrant les uns les autres.

22. — Quant à moi, persuadé qu'aucune monade matérielle ne peut ni subsister par elle-même, ni se mouvoir dans tel sens plutôt que dans tel autre, ni par là-même cesser de se mouvoir, sans l'intervention d'une cause extérieure, j'admets que Dieu n'a nulle-

ment laissé à un aveugle hasard le soin d'entasser pêle-mêle les matériaux de son œuvre, sans s'en occuper davantage.

Le mouvement girosphérique de la simple monade dans les régions de l'infiniment petit exige, à mon avis, l'intervention de sa toute puissante Sagesse tout autant que la gravitation des plus grands soleils qui brillent dans l'immensité des cieux ; et je ne suis pas plus étonné en voyant toutes les monades se maintenir chacune dans son orbite, sans envahir le domaine les unes des autres, que je ne le suis en voyant les différents mondes de l'Univers évoluer chacun dans sa sphère sans s'enchevêtrer jamais les uns dans les autres.

L'impénétrabilité absolue n'existe pas plus en effet pour ceux-ci que pour celles-là.

Le centre de la sphère girosphérique est pour la monade un véritable centre de gravitation qu'elle ne désertera jamais en dehors des lois par lesquelles Dieu la mène.

ARTICLE V.

Aperçu théorique sur la Constitution du monde physique

23. — Créés par Dieu à son image et ressemblance, nous l'imitons sans nous en douter dans l'organisation de nos œuvres. Comme saint Paul le rappelait aux savants de l'Aréopage « *Nous sommes de Sa Lignée* » « *Ipsius enim et genus sumus.* » Nous avons des instincts divins.

Or, que faisons-nous dans nos beaux ateliers modernes ?

Prévoyant tous les travaux qu'il faudra y réaliser, l'ingénieur prépare tout d'abord la machine motrice dont la force, emmagasinée, de la manière la moins encombrante possible, dans la rotation d'un volant, sera distribuée à chaque artisan par un arbre de couche et des poulies de renvoi.

Plus l'organisateur de l'atelier aura été habile, moins les artisans auront de travail personnel à fournir. Leur rôle se bornera à celui d'intelligence dirigeante. Ils mettront les outils en relation avec la matière à élaborer et l'exécution se fera par une dérivation convenable de la force de la machine motrice.

24. — Ainsi doit-il en être dans le grandiose Atelier de l'Univers physique.

L'homme, l'animal, le végétal et le minéral sont les ouvriers auxquels l'Eternel Ingénieur en a confié les travaux.

25. — Le minéral a pour rôle de former sous l'empire de *l'affinité* les matériaux nécessaires à la construction des mondes, de les agglomérer à différents degrés de consistance par la force de la *cohésion*, et de les grouper çà et là dans l'espace suivant un ordre parfait sous la direction de la *Gravitation Universelle*.

En obéissant à l'Affinité, le minéral a pour rôle *secondaire* de produire ces vibrations merveilleuses que nous appelons *l'Actinie, la Lumière et la Chaleur* ; et qui ont pour but de mettre tous les mondes en relation les uns avec les autres.

26. — Le végétal a pour rôle, comme je le développerai ailleurs, de remettre en activité de service les minéraux qui, devenus désormais inertes par la réalisation de leurs affinités, ne pouvaient plus produire ni actinie, ni lumière, ni chaleur. Il forme avec ces minéraux dissociés, des composés nouveaux dits *organiques*, dont le froment et le raisin sont les deux types par excellence, et qui sont destinés à devenir les aliments de l'animal et de l'homme.

27. — L'Animal a pour rôle principal de sécréter, de condenser et de s'assimiler les différents aliments préparés par le végétal, pour les mettre sous une forme plus intensive au service de l'Homme ; — soit par

la succulence de leur chair ; — soit par la force de leurs membres.

28. — L'Homme enfin est, on peut le dire, le Contremaître de l'Atelier.

Dieu lui a permis de modifier à son gré un grand nombre des effets produits par les grandes lois de la Gravitation, de la Cohésion et de l'Affinité.

29. — Mais de même que dans nos ateliers perfectionnés tous les travaux se font aux dépens de la machine motrice; — de même pas le moindre mouvement de la plus légère monade pondérable ne se réalisera dans l'Atelier du monde physique, sans emprunter à la machine motrice la somme de force mathématiquement nécessaire à ce travail mécanique.

Ceci d'ailleurs est de nécessité métaphysique.

Il est de toute évidence en effet qu'aucun être créé ne saurait fournir de son propre fonds, — produire par lui-même comme source première, la force nécessaire pour vaincre la *Puissance Créatrice,* ne serait-ce que dans l'ébranlement d'un atome.

J'en conclus que Dieu a dû créer, à côté des êtres auxquels Il a daigné donner des aptitudes pour tels et tels travaux nettement déterminés, la *Force Physique* qui leur est nécessaire pour faire passer ces aptitudes de la puissance à l'acte.

30. — Mais où donc peut se trouver cette force physique créée et en quoi peut-elle consister ?

Grâce aux progrès de la science la réponse à ces deux questions est maintenant facile.

Tous les phénomènes de la nature se ramenant à du mouvement et à des transformations de mouvement, il est évident que la force physique doit se présenter sous forme de mouvement.

Mais le mouvement ne saurait exister sans un être en mouvement ; nous dirons donc que la *Force Physique* a été créée sous la forme de monades possédant chacune une quantité nettement définie de mouvement.

J'ajoute immédiatement que ces monades sont *impondérables.*

Vouloir que *la Force* elle-même possède une masse, c'est confondre *le Travail* avec *la Force* qui le réalise. C'est faire une pétition de principe. C'est imposer à la *Force* un travail personnel et par conséquent *nuisible.*

Il est évident en effet que cette masse qu'elle porte pour son propre compte diminue d'autant le travail utile auquel on pourrait l'appliquer si toute son énergie était disponible.

C'est un travail nuisible absolument semblable à celui qui se rencontre fatalement dans toutes nos machines. Que l'on allège le poids du piston et de la bielle, et la force actuellement absorbée à l'intérieur de la machine à vapeur pour *jongler* avec les masses inertes de ces lourds organes, deviendra libre pour un travail extérieur utile.

Ce ne sont pas les hommes les plus lourds qui sont les plus forts. Un homme chétif mais *nerveux* pourra fournir plus de force qu'un homme obèse. La force que sa volonté envoie à ses muscles ne le rend ni plus ni moins lourd ; — et si pour soulever tel fardeau il dépense tant de calories, empruntées à la chaleur produite par la combustion des aliments dans *la chaudière tubulaire* de son système artériel, il est évident qu'une bonne partie de ces calories est employée à mettre en mouvement la masse de son corps qu'il doit transporter en même temps que ce fardeau.

Donc la force doit être *impondérable.*

Ceci d'ailleurs répond à la perfection idéale que nous trouverons toujours dans l'Œuvre divine.

Notre rêve est de faire des machines qui nous rendent cent pour cent ; c'est-à-dire des machines qui n'emploient pas à se mouvoir elles-mêmes et à vaincre les frottements de leurs différents organes, la force que nous leur confions pour mouvoir nos fardeaux.

Nous n'y réussirons jamais, précisément parce que

nos machines sont *pondérables* et formées d'organes articulés plus ou moins compliqués.

Mais Dieu a réalisé cet idéal en créant la force motrice physique de l'univers, simple et impondérable.

ARTICLE VI.

La Force motrice dans le monde c'est l'électricité. Et l'électricité est constituée par des monades impondérables dépositaires d'un mouvement girosphérique

---

31. — Cette force motrice n'est autre évidemment que la force merveilleuse que nous savons déjà si bien prendre à notre service dans les télégraphes, les téléphones et la lumière électrique et que nous nommons *l'Electricité*.

Mais précisons bien l'idée que nous pouvons nous faire de la nature de cette électricité.

Nous venons d'établir qu'elle est formée de *monades simples, impondérables,* douées d'une énergie mathématiquement définie sous forme de *mouvement.*

Mais quelle est la nature de ce mouvement qui est destiné à passer au service des différents ouvriers du monde physique ?

Comme nous l'avons déjà remarqué, dans nos ateliers nous avons soin de mettre notre force motrice en réserve sous la forme la moins encombrante qui soit à notre disposition, — la rotation de la masse d'un volant dans son plan, — jusqu'au moment où les ouvriers la prendront à leur service pour la transformer soit en mouvement de va-et-vient d'une scie, d'un rabot, — soit en mouvement de rotation d'un foret, etc.

Ainsi sans doute en est-il aussi dans la Grande Usine du monde.

Le mouvement des monades électriques au lieu de

se développer en lignes droites qui encombreraient l'atelier, et qui s'embrouilleraient fatalement en se neutralisant les unes les autres par leurs forces égales ou contraires, se trouve mis en réserve, sous la forme la moins encombrante qu'il soit possible d'imaginer, la forme *girosphérique*.

Cette rotation de la monade suivant la surface d'une sphère permet de mettre en dépôt, *dans le plus petit espace possible, la plus grande somme de force possible*; car d'une part la sphère est le maximum de volume sous le minimum de surface, et d'autre part, comme nous l'avons vu, la vitesse de la monade délimitant ce minimum de surface n'a d'autre limite que la volonté du Créateur.

Nous admettrons donc que la force confiée aux monades électriques sous forme de mouvement est localisée dans le mouvement girosphérique de ces monades.

ARTICLE VII.

Les monades électriques sont de deux espèces

---

32. — Sans sortir du règne minéral, nous trouvons dans tous les phénomènes de l'affinité en particulier, la grande loi du *dualisme*.

Dans toutes les combinaisons chimiques, il y a toujours un *comburant* et un *combustible*; ou, ce qui est la même chose, un *acide* et une *base*.

Or le travail exécuté par ces deux êtres dans leur combinaison est réciproque. Il n'y en a pas un qui soit purement passif et l'autre seul actif. Ils ont tous les deux une activité propre bien qu'inégale.

L'hydrogène *combustible* attaquera par exemple l'oxyde de cuivre pour lui prendre son oxygène comburant ; — aussi bien que l'oxygène comburant attaquera le sulfure d'hydrogène pour lui prendre son hydrogène combustible.

33. — Nous en conclurons logiquement que la force physique qui sert à chacun de ces agents doit présenter un caractère spécifique, c'est-à-dire qu'il y a deux espèces de monades électriques, les unes servant toujours au comburant et les autres servant toujours au combustible.

Les faits ont démontré : *que le comburant se sert toujours des monades électriques que l'on a appelées négatives. — et le combustible des monades électriques dites positives.*

Quelle différence spécifique y a-t-il entre ces deux espèces de molécules électriques ?

Je ne puis en voir que dans l'intensité du mouvement, c'est-à-dire de la force dont elles sont dépositaires ; et pour assigner la différence qui peut exister entre elles sous ce rapport, je me base sur le fait connu de l'arc voltaïque.

Si l'on produit l'arc voltaïque entre deux métaux différents, cuivre et argent par exemple, l'argent étant au pôle positif, on constate qu'il y a transport dans les deux sens, mais que l'argent positif est transporté en plus grande abondance sur le cuivre que le cuivre négatif ne l'est sur l'argent. Si l'on examine ensuite l'arc produit entre deux charbons, on constate que le charbon positif s'use *deux fois* plus vite que le charbon négatif.

Je suis donc autorisé à dire « que le mouvement des monades électriques négatives est la *moitié* de celui que possèdent les monades électriques positives. »

Désignons désormais les monades positives par λ et les négatives par μ.

34. — Si nous admettons que le degré d'impénétrabilité est le même pour les deux sphères, nous dirons que le rayon de la sphère des λ égale le rayon de la sphère des μ multiplié par la racine carrée de 2.

En effet puisque les mouvements des monades servent à décrire les surfaces des deux sphères, la surface S des λ sera deux fois plus grande que la surface s des μ, puisque le mouvement des premières est double. Or les surfaces sont entre elles comme les carrés des rayons; soit donc R le rayon de la sphère des y et r celui de la sphère des u ; on a :

$$\frac{S}{s} = \frac{R^2}{r^2} \text{ ou } \frac{R^2}{r^2} = \frac{2}{1} \text{ d'où } R = r\sqrt{2}.$$

Le rayon des λ est donc au rayon des μ comme la diagonale du carré est à son côté, ou comme le côté du carré est au rayon de la circonférence circonscrite.

C'est la proportion indiquée dans la figure 3.

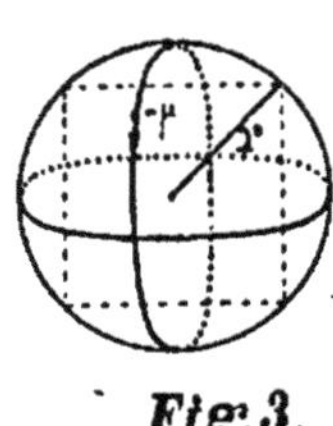

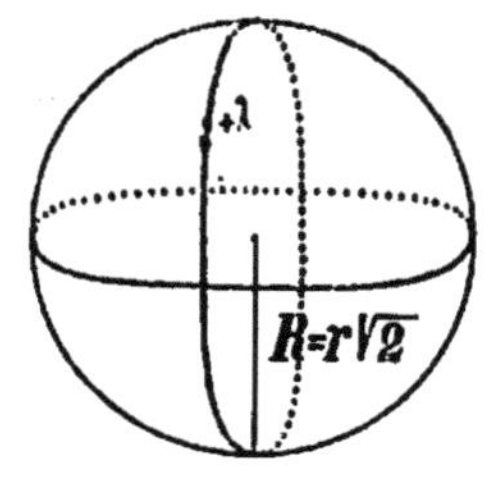

Fig. 3.

35. — Mais si ces deux sphères sont indépendantes l'une de l'autre, il pourrait se faire qu'à tel moment il n'y ait dans tel endroit que des λ et dans tel autre que des μ ; et par suite les deux forces motrices nécessaires aux agents physiques relégués dans ces endroits feront défaut.

J'en conclus que ces deux sphères doivent se retrouver deux à deux partout, dans tous les recoins de l'univers.

Or le moyen le plus naturel pour empêcher qu'elles ne s'égarent c'est de les joindre l'une à l'autre *dans une même sphère*.

36. — Admettons donc que les deux monades électriques λ et μ sont associées dans un seul mouvement girosphérique en attendant le moment où les ouvriers les prendront à leur service pour la réalisation d'un travail.

Ces monades étant impondérables, leurs deux vitesses vont s'ajouter simplement, — comme la force d'un cheval s'ajoute à celle de deux chevaux.

La vitesses des deux monades λ μ, associées à l'état neutre, sera donc triple de celle de la monade μ considérée seule ; et par suite la surface délimitée par cette double monade sera à la surface délimitée par la simple monade négative comme 3 est à 1.

On a donc en désignant par S' et par R' la surface et

le rayon de la sphère neutre des $\lambda\mu$; par r et s la surface et le rayon de la sphère négative μ ;

$$\frac{S'}{s} = \frac{R'^2}{r^2} = \frac{3}{1} \quad \text{d'où } R' = r\sqrt{3}.$$

Le rayon de la sphère neutre R′ est donc au rayon de la sphère des monades négatives comme le côté du triangle équilatéral inscrit est au rayon de la circonférence circonscrite.

Les trois sphères — de la monade électrique négative μ ; — de la monade électrique positive λ ; — et de leur

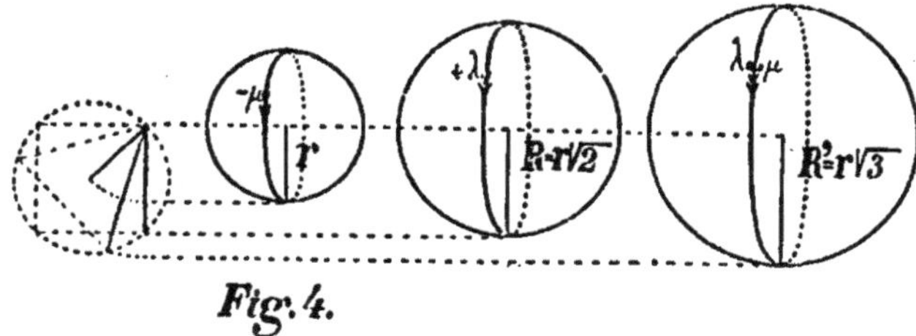

Fig. 4.

association à l'état neutre, sont donc entre elles dans le rapport indiqué par la figure 4.

ARTICLE VIII.

L'électricité à l'état neutre constitue le milieu intersidéral appelé l'Éther.

---

37. — L'ensemble des sphères neutres $\lambda\mu$ constitue l'éther, c'est-à-dire cet immense océan d'impondérables au sein duquel la matière pondérable, localisée çà et là dans l'innombrable armée des corps célestes, évolue, — comme les poissons au sein de la mer.

Telle est la machine motrice dans laquelle Le Grand Ingénieur des Mondes a mis amplement en dépôt la force nécessaire à tous les travaux qu'il donnera mandat à ses créatures de réaliser, — depuis la combinaison du plus faible comburant avec le plus faible combustible, jusqu'au maintien du plus pesant de tous les mondes solaires dans son immense orbite.

Quel que soit l'endroit secret où une créature sera reléguée dans l'univers, dès que l'activité propre à sa nature devra produire un travail, elle trouvera à côté d'elle, les monades électriques qui lui conviennent.

Elles sont là, dans les sphérules neutres de l'éther, réalisant leur prodigieuse activité sans rien gêner en dehors d'elles; — qu'on me passe la comparaison, — comme ces agiles écureuils qui dépensent leur énergie dans un tourniquet, en attendant qu'il leur soit donné de s'élancer dans l'espace en bondissant d'un arbre à l'autre.

38. — Ces monades positives et négatives sont, dans toute la vérité du mot, des *cavales éthérées;* et la sphérule d'éther dans laquelle elles sont retirées à l'état neutre, est, — qu'on me le pardonne encore, — leur *écurie.*

39. — Telle est l'idée que je m'étais faite de l'électricité et de l'éther quand le savant travail de M. Lodge m'est parvenu ; et ce n'est pas sans étonnement que j'ai lu dans sa préface :

« Une formule grossière et imparfaite, adaptée à l'usage du vulgaire, dit que l'électricité et l'éther sont identiques; mais tout n'est pas dit dans cette formule, car il y a deux espèces d'électricités et il n'y a pas deux éthers. Mais il peut y avoir deux aspects d'un même éther, comme il y a deux côtés à une feuille de papier, et de même, les deux électricités positive et négative peuvent n'être que deux aspects, ou, comme je l'ai dit, par analogie avec la Chimie, deux éléments de l'*éther.* »

Il est évident que ma manière de concevoir l'éther répond absolument à l'idéal soupçonné par M. Lodge.

Il dit plus loin dans cette même préface :

« Si l'on pouvait concevoir un fluide parfait, *continu, incompressible,* occupant tout l'espace, et qui, par ses divers modes de mouvement remplit toutes les fonctions de l'éther; si ce milieu pouvait en particulier transmettre la Lumière et manifester les phénomènes électriques et magnétiques qui ne dépendent pas de la présence de la matière (1), et si l'état ainsi imaginé

(1) Ceci est une inexactitude échappée au savant Physicien : *Les phénomènes électriques et magnétiques ne se manifestent jamais que par l'intermédiaire de la matière pondérable.*

était possible et stable, la théorie de l'éther libre serait établie.

« Une conception de ce genre a été indiquée dernièment dans une lettre au journal anglais *Nature* par *G.-F. Fitzgerald*, (10 mai 1889), qui a montré qu'un fluide dont la seule structure provient d'un mouvement tourbillonnaire ou vorticiel, consistant en entrelacement d'éléments de vortex, est capable de remplir les fonctions de l'éther libre. Il y a de bonnes raisons de croire que ce mode de mouvement est stable et possible. S'il ne se présente aucune objection, si cet essai peut supporter toutes les critiques, la théorie de l'éther libre est fondée. »

Préface, page XII. Traduction de E. Meylan.

Evidemment encore le mouvement girosphérique tel que je l'ai établi, réalise de la manière la plus raisonnable et la plus précise ce tourbillon moléculaire, ce *vortex*, que tous les Physiciens réclament, mais qu'ils ont toujours laissé dans un indéfini qui ne permet de s'en faire aucune idée claire.

40. — Comme M. Lodge le désire, la sphérule éthérée formée par l'*entrelacement*, ou mieux par l'association des mouvements girosphériques des deux monades électriques, est éminemment propre à la propagation des vibrations actiniques, lumineuses et caloriques.

Il suffit en effet pour cela qu'elles possèdent l'élasticité.

Or rien de plus logique au point de vue physique et mécanique que la conception de l'élasticité de ces sphérules de l'éther.

Soit en effet, figure 5, les deux monades électriques que je désignerai par une seule lettre M, décrivant par leur mouvement girosphérique la sphère de rayon CM autour du centre C.

Etant admis, comme la raison l'indique, que la longueur de ce rayon CM est la condition d'équilibre de son mouvement giratoire, c'est-à-dire que la monade, rapprochée de ce centre C reviendra à la distance normale du rayon par une série d'oscillations pendulaires, — supposons qu'une cause extérieure rapproche M en M_1; là elle va se trouver soumise à la force de réaction f_1 et à la force de rotation F_1. Sous l'action de ces deux forces, elle ira de M_1 en M_2, ayant ainsi exécuté une première oscillation par rapport à sa position d'équilibre avec la circonférence.

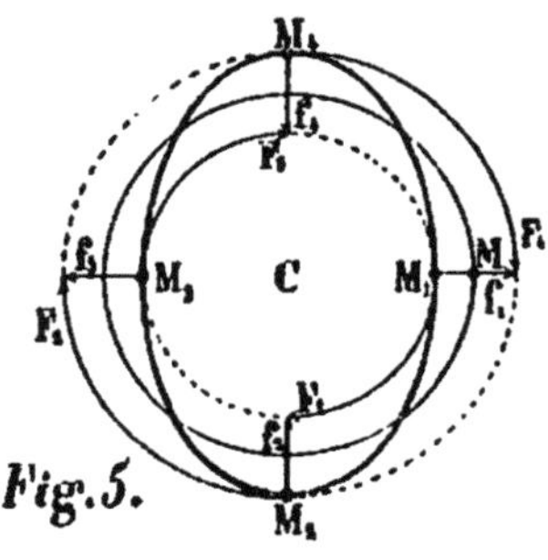

Fig. 5.

En M_2 une nouvelle force de réaction f_2 la rappelle vers le centre C ; tandis que son impulsion propre F_2, l'emporte en un mouvement circulaire; la résultante de ces deux forces va donc l'amener en M_3.

Inutile de continuer : la figure suffit pour montrer que le cercle CM se transforme en ellipse M_2 et M_4 par suite du simple déplacement de M en M_1.

Cette analyse élémentaire et même la simple remarque que l'on peut regarder la surface de la sphère girosphérique comme étant la position d'équilibre de la monade, suffit pour que l'on conçoive immédiatement *l'élasticité des sphérules de l'éther*.

Impressionnées par des vibrations harmoniques, elles vibreront en deux phases. Dans une première phase, elles s'aplatiront en prenant une forme *discoïdale* sous l'action de la compression : et *elles donneront ainsi des vibrations transversales perpendiculaires à la marche des vibrations.* — Puis dans une seconde phase elles s'allongeront par réaction, en prenant une forme *ovoïde* : *et elles donneront ainsi les vibrations longitudinales sans lesquelles la propagation des vibrations reste inexplicable.*

Dans mon étude sur la Lumière j'ai montré comment ces deux espèces de vibrations s'harmonisent pour produire des ondes condensées et dilatées dans des nœuds fixes.

41. — Ainsi l'éther se présente à nous sous l'aspect

d'une immense agglomération de sphérules infiniment petites, extrêmement élastiques ; — servant dans le plan divin à réunir tous les mondes dans une merveilleuse unité, en transmettant de l'un à l'autre les vibrations actiniques, lumineuses et caloriques que les corps pondérables y produisent.

Gardons-nous d'en faire un chaos. Chaque sphérule y est à sa place, et son mouvement girosphérique replié en circonvolutions précises sur lui-même, ne gêne absolument rien.

42. — Les corps pondérables que nous allons maintenant étudier, s'ouvriront, sans la moindre gêne, un passage dans ce milieu éthéré impondérable, dont le déplacement n'exigera aucun travail.

ARTICLE IX.

Travaux des différents agents du monde physique.

---

43. — Nous pouvons distinguer dans l'opération de Dieu créant les mondes, deux actes : — un acte de son Intelligence concevant dans ses moindres détails le plan de son œuvre, — et un acte de sa toute puissante Volonté réalisant ce plan.

Une image, une silhouette de ces deux actes divins se retrouveront dans les attributs de tous les êtres créés à un degré plus ou moins parfait.

44. — L'homme, roi de la création, pourra, à l'image de Dieu concevant le plan des mondes, concevoir, lui aussi, par la puissance propre de son intelligences, les plans des œuvres les plus variées. — Puis, dans la mesure de la glorieuse permission qu'il en a reçue, il pourra encore, — à l'image de Dieu créant l'univers, — *organiser* lui-même les matières premières, argiles, minéraux et métaux, et avec ces matériaux *créer* des maisons, des palais et des machines de toute sorte.

45. — Dans l'animal, nous retrouvons encore la même empreinte divine, mais à un degré moins parfait.

Au lieu de concevoir par lui-même l'idéal des actes qu'il exécute, l'animal porte imprimés, dans son instinct, certains modèles, certains types plastiques immuables qu'il suit aveuglément sans avoir conscience de ce qu'il fait. — Sans l'avoir appris, comme sans l'oublier, tous les pinsons du monde fabriqueront toujours, sans y rien changer, le charmant nid dont la forme architecturale est stéréotypée par Dieu dans les attributs de leur nature.

46. — Dans le végétal, l'être simple qui préside à l'organisation de la tige, des feuilles des fleurs et des fruits, nous présente, lui-aussi, une silhouette de ce même cachet divin.

Voyez cette belladone qui pousse à l'ombre de ce poirier. Pourquoi donc ces deux âmes végétatives vont-elles produire avec la même sève, la même rosée, le même air et le même soleil, — la première un suc vénéneux; le second un fruit délicieux et bienfaisant?

Evidemment cela ne peut s'expliquer qu'en admettant que Dieu a communiqué à ces êtres des aptitudes et des propriétés abstraites les constituant dans leur nature, leur genre et leur espèce.

47. — Le minéral à son tour nous présente également ces deux points de vue du plan conçu et du plan réalisé — de la puissance abstraite et de sa mise en acte; mais d'une façon telle que le simple bon sens nous force à y voir le *Doigt de Dieu*.

Dans le végétal et l'animal nous trouvons une ombre d'initiative personnelle; mais dans le minéral tout nous force à poser en principe qu'il est *essentiellement inerte*.

Ce grand principe de l'inertie de la matière est la base fondamentale de la Chimie, de la Physique et de la Cosmographie.

Que l'on essaie de mettre en formules la série des actes de tel animal, — la qualité et la quantité des fleurs et des fruits de tel végétal, et l'on n'aboutira qu'à des aberrations ; pourquoi ? parce qu'il y a là un principe actif plus ou moins libre de ses allures et qui peut modifier la mise en acte de ses propriétés en harmonie avec les mille nuances du milieu où il se trouve.

Pour le minéral au contraire tous les travaux qu'il réalise se font sans qu'il y soit lui-même pour rien.

En présence d'un métier Jacquard, je vois des bobines qui tournent toujours, avec la même vitesse, — des navettes qui vont et viennent périodiquement à point nommé, des leviers qui se relèvent et s'abaissent en cadence, etc... et je me dis : Evidemment toutes ces pièces de bois et de métal ne sont pour rien dans l'admirable tissu qu'ils produisent. Tous leurs mouvements sont réglés par la sagesse et la volonté du génie qui les a conçus dans son esprit puis façonnés et combinés avec une harmonie parfaite dans ce chef-d'œuvre mécanique.

En présence du monde physique les mêmes réflexions s'imposent.

Dans la Chimie je vois 70 corps simples jouant toujours l'un par rapport à l'autre le même rôle de comburant et de combustible, et me donnant par leurs combinaisons, toujours invariablement les mêmes, une immense variété de corps nouveaux.

Dans la Physique je vois cette immense variété de corps composés se présentant avec toutes les nuances possibles de cohésion, depuis le diamant infrangible et le pesant platine, jusqu'au volatile hydrogène ; puis se modifiant, se transformant et réagissant les uns sur les autres, toujours de la même manière, sous l'influence de certaines causes physiques telles que la chaleur, la lumière, le magnétisme et l'électricité.

Dans la Cosmographie je les vois, groupés en masses plus ou moins volumineuses, évoluer avec une précision telle que nous pouvons prédire à la seconde où seront dans cent ans tel et tel d'entre eux.

Et émerveillé, épouvanté, devant tous les organes, tous les rouages et toutes les machines que je vois marcher avec une précision si parfaite dans cette usine mystérieuse où je suis de passage depuis quelques jours, je me découvre avec respect et je me prosterne pour rendre hommage à l'Être souverainement sage et souverainement puissant qui a conçu et réalisé toutes ces merveilles.

Si j'entreprends d'analyser et de décrire les différentes machines d'un atelier je dirai : voici une perceuse, voilà une raboteuse, cette machine sert à aléser, cette autre à scier, cette autre à poinçonner, etc.... indiquant ainsi que par la volonté de l'ingénieur, chacun de ces outils a des propriétés spéciales qui le caractérisent dans son espèce.

Ainsi suis-je amené à dire, analysant les merveilles de la Nature, que l'oxygène qui brûle tous les autres corps et chacun de ces autres corps eux-mêmes ont des propriétés spéciales qui constituent leur essence.

Mais, je le répète, absolument comme en présence des machines de nos grands inventeurs, — l'inertie essentielle à la matière me force, en présence des merveilles qui m'environnent, à élever immédiatement ma pensée jusqu'au Premier Moteur, jusqu'à Dieu.

Ne pas écouter cette inspiration du simple bon sens, c'est commettre un crime inexcusable de lèse-Raison,

48. — Ceci, nous mène directement à une question qui, à mon sens, est bien mal comprise par plusieurs : c'est la question de *l'Action à distance.*

Le raisonnement fondamental sur ce point est tellement frappant de vérité, que c'est toujours avec un air de triomphateur qu'on l'oppose à quelqu'un.

« Aucun être ne peut agir là où il n'est pas ; donc « l'action à distance est impossible. »

Rien de plus vrai. Aussi n'est-ce point ce raisonnement que j'attaque mais *son application à l'action de tous les êtres*. Ce que nous venons de dire au paragraphe précédent donne déjà la solution de cette question.

Si voyant la pierre que j'ai lancée aller au but, quelqu'un disait qu'il y a attraction entre la pierre et ce but, il se tromperait grossièrement. Cette pierre inerte est allée au but parce que je l'y ai envoyée, voilà tout.

En voyant une pomme tomber à terre, nous comprendrons de même qu'il n'y a pas plus d'action à distance entre cette pomme et la terre qu'il n'y en a entre la pierre que je lance et le but, et nous en conclurons avec raison que les corps gravitent les uns vers les autres en raison directe de la masse et en raison inverse du carré de la distance, *uniquement parce que le Créateur les a soumis à celle loi.*

Dans les êtres animés l'action à distance serait une participation à deux attributs inaliénables de la Divinité : l'Ubiquité et la Création du mouvement. Ce serait donc une absurdité que de la leur supposer.

Dans le minéral, l'action à distance n'est qu'apparente ; elle n'existe que dans l'idée fausse de ceux qui en font un attribut de la matière.

En réalité elle reste la propriété exclusive de Celui qui seul a le privilège de pouvoir dire :

« Sic volo ; sic jubeo ; sit pro ratione voluntas. »

« Ainsi je le veux : ainsi je l'ordonne : que ma vo-
« lonté tienne lieu de raison. »

Et dès lors l'objection faite à l'Attraction universelle, à la cohésion et à l'Affinité, au nom de l'action à distance, se réfute par une question de *non-lieu.*

En un mot contentons-nous de dire avec Newton : « *Tout se passe comme s'il y avait attraction.* » Et l'objection s'évanouit dès lors en frappant à faux ; car nous réservons ainsi l'action à distance à un agent différent des corps eux-mêmes.

49. — Au lieu de recourir à cette distinction puisée dans l'essence même des choses, certains physiciens ont voulu éviter le fantôme de l'action à distance, en substituent la *poussée universelle à l'Attraction universelle.*

Pour cela ils ont imaginé « un certain éther dont
« les atomes possèdent à tous les instants et dans tous
« les points de l'espace des mouvements égaux dans
« toutes les directions. »

Mais bien qu'ils aient démontré par de savantes formules que ces atomes doivent *pousser physiquement* par leurs chocs la terre et le soleil l'un vers l'autre, ils n'ont fait que reculer d'un pas la grande question qui se dressera toujours devant notre raison dans le monde de l'inertie, à savoir : « quelle est donc la cause qui met ce corps en mouvement ? quelle est la cause qui pousse leurs atomes poussants ? »

Car enfin un atome *poussant* et un atome *attirant* sont physiquement aussi inexplicables l'un que l'autre. Un atome en effet n'est pas plus présent à lui-même pour se dire ; « *Poussons !* », qu'il n'est présent à tel autre pour lui crier « *Viens ici !* »

Demander l'intervention d'une cause physique dans l'un ou l'autre de ces phénomènes, c'est se condamner à chercher indéfiniment la cause de la cause.

Pour mon compte, je trouve bien plus raisonnable d'admettre que les minéraux obéissent, — comme des muscades, — à des lois qui leur tiennent lieu de propriétés abstraites et qui déterminent nettement les travaux qu'ils ont mission d'exécuter.

50. — Mais hâtons-nous de dire à quelle condition ces propriétés abstraites peuvent passer en acte.

En accordant à ses créatures l'insigne honneur d'agir dans sa merveilleuse Usine, Dieu leur a imposé l'obligation de lui emprunter toute la force nécessaire à la réalisation de leurs travaux,

D'ailleurs tous les travaux de l'homme, de l'animal et du végétal reviennent à des luttes contre les trois grandes forces primordiales qui gouvernent le monde : la Gravitation, la Cohésion et l'Affinité. Et par suite, comme je l'ai déjà dit, il est métaphysiquement impossible qu'une créature puisse fournir de son propre fonds la force antagoniste nécessaire pour vaincre l'une ou l'autre de ces forces émanées de la Toute Puissance divine : ce serait là de sa part un acte égal à l'acte créateur.

51. — Ainsi nous-mêmes, nous ne pouvons produire le moindre travail matériel, — nous ne pouvons re-

muer même le plus léger atome, sans emprunter à la machine motrice localisée par Dieu, pour notre monde, dans le Soleil, la force physique nécessaire à ce travail.

Le Blé et la Vigne emmagasineront dans le froment et le raisin, — les deux aliments par excellence, — l'Actinie, la Lumière et la Chaleur du soleil, et par le phénomène de la nutrition, notre âme, retrouvera cette force solaire en disponibilité dans nos membres, sous forme de chaleur vitale, pour réaliser tous les travaux dont elle aura conçu le projet.

Et sans cette chaleur vitale tout lui deviendra impossible. Le malheureux enfoui glacé sous une avalanche de neige, est condammé à demeurer là inerte. En vain son âme commande-t-elle à ses jambes de le porter, à sa langue d'appeler au secours le voyageur qui passe ; pas un mouvement, pas un soupir, ne lui est désormais possible.

Il en est exactement de même pour l'animal : comme nous il doit s'approvisionner de force physique par l'absorption des aliments que nous préparent les végétaux.

52. — Et les végétaux eux-mêmes, pour nous préparer nos aliments, ne peuvent qu'emprunter au Soleil toute la force qu'ils ont la mission d'y emmagasiner pour nous.

Créé au rebours de l'Animal, le Végétal, — au lieu d'avoir un estomac enfermé dans une chambre thoracique et exigeant un feu interne, — a reçu de Dieu un estomac multiple formé de minces lamelles que l'on nomme ses feuilles et dans lesquelles les radiations externes venant du soleil peuvent pénétrer directement. C'est là, dans ce merveilleux laboratoire en miniature de la feuille, que le végétal, utilisant la force solaire, dissocie l'eau et l'acide carbonique dont la formation produisit elle aussi, aux premiers jours du monde, actinie, lumière et chaleur ; mais dont les éléments neutralisés dans leurs combinaisons avaient perdu toute puissance d'Affinité chimique.

En les dissociant, le végétal *les remet en activité de ser-*

rice ; puis, ces nouveaux travailleurs, il les réunit, avec de faibles liens dits organiques, en escouades que l'on appelle la cellulose, l'amidon, le sucre et en général les *aliments respiratoires*.

Remarquons, en passant qu'il est absolument faux de dire que les minéraux sont les *aliments* des végétaux.

Un aliment étant par sa nature, une source de chaleur vitale, il est évident que les minéraux véhiculés par la sève ne peuvent être des aliments, puisqu'au lieu de fournir de la chaleur vitale au végétal ils exigent au contraire qu'il en dépense pour les dissocier.

Ils sont tout simplement pour le végétal ce que sont pour nous les blocs de pierre, les minerais de fer et de cuivre et autres *matières premières*, quand nous voulons construire un monument. Nous devons puiser ailleurs que dans ces matériaux la force nécessaire pour les élaborer.

Nos aliments respiratoires à nous, sont l'oxygène, l'hydrogène et le carbone qui sont en combustion dans nos artères ; — et les aliments respiratoires des végétaux sont l'oxygène, l'hydrogène, le carbone et autres corps simples qui sont en combustion là haut dans le soleil. Tel est le véritable caractère de la physiologie végétale ; ce qui distingue essentiellement le végétal de l'animal.

Certains botanistes qui dans l'intérêt de la cause Darwinienne ont posé en thèse *l'assimilation du végétal et de l'animal*, commettent donc en cela une hérésie scientifique des plus grossières.

53. — Mais les minéraux qui par les chocs de leurs combinaisons chimiques sont, comme nous venons de le dire, les sources de l'actinie, de la lumière et de la chaleur nécessaires au végétal, à l'animal et à l'homme, est-ce donc en eux-mêmes qu'ils trouvent la force qui leur permet de produire ces merveilleux travaux. ?

Evidemment non. Et c'est ce que nous allons préciser.

Nous connaissons la force motrice, c'est-à-dire les

deux Electricités *remisées à l'état neutre* dans les sphérules de l'éther. Voyons comment les minéraux s'en servent pour l'exécution de leurs différents travaux.

ARTICLE X.

Matière première, Formation de l'étendue.

---

54. — La propriété essentielle, fondamentale, commune à toutes les molécules minérales est de former de l'étendue ; mais pour mettre cette propriété en acte, elles doivent suivant la loi commune, prendre la *Force motrice* de la Grande Usine à leur service.

Je conçois donc la molécule minérale, simple, créée sans étendue ; mais, dès qu'elle est créée, s'associant un nombre plus ou moins grand des monades électriques, elle se sert du mouvement girosphérique de ces monades pour délimiter une sphère moléculaire plus ou moins grande.

J'admets-donc :

1° Qu'une seule molécule minérale pourrait, en prenant à son service toutes les monades électriques de l'immense machine motrice de l'univers, délimiter une sphère aussi grande que cet univers.

Et 2° Que toutes les molécules minérales, réduites à la seule puissance de former de l'étendue, mais privées des monades électriques dont la force leur est nécessaire pour s'extériorer ainsi et se créer une place dans le monde, se pourraient concentrer toutes en un seul point de l'espace ; — leur étendue étant réduite à zéro.

55. — Ce premier pas nous met en présence de ce que l'on peut appeler la *Matière première physique*, dans laquelle nous trouvons les deux éléments philosophiques de l'Ecole : *La Matière et la Forme* ; — *l'être physique et l'être mathématique*.

La molécule simple est la *Matière, l'être physique* ; — et

le mouvement girosphérique de la monade électrique attelée à son char, est *la forme, l'être mathématique.*

Ceci nous montre clairement qu'il est vrai de dire que la matière physique est divisible à l'infini et qu'elle ne l'est pas.

Les corps en effet se ramèneront logiquement par la pensée à ces molécules simples de la matière première, douées de mouvement.

Donc 1° « le nombre des molécules minérales d'un corps donné est parfaitement délimité. Donc sous ce rapport, c'est-à-dire au point de vue de la matière philosophique, au point de vue de l'être physique, la matière n'est pas divisible à l'infini.

Mais si, arrivés à la molécule primordiale avec son mouvement girosphérique, nous lui retirons une partie de son mouvement, l'on conçoit que nous pourrons éternellement *fractionner* ce mouvement, sans anéantir la sphérule ; car fractionner c'est *laisser là* une portion de ce que l'on fractionne ; c'est donc laisser toujours à la molécule simple la possibilité de faire une sphère qui va en diminuant mais *qui existe toujours.*

Donc 2° « par sa forme, par son être mathématique, la matière première est divisible à l'infini. »

56. — Remarquons cependant que cette divisibilité à l'infini est purement théorique, car, par là-même que les monades électriques λ et μ sont des entités nettement définies par la quantité de mouvement qu'elles possèdent et qui est inaliénable, la division du mouvement girosphérique de la molécule pondérable primordiale devra en pratique, procéder par la soustraction successive des unités électriques

Pratiquement donc, la divisibilité de l'étendue de la matière ne peut se faire à l'infini. Quand nous forçons la matière à diminuer de volume, ce sont ces unités électriques que nous *expulsons* des sphères moléculaires.

57. — C'est pour n'avoir pas bien distingué ces deux éléments constitutifs de la matière, que les philosophes se livrent des batailles interminables.

Les uns réduisant les corps à des éléments *simples*, — à des monades dénuées de toute propriété, — à des êtres de raison pure à *de la matière sans forme*, se trouvent par là-même dans l'obligation de dire que les corps ne sont pas divisibles à l'infini, puisque la *matière* dans le sens philosophique ne l'est pas.

Les autres, au contraire, admettant qu'en fractionnant les corps on arrive à des particules dans lesquelles l'être *physique* est répandu d'une manière continue, c'est-à-dire dans lesquelles la *matière* se confond avec la *forme*, puisqu'elle n'est autre chose que la forme coagulée, solidifiée, pétrifiée, se trouvent dans l'obligation d'admettre que les corps sont divibles à l'infini, puisque la *forme philosophique, le mouvement*, l'est.

Les premiers ont de la matière sans forme, ils ont *déformé* la matière, puisque la simplicité de l'être n'est pas une manière d'être.

Et les seconds ont *matérialisé* la forme de sorte qu'il leur est impossible de dire en quoi la matière se distingue de la forme dans leur molécule.

ARTICLE XI.

Corps Chimiques.

58. — La matière première a-t-elle existé telle que nous venons de la voir?

Nous ne pouvons le savoir, vu que le Maître ne nous a point donné la puissance de pousser la décomposition des corps jusqu'à cette dernière limite, et que tous les phénomènes physiques et chimiques que nous connaissons se rapportent aux 70 corps appelés simples par la Chimie.

59. — Si tous les équivalents étaient des multiples de celui de l'hydrogène, nous pourrions admettre que l'hydrogène n'est autre que la matière première douée de propriétés spéciales ; mais comme cela n'a pas lieu,

il faut reconnaître que tous les corps chimiques se ramènent à des molécules composées, formées par l'agrégation d'un nombre variable de molécules primordiales.

Admettons qu'en multipliant par 100 tous les équilents ils deviennent des nombres *entiers* nous pourrons dire alors : que la molécule d'hydrogène renferme 100 molécules simples premières — que celle de l'oxygène en renferme 800; celle de l'argent 10.793; — celle de l'or 19.620 etc., etc.

Chacun de ces agrégats que nous pouvons logiquement appeler désormais *atome*, — puisqu'il est *insécable, indécomposable pour nous*, — a une nature douée de propriétés spéciales de cohésion et d'affinité qui le constituent dans son genre et son espèce ; — comme les différents végétaux et animaux se distinguent en genres et en espèces par leurs propriétés.

Je le répète, je ne veux pas plus chercher une cause physique aux propriétés de l'oxygène que je ne veux en chercher à celles de tel végétal et de tel animal.

J'admets que Dieu lui a donné des propriétés essentielles qui sont sa forme philosophique c'est-à-dire sa *nature*.

Quant à savoir si l'agencement des 800 molécules simples associées dans l'atome d'oxygène a une forme physique, géométrique spéciale, correspondant à ses propriétés, je n'en puis rien dire, et, pour le moment je me contente d'admettre que cet atome composé, formant une molécule unique sans extension, puisque ses éléments constitutifs sont des zéros d'extension, délimite une sphère moléculaire en s'associant des monades électriques.

60. — Ici se présente dans toute sa rigueur la loi mécanique de l'application des forces.

L'atome oxygène pesant 8 fois plus que l'atome hydrogène, il faudra, — pour communiquer telle vitesse giratoire au premier, 8 fois plus de monades électriques qu'il n'en faudra pour imprimer cette même vitesse au second ; puisque la raison nous dit que pour *des vitesses égales, les forces doivent être proportionnelles aux masses mises en mouvement.*

Je me représente donc chacun des atomes des 70 corps chimiques, emporté dans son mouvement girosphérique par la force des monades électriques qu'il s'est associées, et formant une sphère dont le rayon varie avec le nombre de ces unités de forces attelées à sa masse.

Pour donner des sphères égales, fig. 6, les différents atomes devront s'associer un nombre de monades $\lambda\mu$ proportionnel au nombre des molécules premières *m* qui les constituent, c'est-à-dire à leur poids atomique.

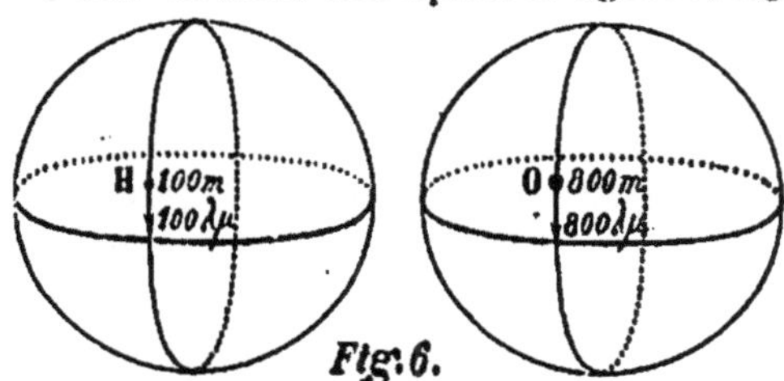

Fig. 6.

61. — Une question s'impose ici : c'est l'impénétrabilité des sphères moléculaires.

Dès lors que le nombre des unités des forces électriques appliquées aux atomes peut varier, il y a lieu de dire si la vitesse girosphérique croissant, le rayon de la sphère reste fixe ou grandit par ce fait.

Pour répondre à cela il suffit de considérer que l'étendue étant l'essence première et générale de la matière, *le degré d'impénétrabilité de cette étendue doit être immuable, comme tout ce qui tient à l'essence des choses.*

J'admettrai donc comme principe que le degré d'impénétrabilité choisi par Dieu dans la constitution de la matière du monde, est invariable.

Que par conséquent, lorsque les atomes acquerront une monade électrique de plus dans leur attelage, *ils augmenteront fatalement le rayon de leur sphère moléculaire, sans quoi leur impénétrabilité serait plus grande qu'avant.*

Et que même, lorsqu'ils en dételeront une, *ils diminueront fatalement le rayon de leur sphère, sans quoi ils seraient moins impénétrables qu'avant.*

62. — Remarquons que le mouvement girosphérique des atomes est, au point de vue philosophique, leur *acte vital;* c'est-à-dire l'acte par lequel ils affirment leur existence en ce monde. Et comme nous venons de le voir, cette vitalité des atomes peut augmenter et diminuer. Les monades électriques sont en effet en toute vérité les aliments qui leur permettent de se fortifier, de grandir, d'augmenter le rayon de leur sphère, l'étendue de leur domaine.

Si l'atome est privé de la dernière monade électrique dont l'association lui est nécessaire pour réaliser son premier pas dans l'existence, pour délimiter la plus petite sphère moléculaire que comporte son poids atomique, il *meurt* : car il cesse d'exister comme matière, puisqu'il ne peut mettre en acte sa propriété essentielle fondamentale qui est de former de l'étendue.

63. — Comme je l'ai indiqué dans la figure 6, j'admets, jusqu'à ce que les faits m'obligent à admettre le contraire, que les atomes prennent, à la fois, les deux électricités λ μ à leur service.

Ici en effet il n'y a aucun dualisme en jeu dans le travail à exécuter. Chaque atome délimite sa sphère moléculaire pour son propre compte. Il s'agit d'un travail *ad intra*, d'un travail personnel, *égoïste*, si je puis m'exprimer ainsi.

Qu'un atome soit seul ou qu'il ait un compagnon, cela semble absolument indifférent pour fixer le rayon de sa sphère, il peut grossir sans que son voisin soit condamné à grossir comme lui.

Par suite je ne vois aucune raison pour que les monades électriques ne passent pas au service des atomes pondérables, deux à deux, telles qu'elles sont dans les sphérules neutres de l'éther.

ARTICLE XII.

Travaux de gravitation, de cohésion et d'affinité.

64. — Comme nous venons de le voir, la formation de l'étendue de la matière par le mouvement girosphé-

rique des monades électriques, est un travail *individuel*; les relations *générales* du monde minéral sont réglementées par les trois grandes lois de la gravitation, de la cohésion et de l'affinité.

La cohésion règle les rapports des atomes de *même famille* entre eux.

L'affinité règle les relations des *différentes familles d'atomes*; et la gravitation les gouverne tous indistinctement en vue de l'ordre général du monde.

Précisons, autant que possible, la manière dont les atomes se servent des monades électriques pour obéir à ces lois.

§ 1. — *Travaux de gravitation.*

65. — Les atomes pondérables des 70 corps chimiques tels que nous les avons déterminés ci-dessus, ont obéi à la gravitation universelle, avant d'obéir aux lois particulières de leur cohésion et de leurs affinités.

Ayant été créés à l'état de nébuleuses, les différents groupes célestes en effet n'ont atteint qu'après des évolutions plus ou moins longues, le degré de concentration suffisant pour permettre aux molécules d'obéir à l'affinité et à la cohésion, forces qui exigent que les corps soient pour ainsi dire en *contact*.

Par suite de ce grand degré de raréfaction primordiale, je conçois les atomes isolés dans l'espace, et gravitant comme un essaim plus ou moins épars. La loi du dualisme paraît donc ne pas être encore en jeu ici. J'admettrai donc que les monades électriques s'attèleront encore deux à deux, telles qu'elles sont dans les sphérules de l'éther, pour fournir la force requise par la gravitation ; mais comment s'attèleront-elles aux atomes ?

66. — Puisqu'il ne s'agit plus d'exécuter un mouvement girosphérique localisé dans l'espace, mais *d'emporter* les molécules à travers l'immensité, il faut admettre que ce n'est plus à l'atome lui-même, *mais au centre de gravité de la sphère moléculaire* que le point d'appli-

cation des monades électriques se fera ; car ce n'est qu'à cette condition que la force des monades pourra se développer dans *un mouvement en ligne droite.*

J'admettrai donc que les choses se passent comme l'indique la figure 7.

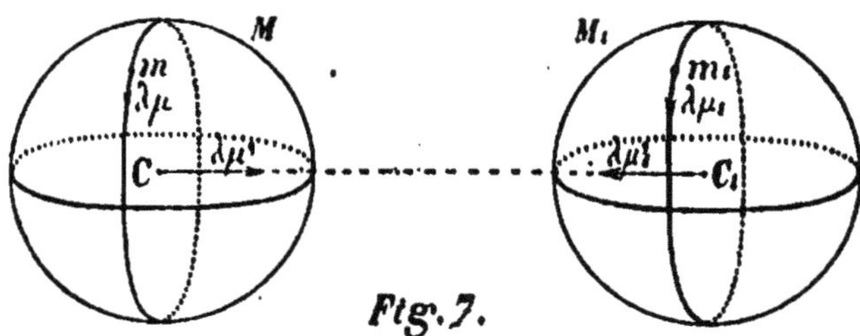

Fig. 7.

Dans la sphère M, les monades électriques λ μ appliquées directement à l'atome m, servent à la délimitation de la sphère ; et les monades λ μ' appliquée au centre de gravité C de la sphère, servent à transporter la sphère M, suivant la ligne des centres CC, vers la molécule M_1.

Ainsi en est-il de la molécule M_1.

67. — La gravitation s'appliquant dans l'infiniment grand comme dans l'infiniment petit, l'unité de la mesure pour le calcul des distances doit se trouver dans l'une ou l'autre, ou même dans l'une et l'autre de ces extrémités.

Dans l'infiniment grand, le maximum de distance à laquelle peuvent se trouver deux atomes, nous est donné par *le diamètre de la sphère* formée par l'aglomération des sphérules de l'éther, et au sein de laquelle évoluent tous les corps pondérables sans en sortir jamais. Cet éther impondérable étant en effet la force physique destinée à l'exécution de tous les travaux du monde matériel, sortir de cette sphère ce serait sortir de l'Atelier, ce serait briser toute relation avec la force de l'usine, et par conséquent se condamner à l'immobilité de la mort.

Evidemment les corps célestes qui ne font qu'obéir aux lois du Grand Ingénieur, ne s'égarent jamais dans cette *nuit du néant.*

4

Inutile de faire remarquer que cette belle phrase littéraire : *« L'univers est une sphère dont le centre est partout et la circonférence nulle part. »* n'est qu'une métaphore absolument fausse.

Ce qu'il y a de vrai, c'est que nos unités de mesure et notre imagination elle-même se perdent dans le calcul des dimensions de cette sphère grandiose faite par Dieu pour nous imposer le sentiment de notre néant en face de sa grandeur.

Dans l'infiniment petit nous concevons encore qu'il existe un minimum de distance.

Comme je l'ai dit, les lois de la mécanique nous indiquent que la sphère moléculaire déterminée par les différents atomes chimiques, avec le secours des monades électriques, est d'autant plus petite que la masse de l'atome est plus grande. Par suite, l'équivalent du bismuth étant 210, c'est-à-dire le plus élevé de tous les équivalents, si l'on suppose qu'un atome de bismuth n'a à sa disposition comme force motrice que les deux monades électriques d'une *seule* sphérule éthérée, *nous serons en présence de la plus petite sphère moléculaire qu'il soit possible d'imaginer.*

Donc si l'on met au contact deux molécules de bismuth ayant le minimum de force motrice à leur disposition, *la distance des centres de ces deux sphérules sera le minimum de la distance à laquelle deux atomes puissent se trouver dans le monde.*

Mais ce minimum nous échappe aussi bien que le maximum. Il faut donc nous contenter de l'unité pratique que nous trouvons en observant la chute des corps *à la surface* de la terre.

68.— Pour comprendre comment l'attraction s'exerce en raison directe de la masse, considérons dans la figure 8, 4 molécules M agissant sur la molécule unique *m*.

Et, pour simplifier, représentons la force des deux monades électriques λ μ par une ligne *f*, indiquant par sa longueur et sa direction, *l'intensité de cette unité absolue des forces physiques* et la direction de son action appliquée, comme nous l'avons dit, au centre de gravité C des sphères moléculaires.

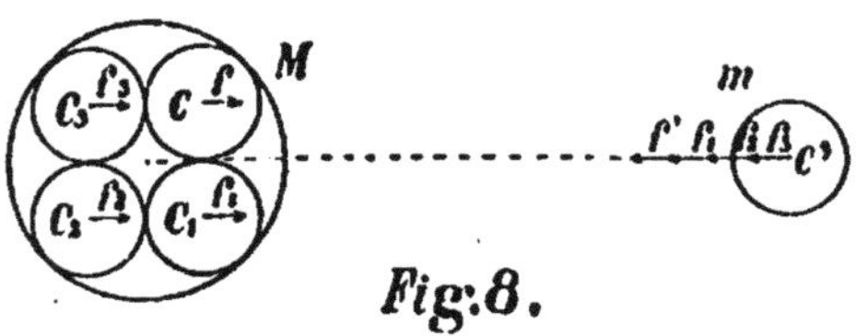
Fig. 8.

Chaque molécule du groupe M attirant la molécule unique *m*, — et réciproquement *m* attirant les quatre molécules de M, on voit immédiatement :

« Que chaque molécule de M ne prendra qu'une unité de force pour répondre à l'attraction unique de *m* ; tandis que *m* en prendra quatre pour répondre à la quadruple attraction qu'elle subit de la part de M. »

Donc *m* sera attirée par M avec une intensité 4 fois plus grande que M ne sera attirée par elle : c'est-à-dire que l'intensité de l'attraction est en raison directe de la masse.

69. — Soit maintenant fig. 9, la lune L et la terre T.

La lune L possède une vitesse initiale immuable qui lui a été imprimée dès le premier instant par la Toute Puissance divine; — ou plutôt qui est la résultante de toutes les impulsions élémentaires primordiales imprimées isolément aux atomes qui se sont groupés, sous l'action de l'affinité et de la cohésion, pour former la masse compacte actuelle de la lune. Représentons cette résultante invariable par F.

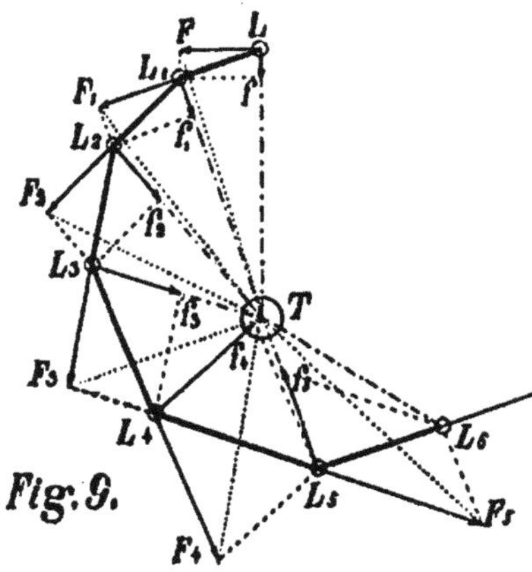
Fig. 9.

Chaque atome isolé avait reçu une vitesse initiale propre en ligne droite, calculée par la Sagesse de Dieu avec une précision mathématique absolue, de manière à amener dans la suite des temps ; — à telle époque précise sa combustion par affinité avec tel autre atome ; — puis à telle autre époque son association par cohésion à tel groupe d'atomes ; puis enfin, à telle autre époque, sa réunion par gravitation à l'ensemble de toutes les molécules lunaires.

La vitesse initiale de chaque atome était donc une entité mathématique, nettement définie ; et, pour produire cette vitesse, un nombre précis et invariable d'unités de force électrique furent appliquées au centre de gravité de la sphère moléculaire de cet atome.

F est la somme précise de toutes ces forces élémentaires qui se comptent évidemment par milliards.

La force f de son côté, est la somme de toutes les forces électriques que l'attraction de la terre impose aux molécules de son satellite ; — comme dans la figure 8, les 4 forces appliquées au centre de m lui sont imposées par l'attraction de M.

Cette force f est variable avec la distance de la lune à la terre. Elle grandit en f_1, f_2, etc, en raison inverse du carré de la distance, et après le passage au périgée elle diminuera, la lune s'éloignant alors de la terre.

Dans tous ces cas, les unités de forces électriques étant des forces nettement définies, il est évident que c'est de fait par *saccades* que l'application et la suppression des forces élémentaires se fait, suivant les exigences de la gravitation. Mais ces unités sont tellement petites et la masse totale à mouvoir est tellement grande, que toutes ces *saccades infinitésimales* donnent pratiquement la *continuité* dans les variations de la force totale.

N'oublions pas cependant que la *continuité mathématique n'existe réellement ni dans la matière, ni dans la force.*

70. — La figure 9 nous indique comment les résultantes L_1, L_2, L_3... vont d'abord en augmentant ; puis comment, par le fait même de leur accroissement, la lune, au lieu de continuer à se rapprocher de la terre, commence à s'en éloigner, comme on le voit en L_6.

L'orbite lunaire est par suite une ellipse dont la terre occupe l'un des foyers.

La figure nous donne aussi les triangles suivants égaux comme ayant même base et même hauteur :

$$\left.\begin{array}{l} TLF = TLL_1 \\ TLL_1 = TL_1F_1 \\ TL_1F_1 = TL_1L_2 \\ TL_1L_2 = TL_2F_2 \\ \quad \text{etc., etc.} \end{array}\right\} \text{Donc } TLL_1 = TL_1L_2 = TL_2L_3 \text{ etc.}$$

L'analyse supposant les temps égaux, on voit que le rayon vecteur TL décrit des *surfaces égales pour des temps égaux :* c'est le Principe des Aires.

Tout ceci s'applique à tous les corps célestes.

Inutile de développer davantage cette application de la force physique à la mise en acte des lois abstraites de la Gravitation.

Tout ceci ne fait que retirer tous les calculs des astronomes du domaine de l'abstraction en donnant une *réalité précise* aux éléments de leurs beaux calculs.

§ 2. *Travaux de cohésion.*

71. — Dans les travaux de cohésion, les molécules sont au contact et la loi du dualisme semble y présider, comme nous l'indiquent les beaux phénomènes de la cristallisation, dans lesquels les atomes s'agencent entre eux par *groupes* définis qui, très probablement commencent par des groupes binaires avant de former des groupes plus compliqués.

J'admets donc cette fois que deux molécules pour obéir à la cohésion, prennent, l'une la monade électrique positive λ ; et l'autre la monade électrique négative μ; — que ces monades prendront place au centre de gravité des molécules, c'est-à-dire au centre de leur sphère moléculaire; — et que là, immobiles, leur force, au lieu de se traduire par du mouvement, se traduira par l'adhérence ou *cohésion des molécules ;* — absolument comme la force motrice d'une presse hydraulique s'immobilise au terme de la compressibilité des molécules.

72. — Le travail de la cohésion se fait ordinairement sans choc.

Les belles cristallisations ne se produisent que lorsque les molécules peuvent obéir lentement et sans secousse aux lois de la cohésion.

Lorsqu'on hâte le phénomène dans les dissolutions *sursaturées*, les molécules se précipitent à la recherche l'une de l'autre, et alors les forces électriques appliquées à ces molécules en vue de la cohésion, les entraînent l'une contre l'autre avec une certaine *force vive* qui se traduit par des vibrations caloriques constatables au thermomètre. C'est quelque chose comme ce qui se passerait si la plate-forme d'une presse hydraulique ne touchait pas l'objet à comprimer : *il y aurait, au premier moment, un effort à vide qui produirait un choc.*

Dans les cas ordinaires, ce coup à vide, cette espèce de *porte-à-faux*, n'existe pas. Les molécules s'associent lentement les monades électriques nécessaires, s'orientent et s'agencent avec une lenteur telle que le frottement moléculaire qui accompagne ce travail ne produit aucune vibration dans les molécules en jeu.

Je ne m'étends pas d'avantage sur cette question; mais avant de passer à l'affinité, je veux dire ici un mot au sujet du *non-sens* que l'on a introduit dans la Physique sous le nom de *chaleur latente*.

Explication de la chaleur latente.

73. — Ce qui précède suffit pour nous permettre d'expliquer logiquement le phénomène déguisé sous ces mots incompréhensibles.

Nous savons maintenant en effet que la dilatation de la sphère moléculaire se fait par l'augmentation du nombre des monades électriques associées aux atomes dans leur rotation girosphérique; dilatation qui s'opère fatalement à chaque nouvelle monade éthérée attelée au char de l'atome.

Comme je l'ai dit, cette rotation girosphérique est l'acte vital de la molécule pondérable, et les monades électriques sont réellement l'aliment absorbé par la molécule pour augmenter sa vitalité en dilatant sa sphère d'action.

Or l'on peut dire, — qu'on me passe le mot à cause de sa justesse, que l'*appétit* de toutes les molécules pondérables est *insatiable* ; — au moins dans une mesure dont nous ne pouvons constater la limite.

Si aucun obstacle ne les en empêche, chacune d'elles, quelle que soit d'ailleurs sa nature, qu'elle soit diamant, platine ou hydrogène, absorbera toujours de nouvelles monades électriques pour augmenter indéfiniment le rayon de sa sphère ; — pour *s'engraisser*, pourrait-on dire.

74. — Mais cet appétit des minéraux est en lutte continuelle avec les deux forces que nous venons d'examiner : la Cohésion et la Gravitation.

Les forces électriques de la cohésion, en enchaînant les centres de gravité des molécules à *telle distance précise* l'un de l'autre, les empêche évidemment, d'augmenter leurs rayons dont la somme forme cette distance précise.

D'un autre côté, les forces électriques qui enchaînent par exemple les molécules de l'air au centre de la terre, les empêchent également de dilater leurs sphères, ce qu'elles ne peuvent réaliser *sans éloigner leur centre de gravité du centre d'attraction de la terre.*

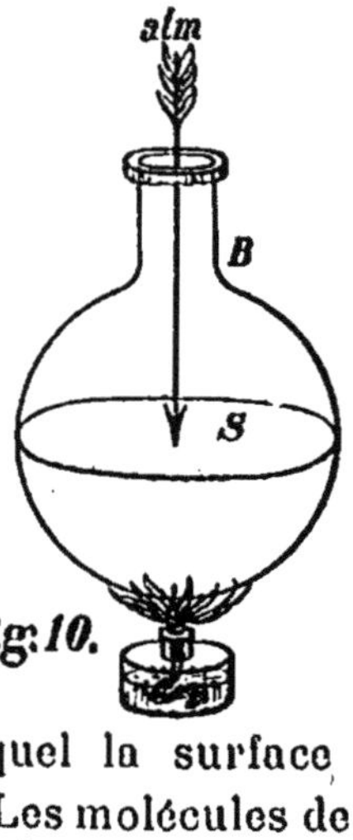

Que l'on détruise la cohésion des solides et des liquides par la chaleur ; que l'on supprime la pesanteur au-dessus des liquides et des gaz, en faisant le vide, et les molécules de tous les corps se dilateront toujours.

Fig. 10.

75. — Précisons ces phénomènes dans un exemple.

Soit un ballon B, figure 10, dans lequel la surface S de l'eau est 1 décimètre carré.

Les molécules de cette eau sont sous le joug de la cohésion et de la gravitation qui les empêche d'absorber des impondérables électriques pour se dilater.

La cohésion a encore dans cette eau une énergie très

appréciable, comme nous l'indiquent les bulles de savon, et la forme sphérique que prennent les goutelettes d'eau projetées sur la poussière.

La gravitation exerce de son côté sur les molécules de cette eau une pression de 1 kilogramme par centimètre carré, soit une pression totale de 100 kilogrammes. Voyons comment les vibrations caloriques vont permettre à ces molécules de secouer le joug de leurs deux ennemis.

76. — Deux remarques préalables sont nécessaires pour suivre cette analyse.

Rappelons d'abord que les molécules étant des sphères élastiques, il est clair que le choc doit produire dans ces sphères une série de vibrations qui sont alternativement, — comme je l'ai dit dans l'analyse physique de la Lumière, et comme l'indique la figure 11, — un aplatissement A'B' que j'appelle discoïdal et une réaction élastique A″B″ que j'appelle ovoïde.

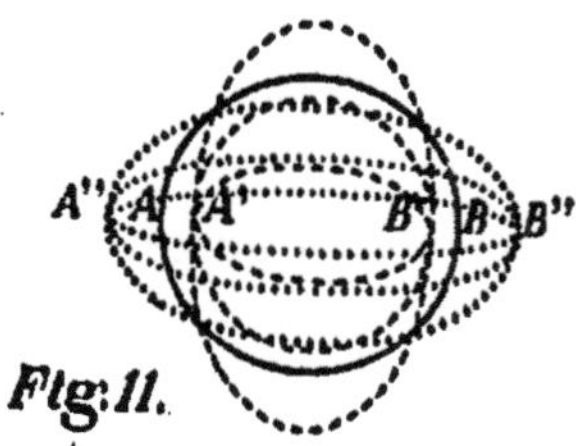

Fig. 11.

77. — Remarquons en second lieu qu'il y a pour chaque espèce de molécules une grosseur de sphère qui écartera les centres à une distance telle que la cohésion n'a plus de prise sur eux.

Soient deux molécules C, C₁, figure 12, dont les sphères sont assez petites pour permettre à la cohésion de les relier avec le maximum d'énergie indiqué par les flèches

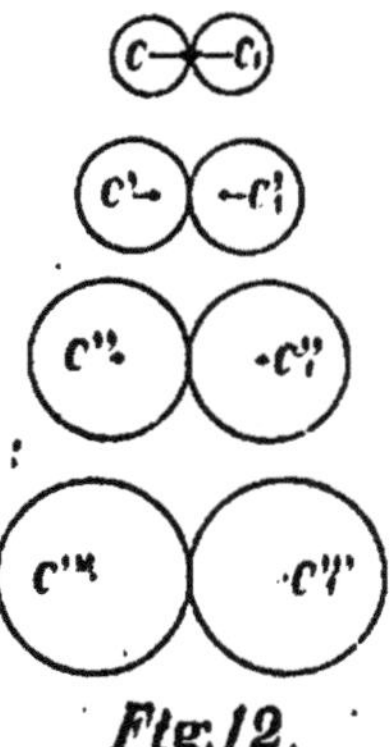

Fig. 12.

A mesure que le rayon des sphères moléculaires grandit, les *centres de gravité C C₁ s'éloignent.*

Pendant cet écartement l'énergie de la cohésion diminue en raison inverse du carré de la distance, des centres, et par suite le nombre des monades électriques appliquées à ces centres diminue dans la même proportion.

Pour telle distance précise variant pour chaque espèce de corps, *la cohésion devient nulle.*

C'est l'instant du passage de l'état liquide à l'état gazeux.

Aucune force électrique ne relie plus désormais les centres C″ C,″ l'un à l'autre. La gravitation est maintenant le seul adversaire qui lutte contre l'*appétit des molécules* pour les empêcher d'augmenter indéfiniment de volume en absorbant de nouvelles monades électriques.

78. — Au lieu de dire que les molécules gazeuses se *repoussent*, au lieu d'admettre qu'au moment de la vaporisation les molécules passent subitement du domaine de l'*attraction de la cohésion* dans le domaine d'une *répulsion gazeuse*, disons simplement que les atomes ayant échappé aux étreintes de la cohésion par tel écartement des centres de leurs sphères, peuvent maintenant suivre leur tendance naturelle à augmenter leur activité vitale, leur mouvement girosphérique, en n'ayant, que la force de la pesanteur à vaincre.

La force expansive des gaz n'est pas une répulsion, *c'est la manifestation de leur activité vitale.*

79. — Remarquons encore que la force de la pesanteur n'est pas une force purement extérieure aux molécules, à l'instar des parois d'un vase contenant un gaz. Elle agit sur le centre de gravité de chaque molécule, comme nous l'avons dit au n° 66, et par suite, n'y aurait-il aucun obstacle extérieur enveloppant une masse gazeuse, la pondérabilité propre à ses molécules suffirait pour limiter sa dilatation.

Ainsi les dernières molécules d'air qui se trouvent à la surface de notre atmosphère, n'ont absolument d'autre obstacle à leur augmentation de volume que l'effort qu'elles doivent produire pour soulever leur poids moléculaire un peu plus haut, c'est-à-dire pour l'éloigner du centre de l'attraction terrestre.

Par suite des vagues de l'océan atmosphérique, ces molécules superficielles, se rapprochant et s'éloignant continuellement de la terre, doivent changer continuellement de volume.

80. — Ces remarques préliminaires étant faites, voyons d'abord comment la chaleur détruit la cohésion.

Soit, figure 13, deux molécules M et M, reliées par les deux forces f et f_1 de leur cohésion mutuelle ; et imaginons que des vibrations caloriques viennent les aplatir en disques, l'une contre l'autre en M′ et M_1'.

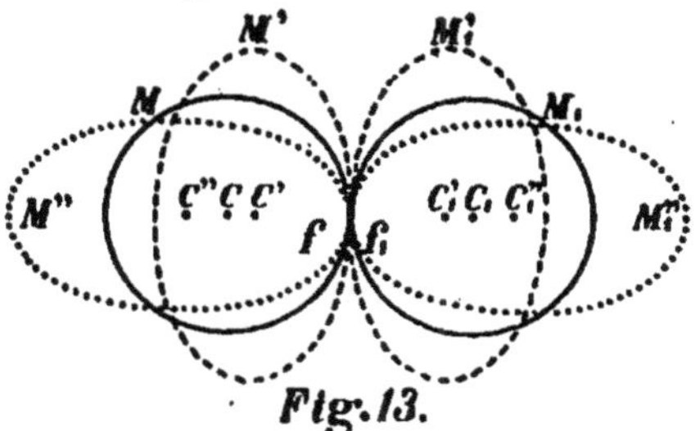

Fig. 13.

Par réaction élastique elles vont s'allonger en ovoïdes en M″ et M_1''. Or il est évident que dans cet allongement en ovoïdes, les deux centres C et C′, peuvent arriver à s'éloigner l'un de l'autre plus que ne le voudraient les forces f et f_1.

Ces forces de cohésion sans doute ont, comme toutes les forces de la nature, une certaine élasticité, c'est-à-dire qu'elles permettront aux centres qu'elles relient d'osciller un peu à droite et à gauche de leur position d'équilibre C et C_1 ; mais il est certain qu'il y aura telle amplitude de vibration calorique qui écartera ces deux centres C et C_1 au delà des limites d'élasticité des forces f et f_1. Donc ces deux forces vont être détruites.

C'est-à-dire que la force de cohésion qu'elles représentaient étant détruite par une force supérieure, elles n'ont plus aucune puissance abstraite à réaliser, et par suite elles rentrent elles-mêmes à l'état neutre ; non pas toutes à la fois, mais peu à peu et proportionnellement à l'écartement des centres, conformément à ce que nous avons dit au n° 77, fig. 12.

A l'instant où une monade électrique est ainsi dételée du centre de la sphère moléculaire, l'atome devient libre de se dilater en attelant directement à sa masse les deux monades d'une nouvelle sphérule éthérée.

Voilà comment la vibration calorique se transforme en travail mécanique interne dans la molécule. Elle détruit directement la cohésion et donne ainsi directement aux molécules la liberté d'augmenter leur sphère.

81. — Remarquons cependant qu'il ne s'agit pas ici d'un simple déclanchement. Une force de déclanchement peut être très faible comparée à la force à laquelle elle donne liberté d'action ; mais ici la force calorique vibratoire doit être non-seulement égale à la force d'expansion de la molécule, *mais même un peu supérieure.*

En effet, cette force d'expansion, ce que nous avons appelé *l'appétit* de la molécule, existait avant l'intervention de la chaleur, et, si elle ne pouvait passer en acte, c'est qu'elle était neutralisée par une force de cohésion au moins égale à elle.

Donc la chaleur qui a vaincu cette force de cohésion a dû fournir une énergie *un peu supérieure* à la force d'expansion de la molécule.

82. — Pour nous rendre minutieusement compte de la manière dont la chaleur arrive à remporter cette victoire, précisons encore ce qu'il faut entendre par degré de chaleur.

Absolument comme les couleurs, les différents degrés de chaleur doivent se distinguer l'un de l'autre par le nombre des vibrations à la seconde. Comme on le sait les vibrations caloriques moins réfrangibles que la lumière, se comptent au dessous de 400 trillions de vibrations à la seconde. Leur minimum n'est pas connu.

Mais le nombre des vibrations ne peut augmenter à la seconde que par l'augmentation de l'intensité du choc des corps en combustion et l'intensité du choc ne peut augmenter sans que *l'aplatissement de la molécule choquée augmente.*

Par suite l'allongement ovoïde de la réaction élastique va aussi en augmentant avec le dègré de chaleur. On conçoit dès lors que pour chaque corps en partilier il existe un degré de chaleur précis qui écarte les centres des molécules de la quantité voulue pour les soustraire à l'empire de la cohésion.

83. — Voyons maintenant comment la chaleur peut secouer le joug de la Gravitation.

La compression produite par le poids de la colonne atmosphérique, effet de la gravitation, présente elle aussi une certaine élasticité, puisque les molécules d'air qui la transmettent aux molécules de l'eau sont compressibles.

Le frémissement vibratoire des molécules de l'eau est donc là en rapport avec un ennemi présentant une certaine mobilité, laquelle n'est nullement nécessaire pour que le travail moléculaire que nous étudions puisse se réaliser, mais nous en facilite la compréhension.

Voici en effet comment l'on peut concevoir la marche du travail mécanique de la Chaleur en lutte avec la pression atmosphérique.

Ne considérons qu'une molécule unique, figure 14, afin de mieux préciser le phénomène.

Admettons que cette sphérule M représente un millionième de millimètre carré dans la surface du liquide.

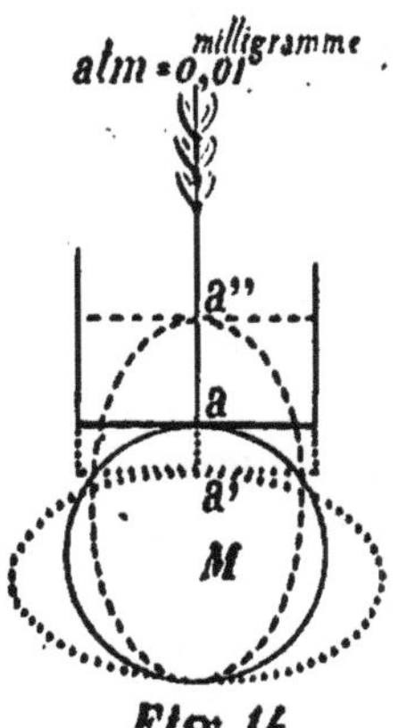

Fig. 14.

La pression atmosphérique, étant de 1000 grammes pour un centimètre carré, est de un cent milliéme de gramme, ou de 1 centième de milligramme pour un millionième de millimètre carré.

Un centième de milligramme, tel est donc le fardeau qui pèse sur cette sphérule M, et qui l'empêche de se développer davantage.

Mais voici que des vibrations caloriques arrivent à cette molécule.

De sa forme sphérique *a* elle passe à la forme dicoïdale en *a'* ; puis à la forme ovoïde en A''.

Nécessairement son fardeau suit son mouvement et se trouve animé comme elle d'un mouvement oscillatoire *pendulaire*.

Elle agit donc sur ce fardeau comme ma main qui ébranle un arbre par des poussées successives ; la chaleur augmentant, l'amplitude *a' a''* va en s'accentuant, — comme les oscillations de l'arbre.

Puis pour telle amplitude donnée, c'est-à-dire pour telle vitesse de poussée, le fardeau, par suite de la vitesse qui lui est imprimée, *dépasse par inertie l'amplitude de la vibration de la molécule ;* — comme lorsque dans une dernière poussée plus énergique, l'élan que ma main a imprimée à l'arbre, fait qu'il quitte ma main et continue son oscillation, sinon jusqu'à terre, au moins jusqu'à une distance plus ou moins grande au delà de ma poussée.

C'est là le moment propice pendant lequel la molécule, libérée du joug de son fardeau, satisfait son appétit en s'associant les monades éthérées requises pour le grossissement que l'espace laissé libre par le recul de l'obstacle, lui permet de réaliser.

84. — Evidemment tout le travail mécanique des vibrations qui ont précédé cette oscillation *victorieuse* se trouve avoir passé de la molécule dans la force vive de l'élan acquis par l'obstacle refoulé. Et ce travail exécuté par la chaleur va être maintenu grâce à la dilatation de la molécule. Sans cette dilatation, l'obstacle reviendrait bientôt au contact en produisant un choc ; — comme lorsque ma main rencontre l'arbre à faux après son écart.

Le grossissement de la molécule tout en n'étant qu'un résultat secondaire du travail de la chaleur, arrive donc là bien à propos pour fixer l'effet direct qui est le refoulement de l'obstacle. C'est quelque chose comme le coin que l'on insère dans la fente obtenue pour l'empêcher de se refermer.

La nouvelle molécule plus grosse que la précédente, va maintenant recevoir les nouvelles vibrations qui arrivent de la source de chaleur, vibrations qui lui sont nécessaires, comme avant son grossissement, pour tenir l'ennemi en respect et préparer une nouvelle conquête de terrain.

Ainsi en est-il pour toutes les autres molécules

jusqu'au moment critique de la vaporisation qui a lieu pour l'eau à 100 degrés de chaleur, sous la pression barométrique ordinaire de 76 centimètres de mercure.

85. — A ce moment, — je me permets de le dire encore, — l'appétit des molécules devient de la *voracité*. Elles deviennent avec la rapidité de la foudre, 1700 fois plus volumineuses.

Profitant du recul imprimé à l'ennemi par l'amplitude des vibrations qui ont lieu à ce que nous appelons 100°, elles prennent carrément l'offensive ; elles poursuivent l'ennemi *la bayonnette dans les reins.*

Ce n'est en effet que grâce aux vibrations caloriques de 100° d'amplitude qui leur arrivent du foyer, qu'elles peuvent accomplir cette conquête d'un terrain 1700 fois plus vaste.

Une vibration de 100° leur vient ; grâce à elle, elles impriment un recul à l'ennemi et grossissent d'autant en prenant des monades électriques. Devenues plus volumineuses, une nouvelle vibration leur arrive et le même jeu recommence : *elles conquièrent le terrain pas à pas, à la pointe de la bayonnette, c'est-à-dire à coups de vibrations caloriques à 100°.*

86. — Mais évidemment, toutes les vibrations caloriques, — tous les coups de bayonnette, — dépensées pendant cette charge à fond de train, ne se retrouvent pas au terme de la conquête : elles sont devenues terrain conquis : elles sont devenues des sphères moléculaires 1700 fois plus volumineuses.

Et maintenant ces sphères moléculaires 1700 fois plus grosses n'ont qu'à continuer à vibrer, comme avant et pendant leur conquête, pour se maintenir sur le terrain conquis.

Rien donc d'étonnant à ce que le thermomètre n'accuse que 100° dans la vapeur d'eau, comme dans l'eau non encore vaporisée.

Les vibrations caloriques dépensées pendant la vaporisation représent 537 calories.

87. — Supposons maintenant que l'on force ces mo-

lécules à remettre en liberté les monades électriques qu'elles ont absorbées, que se passera-t-il?

N'oublions pas que pour chaque perte d'une unité de force motrice, la sphère moléculaire diminue fatalement de volume.

Or cela étant, on conçoit tout d'abord que la sphère elle-même, en passant à un rayon moindre, doit éprouver un trouble d'équilibre se traduisant par des vibrations, — et ensuite que la force comprimante trouvant soudain un vide sous sa poussée, acquiert une force vive qui se transmet à la molécule sous forme de vibrations.

En un mot : les vibrations caloriques qui ont disparu comme *cause* dans chaque grossissement élémentaire de la sphère moléculaire, reviennent comme *effet* dans chaque contraction élémentaire de cette même sphère.

88. — Si les molécules n'ont ni la cohésion, ni la gravitation à vaincre, si aucun obstacle en un mot ne s'oppose à leur dilatation, il est évident qu'elles ne dépenseront, pour se dilater, aucune des vibrations caloriques qu'elles possèdent. Elles se dilateront donc sans se refroidir.

Remarquons que ce cas n'est réalisable que pour les gaz, qui sont déjà sans cohésion, et pour lesquels une force étrangère peut exécuter préalablement le travail du refoulement de la gravitation.

Ainsi quand Joule ayant pris deux récipients en communication par un tube à robinet, laissa l'un plein d'air à 10 athmosphères, tandis qu'il fit le vide dans l'autre, il effectua lui-même, en faisant ce vide, le travail que les molécules de l'autre récipient auraient eu à faire si, en pénétrant dans ce second espace, elles y avaient trouvé un obstacle s'opposant à leur entrée. Et, en opérant ce vide, il dépensa lui-même *une quantité de chaleur égale à celle que les molécules auraient dû fournir elles-mêmes pour vaincre l'obstacle, s'il n'avait été enlevé d'avance.*

89. — Telle est l'analyse physique, en tout conforme aux lois de la mécanique de l'élasticité, que l'accepta-

tion de l'impénétrabilité *relative* des molécules minérales obtenue par le mouvement girosphérique des atomes, nous permet de suivre logiquement.

Je ne pensais nullement à me préparer les voies pour expliquer ainsi les phénomènes, quand j'ai admis l'hypothèse du mouvemement girosphérique; mais il me semble que ces explications, ainsi que celles que je vais pouvoir donner des phénomènes électriques, sont des conséquences naturelles qui indiquent que si telle n'est pas la constitution *réelle* de la matière, cette manière de la concevoir mérite considération tout au moins comme moyen facile et logique pour faire une étude *véritablement physique* des phénomènes.

Ceci n'empêche pas le calcul, la mise en formule des Lois si précises que la Sagesse de Dieu a imposées à son œuvre.

Ces formules sont absolument indispensables pour *féconder* la Science; mais elles ne sont pas la Science; car elles ne peuvent en aucune façon aborder le *pourquoi* des phénomènes. Et cependant la réponse à ce pourquoi est la seule science physique vraiment digne de ce nom.

La formule ne sera jamais qu'un symbole et quelquefois un symbole de pure convention, dans lequel le terme adopté pour représenter tel facteur est parfois son *inverse*. C'est ce qui est arrivé dans les formules de Pouillet sur le couplage de piles, $i = \frac{e}{r}$, comme on le verra plus loin.

90. — Puisque nous avons parlé de la chaleur latente de vaporisation de l'eau, disons aussi un mot de la congélation de l'eau qui a suggéré à certains physiciens une idée absolument fausse sur le rôle de la chaleur.

La glace, en fondant, diminue de volume; donc, ont-ils dit, la chaleur peut quelquefois contracter les corps au lieu de les dilater.

Voyons l'explication logique que l'on peut donner de ce phénomène.

91. — Nous l'avons vu, les vibrations caloriques peuvent, en s'accentuant, *vaincre* un obstacle et permettre la dilatation des sphères moléculaires. Par conséquent, si elles ne s'accentuent pas, elles pourront, au lieu de vaincre, *contrebalancer, équilibrer simplement la force antagoniste*. C'est ce qui a lieu pour tous les corps entre lesquels l'équilibre mobile de température s'est établi, et qui sont soumis à la même pression : leurs volumes moléculaires respectifs sont stationnaires.

Mais si le nombre des vibrations caloriques à la seconde, ou autrement dit, le degré de chaleur baisse, — pour l'eau par exemple, — elles ne résistent plus avec la même énergie à la cohésion aidée de la pression atmosphérique extérieure, et *elles se contractent*, en émettant au dehors un nombre plus ou moins grand de monades électriques.

Les centres de gravité des sphères moléculaires se rapprochent ainsi, et chaque rapprochement se fait par l'addition d'une nouvelle unité de force électrique appliquée en ces centres, comme il est dit au n° 67.

Ces forces électriques centrales croissant ainsi continuellement, il arrive un moment où elles deviennent assez puissantes pour imposer aux molécules l'état solide au lieu de l'état liquide.

Ce moment critique a lieu invariablement lorsque le rayon des sphères moléculaires s'est raccourci à telle longueur précise. Comme on le sait, c'est quand la chaleur est à 4 degrés centigrades et la pression atmosphérique à 76 que ces conditions physiques ont lieu pour l'eau.

Mais ici, la loi de cohésion, propriété abstraite intimée par la Sagesse du Maître à la nature physique de l'eau, impose aux molécules un arrangement merveilleux dans le système cristallin hexagonal.

Cette architecture magique donne des étoiles à six branches rayonnantes, entre lesquelles restent des espaces vides ; — de même que lorsque des maçons agencent des pierres conformément au plan d'un château conçu par un architecte, ils y laissent des vides qui en sont les appartements.

Or de même que le château occupe, grâce à ses vides intérieurs, plus de place que le moncéau pêle-mêle des pierres qui ont servi à le construire, — de même aussi les splendides étoiles rayonnantes, évidées, que la cohésion édifie avec les molécules de l'eau, occupent plus de place que ces molécules roulant toutes au contact les unes sur les autres à l'état liquide.

Ce n'est, il est vrai, qu'à zéro degré que ce travail architectural apparaît *complet* ; mais sans aucun doute, les molécules commencent à s'orienter deux à deux et à chercher leur place, dès que leur rayon est descendu à la longueur précise qui soumet leurs centres à l'action de la cohésion cristalline. Ces commencements de cristallisation sont probablement faits puis aussitôt défaits, puis refaits encore, par l'effet des vibrations caloriques des molécules, dont le rayon est encore trop grand pour qu'elles soient définitivement soumises au joug de la force de cristallisation. Mais, — comme le volume grandissant de la masse totale nous le révèle, — ces travaux moléculaires finissent par prévaloir à mesure que les vibrations caloriques sont éliminées, et, à 0 degré, l'organisation cristalline est complète.

Encore une fois, les molécules d'eau qui constituent ces cristaux sont plus petites qu'elles ne l'étaient à l'état liquide, à 4° centigrades : Ce sont les grands vides intermoléculaires des étoiles à six branches qui dilatent l'édifice.

Évidemment le *ciment* qui relie ces molécules n'est autre chose que la force des monades électriques attelées à leurs centres de gravité.

Tout en étant solidifiée par l'action de ces forces, elles possèdent cependant un frémissement vibratoire très réel qui pourra aller encore en diminuant bien au dessous du point où elles sont et qui n'est zéro que de nom.

Et maintenant, comme tout corps dont l'organisation est complète, elles vont diminuer de volume avec la température. Et, comme nous le savons, chaque degré de diminution de volume correspond à l'élimination d'une monade éthérée dételée de la masse même de l'atome, et par l'application d'une nouvelle monade électrique attelée au centre de la sphère moléculaire de cet atome. L'édifice cristallin se consolide donc, en se tassant, pendant le refroidissement au dessous de zéro.

Que si l'on veut renverser cet édifice, toutes ces forces électriques centrales ne sortiront une à une de la place que par le contre-travail des vibrations caloriques tel que nous l'avons étudié ci-dessus.

Ce travail est analogue à celui des démolisseurs qui sont obligés d'arracher les pierres une à une au ciment qui les relie.

L'expérience montre que si le kilogramme de glace est pris à zéro degré, il faut lui ajouter un kilogramme d'eau à 79°, 25, soit 79, 25 calories pour exécuter ce travail.

Le tout est à 0° après la fusion de la glace, parce que les vibrations des 79,^{cal} 25 ont disparu dans le travail mécanique de l'expulsion des forces électriques qui réalisaient la cohésion, — comme les *coups de pioches* des démolisseurs disparaissent dans la désagrégation du ciment.

92. — Afin de comprendre clairement en quoi consiste le *travail mécanique* de la Chaleur, faisons une dernière remarque.

J'ai dit que le degré de chaleur, absolument comme la hauteur des sons et des couleurs dépend du *nombre* des vibrations exécutées à la seconde ; « mais ceci ne doit être vrai que lorsque les vibrations sont réalisées par les sphérules impondérables de l'éther. »

En effet, considérons ces sphérules éthérées transmettant à des molécules pondérables, par exemple aux molécules des 70 corps chimiques les vibrations qu'elles ont elles-mêmes reçues de la part d'autres molécules pondérables — par exemple de celles qui sont dans le soleil.

Comme nous le savons, ces 70 corps chimiques, sans en excepter l'hydrogène, ont des atomes composés d'un nombre plus ou moins grand de matière primordiale ; ils ont des poids atomiques différents, c'est-à-dire des masses différentes.

Les molécules girosphériques formées par ces atomes sont donc réellement devant nous comme des timbres sonores de différents calibres ; qui, pour être mis parfaitement en vibration à tel degré de sonorité, exigent « le choc de marteaux dont la masse soit en rapport avec leur masse propre, « et qui par suite, » s'ils sont choqués par un même marteau, donneront un son dont l'intensité sera inversement proportionnelle à leur masse. »

C'est ce dernier cas qui se réalisera dans la transmission des vibrations éthérées aux 70 corps chimiques.

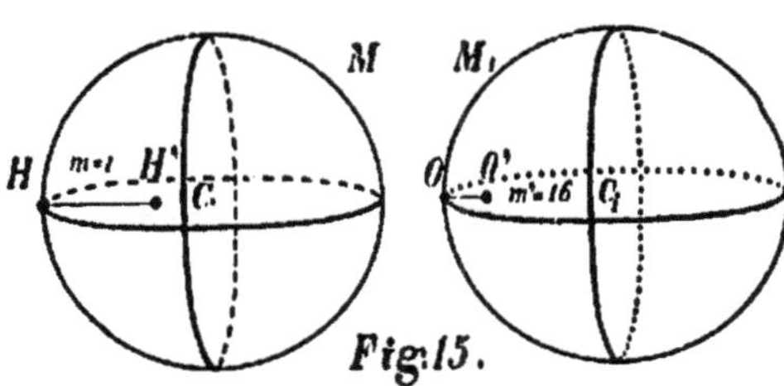

Fig. 15.

Soit par exemple, figure 15, la sphère moléculaire M de l'hydrogène dont l'atome H a une masse m qui pèse 1 ; et la sphère moléculaire $M_{\prime}$ de l'oxygène, dont la masse m' pèse 16.

On sait qu'une même force agissant sur des masses différentes leur communique des accélérations différentes, inversement proportionnelles aux masses, de telle sorte que w et w' étant les accélérations et m, m', les masses, on a :

$$\frac{m}{m'} = \frac{w'}{w} \text{ d'où } m\,w = m'w'.$$

Or dans le cas présent les sphérules de l'éther, vibrant par exemple à 100°, devront écarter de leur position d'équilibre sphérique, une masse H égale à 1 dans la molécule M ; et une masse O égale à 16 dans la molécule M'.

Donc l'accélération qu'elle communiquera à l'oxygène sera 16 fois moindre que celle qu'elle communiquera à l'hydrogène : *mais la quantité de mouvement sera la même dans tous les cas.*

Si maintenant ces deux molécules d'hydrogène et d'oxygène sont mises à leur tour en rapport avec une molécule de mercure dont l'atome pèse 200 ; — puisque la force vive emmagasinée dans l'élasticité de la molécule d'hydrogène égale la force vive emmagasinée dans celle de l'oxygène, ces deux énergies égales produiront exactement le même travail dans la mise en vibration de la molécule de mercure.

Donc le thermomètre dira que les 100 degrés de chaleur communiqués aux deux atomes oxygène et hydrogène, les ont échauffés au même degré. »

93. — Cette expérience ne se fera pas directement sur chaque atome isolément ; mais que l'on prenne par par exemple 10 grammes d'hydrogène et 10 grammes d'oxygène ; si nous admettons qu'il y a 1 million de molécules dans les 10 grammes d'oxygène, il y en aura 16 millions dans les 10 grammes d'oxygène.

Si maintenant l'explication précédente est vraie, s'il faut la même quantité de chaleur pour chauffer également les atomes, il est évident qu'il faudra 16 fois plus de calories pour chauffer les dix grammes d'hydrogène que pour chauffer au même degré les dix grammes d'oxygène.

Or Dulong et Petit, ont constaté qu'il en est ainsi. L'application logique des lois de la mécanique de l'élasticité à la sphère moléculaire constituée par le mouvement girosphérique conduit donc naturellement à l'explication vraie du *Travail mécanique de la Chaleur*.

94. — Ce qui étonne au premier abord dans cette manière d'expliquer les phénomènes caloriques, c'est que le même degré de chaleur ne répond pas au même nombre de vibrations à la seconde dans tous les atomes. Les 100 degrés de chaleur *éthérée* que l'on met au travail sur ces atomes produisent, dans chacun d'eux, des nombres de vibrations à la seconde que l'on peut regarder comme inverses de leurs masses en poids atomiques.

Mais pour comprendre qu'il doit en être ainsi, il suffit de remarquer que des vibrations caloriques ne sont purement telles, — ne sont réellement une Force que dans les sphérules de l'éther ; et que; dès qu'elles passent à des molécules pondérables, « elles sont un véritable travail mécanique, dans lequel le facteur *w* de la vitesse doit varier, puisque le facteur *m* de la masse varie avec les molécules. »

L'énergie emmagasinée par une calorie dans l'une quelconque des molécules des 70 corps chimiques est réellement *l'unité d'énergie du Travail mécanique de la Chaleur.*

95. — Remarquons, en terminant cette étude, que l'idée que les physiciens se font actuellement des gaz, la seule matière au sujet de laquelle ils hasardent une manière de voir, — ne leur permet pas d'expliquer la chaleur latente ; c'est-à-dire le travail interne de la dilatation des gaz.

L'idée du grossissement des molécules ne pouvant leur venir à l'esprit, ils sont obligés d'attribuer l'augmentation de l'amplitude du mouvement « oscillatoire pendulaire des atomes, en ligne droite, à droite et à gauche d'une certaine position d'équilibre, laquelle reste d'ailleurs absolument indéterminée. »

Mais avec cette idée surgissent deux impossibilités.
1° L'impossibilité absolue d'expliquer comment les *lignes* plus ou moins longues suivant lesquelles les atomes oscillent comme des pendules, peuvent donner un volume.

Comment ces *bouts de lignes* s'agencent-ils entre eux ? Y a-t-il une loi qui les condamne à se disposer perpendiculairement les uns aux autres pour déterminer des volumes géométriques ?

Si au contraire aucune loi de cohésion ne les gouverne, si l'anarchie est leur seule loi, comment se fait-il que le grouillement désordonné de ces *bouts de lignes* donne invariablement et avec une précision mathématique, toujours la même augmentation de volume pour une même augmentation de mouvement calorique ?

Comment trouver la raison de cette précision dans l'hypothèse que les molécules gazeuses « *serpentent dans la masse du gaz, passent librement d'un groupe à l'autre, heurtant tantôt celui-ci, tantôt celui-là, subissant des réflexions positives ou négatives, changeant de direction à chaque instant, ayant en un mot un mouvement comparable à celui que certains astronomes attribuent aux comètes hyperboliques qui passent d'un système stellaire à l'autre?* (1)

Mais dans les gaz il n'y a point de groupes fixes comme les systèmes stellaires; l'hypothèse décrite dans ces lignes revient donc à un pur fourmillement désordonné, à un véritable chaos.

2°. — La seconde impossibité inhérente à l'explication de la dilatation des atomes par l'augmentation de leur mouvement vibratoire ou pendulaire, — ou, comme certains physiciens l'admettent, par leur *lancement en ligne droite, comme des balles de fusil, jusqu'à la rencontre d'un obstacle,* — est l'impossibilité d'expliquer la *chaleur latente.*

On admet d'une part que les vibrations caloriques ne sont pas autre chose que les vibrations mêmes des atomes; — et d'autre part on n'explique la dilatation du volume total d'un corps que par l'amplitude de ces mêmes vibrations des atomes du corps.

On confond donc en une seule et même chose, *la vibration atomique*, deux phénomènes absolument distincts; l'augmentation de volume et l'augmentation du degré calorique, Et par là même on se met dans l'impossibité absolue d'expliquer la chaleur latente.

En effet, si l'augmentation de volume dans la vapeur est due à l'augmentation de l'amplitude du mouvement vibratoire des atomes, on est forcé d'admettre que dans cette vapeur l'énergie du mouvement vibratoire est devenue 1700 fois plus grande; comment dès lors expliquer que la chaleur, qui n'est elle-même autre chose que ce mouvement vibratoire non-seulement ne se fait pas sentir avec 1700 fois plus d'intensité, mais ne change même pas.

Tel est, non le mystère, mais le non-sens qui existe actuellement dans la question de la chaleur latente.

Ce non-sens n'est certainement pas dans l'esprit des Physiciens. Ils se disent avec raison que la dilatation

---

(1) R. P. Secchi, Unité des Forces physiques, p. 66.

et le calorique apparent sont deux effets distincts de la chaleur communiquée à un gaz; mais ce que leur idée théorique sur la constitution des gaz ne leur permet en aucune façon d'expliquer, c'est la manière nette et précise dont ces deux effets sont produits.

Le volume *variable* des sphères moléculaires produites par le mouvement girosphérique, tel que je l'ai posé, permet au contraire de préciser tous ces phénomènes.

§ 3. — *Travaux d'affinité.*

96. — Les travaux d'affinité sont les seuls travaux de l'Œuvre Divine qui se réalisent avec choc. Le choc n'apparaît que comme cas exceptionnel dans la cohésion et la gravitation.

97. — Pourquoi cette particularité dans l'Œuvre de l'Eternelle Sagesse, alors que d'une part les lois de la mécanique exigent, en vue du meilleur rendement des machines, l'absence des frottements, des détentes brusques et des chocs; — et que d'autre part il n'y a pas de raison intrinsèque pour que la réunion des molécules pondérables se fasse avec choc dans l'affinité, puisqu'elle se fait sans choc et avec une énergie très grande dans la gravitation et même dans la cohésion?

La raison providentielle de ceci est évidente.

Si tous les travaux de l'Univers physique se réalisaient sans frottements, sans bruit, sans ébranlements à l'entour, chacun deux s'ensevelirait, dès en naissant, dans un éternel oubli et dans l'inertie de la mort.

Ils pourraient bien construire l'édifice de l'Univers, mais cet édifice resterait plongé dans la nuit et le froid d'un tombeau.

Aucune relation autre que des forces abstraites ne mettraient en communication les innombrables merveilles qui constituent l'ensemble des mondes.

Il fallait donc que certains travaux se fissent dans des conditions telles que *le travail principal* fût accompagné de *travaux secondaires*, permettant aux plus lointaines provinces de l'univers de se connaître.

Ces travaux secondaires se retrouvent dans tous les travaux de nos petits ateliers : le sol de l'usine tremble, un bruit assourdissant remplit l'atmosphère, les outils s'échauffent et parfois des étincelles jaillissent; car nous ne pouvons éviter complètement les frottements et les chocs.

Et tous ces travaux parasites font notre désespoir, car ils gaspillent notre force motrice que nous ne pouvons nous procurer qu'à prix d'or.

Mais ce qui dans nos petites usines est un défaut, est devenue dans l'Usine du Grand Ingénieur l'une des plus étonnantes merveilles de son Œuvre, à savoir : l'*Actinie*, la *Lumière* et la *Chaleur*.

98. — Ces trois catégories de vibrations ont une telle importance dans l'économie du plan divin, que Dieu, quand il créa l'affinité, au lieu de dire : que les corps de nature différente se combinent entre eux pour donner des corps composés nouveaux; dit simplement : « *Que la Lumière soit !* »

Au commencement, nous dit Moïse, Il créa le Ciel et la Terre.

Pour que ces deux mots aient une signification distincte et ne soient pas une redite, il est tout naturel d'y voir la création de l'Éther impondérable qui est bien réellement le Ciel dans lequel évoluent les corps ; — et la création de la matière pondérable caractérisée pour nous par la terre que nous habitons.

Cette matière a été créée nécessairement avec la pondérabilité, c'est-à-dire obéissant aux deux lois de force centrifuge et de la force centripète : elle a été créée *gravitante*.

Le troisième acte qui arrive là logiquement est la création de l'Affinité, et c'est par l'ordre du « *Fiat Lux !* » que cette propriété essentielle a été ajoutée par la Volonté créatrice aux corps chimiques gravitant déjà dans les cieux, c'est-à-dire au sein de l'Ether.

99. — Cette séparation insinuée par l'Historien sacré entre la Création de la matière pondérable et la création des forces d'affinité, nous indique que c'est probable-

ment à l'état de matière première, telle que nous l'avons indiquée dans l'article X, que Dieu a créé tout d'abord toutes les monades pondérables qui devaient être les matériaux de l'univers; et qu'il s'est écoulé un temps entre cette création primordiale et son *organisation en les 70 espèces d'atomes composés qui forment tous les corps du monde minéral.*

Il semble en effet logique d'admettre que Dieu n'a pas laissé l'oxygène, l'hydrogène et les autres corps chimiques se former dans l'immense essaim de la matière première sans leur donner dès leur apparition leurs propriétés de comburants et de combustibles.

100. — Comme on le sait, l'ordre du « *Fiat Lux !* » ne s'est pas réalisé instantanément.

De même qu'une horloge ne sonne pas toutes ses heures à la fois, la rencontre opportune des comburants et des combustibles se réalise successivement, ici et là dans le temps et l'espace, suivant la Volonté du Maître qui a disposé les rouages de la machine pour que telle cause fasse coïncider son effet avec celui de telle autre.

101. — L'étude de l'Affinité est l'objet de la Chimie.

Mais ce n'est pas ici le lieu d'étudier à fond cette science.

Je me contenterai donc de faire remarquer que c'est dans l'Affinité que la loi du dualisme règne dans toute sa perfection ; et que par conséquent c'est dans ces phénomènes dits de combustion, que les deux monades électriques vont agir séparément avec une netteté parfaite, et nous permettre par là même de les isoler pour les prendre à notre service personnel.

L'étude de l'Affinité est de fait l'étude de l'Électricité, entrons donc immédiatement avec elle dans le sujet que j'ai principalement en vue dans ce travail.

CHAPITRE Ier

ÉLECTROCHIMIE

ARTICLE Ier

Principe fondamental

102 — Posons d'abord le grand principe qui domine toute l'Electrochimie.

Le comburant est toujours électrisé négativement, et le combustible toujours positivement.

103. — L'oxygène qui brûle tous les autres corps sera donc toujours électrisé NÉGATIVEMENT

Le potassium, le sodium, et autres métaux alcalins, étant toujours brûlés, seront toujours électrisés POSITIVEMENT.

Les autres corps, tels que le chlore et le soufre, étant tantôt COMBURANTS et tantôt COMBUSTIBLES, seront électrisés NÉGATIVEMENT ou POSITIVEMENT selon leur rôle.

Brûlés par l'oxygène ils seront électrisés POSITIVEMENT ; et brûlant les métaux ils seront électrisés NÉGATIVEMENT.

Conséquences de ce Principe.

1° Pour les combinaisons chimiques

104 — Soit, figure 16, un groupe de molécules d'hydrogène en présence d'un groupe de molécules d'oxygène.

La molécule H, en sa qualité de combustible, s'est électrisée positivement, pour se combiner avec l'oxygène ; mais elle n'a pu prendre l'électricité positive λ_1, à son service, sans mettre en liberté l'électricité négative correspondante μ_1. Les autres molécules d'hydrogène, n'ayant que faire de cette électricité négative,

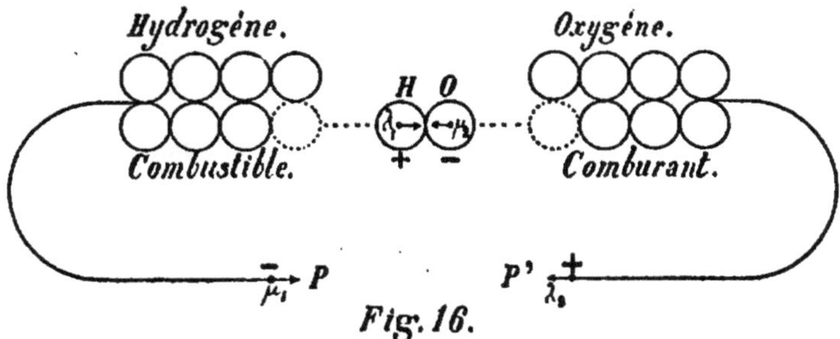

Fig. 16.

puisque c'est de la positive qu'il leur faut, se la passent de molécule à molécule jusqu'au pôle P.

Remarque — Je dirai plus tard comment se fait cette transmission de l'électricité de molécule à molécule dans un conducteur. Pour le moment occupons-nous uniquement des sources d'électricité.

De même, la molécule d'oxygène O, s'étant électrisée négativement pour brûler l'hydrogène H, a dû, en prenant μ_2 à son service, mettre en liberté l'électricité positive correspondante λ_2. Et les autres molécules d'oxygène, n'ayant que faire de cette électricité positive, puisque c'est de la négative qu'il leur faut, se la passent de l'une à l'autre jusqu'au pôle P'.

105. — *Donc dans les combinaisons chimiques, on doit trouver de l'électricité négative en liberté du côté du combustible; — et de l'électricité positive en liberté du côté du comburant; — parce que dans ce cas ce sont les électricités que les corps n'emploient pas que l'on recueille.* — Les électricités qu'ils emploient λ_1 et μ_2 se neutralisent.

2° *Dans les décompositions chimiques.*

106. — Soit, figure 17, un groupe de molécules d'eau soumises à la décomposition.

Vu qu'elles sont déjà intimement unies, et que l'électricité mise en liberté par l'une est précisément celle qui convient à l'autre, on comprend que chacune d'elles prend dans la sphérule d'éther voisine, la monade électrique exigée par son rôle de comburant ou de combustible.

Donc la molécule d'hydrogène H sort de la combinaison avec

son électricité positive λ_1, — et l'oxygène O avec son électricité négative μ.

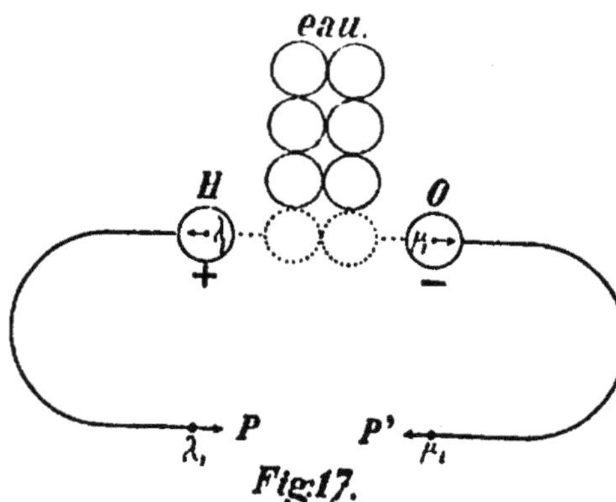

Fig. 17.

107. — *Donc dans les décompositions chimiques, c'est-à-dire quand les corps seront à l'état dit naissant, on trouvera de l'électricité positive en liberté du côté du combustible ; — et de l'électricité négative en liberté du côté du comburant ; — parce que dans ce cas ce sont les électricités que les corps emploient, que l'on recueille.*

Comme l'occasion manque à ces corps *naissants* pour utiliser la force électrique dont ils sont pourvus, ils s'en débarrassent bientôt en la transmettant aux corps voisins conducteurs jusqu'aux pôles P et P'.

Ces notions étant posées, analysons les réactions d'un élément hydroélectrique.

ARTICLE II

Analyse de la Pile.

---

108. — Dans la pile nous pouvons nous proposer d'examiner trois points :

1° La production de l'électricité.

2° L'énergie avec laquelle elle est produite ou sa *force électromotrice*.

3° L'abondance avec laquelle elle est émise dans le courant ou son *intensité*.

§ 1er Production de l'électricité dans un élément de pile.

109. — Prenons la pile Bunsen et, pour l'analyser, développons-en les différents compartiments dans la figure 18.

Dans une *première phase*, l'eau se décompose sous l'empire de l'affinité de l'acide sulfurique SO^3 pour l'oxyde de zinc.

— Le combustible hydrogène H se trouve abandonné avec son électricité positive λ_1: nous reviendrons à lui plus tard.

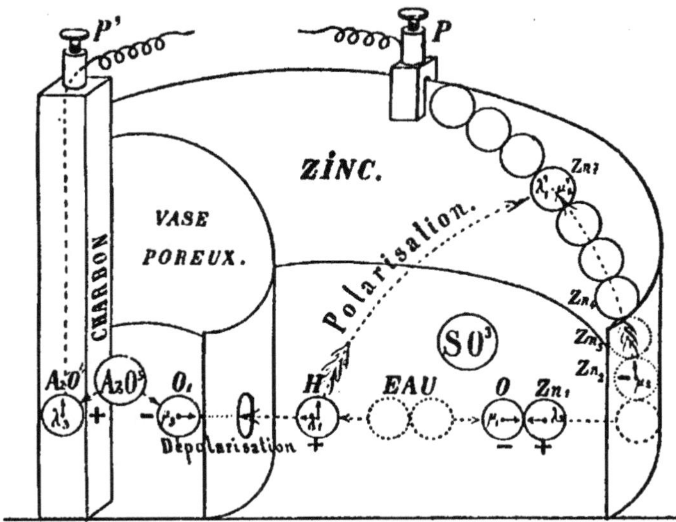

Fig. 18.

— Le comburant oxygène O, avec son électricité négative μ, va brûler le zinc.

— Le combustible Zn_1 s'électrise positivement pour se combiner avec O. Mais Zn_1 n'a pu prendre l'électricité positive λ_2 à son service sans mettre l'électricité négative correspondante μ_2 en liberté. Les autres molécules de zinc, n'ayant que faire de cette électricité négative, puisque en leur qualité de combustibles c'est de la positive qu'il leur faut, se la passent de l'une à l'autre jusqu'à la borne P.

A ce moment il y a donc de l'électricité négative libre sur le zinc, — et de l'électricité positive libre sur l'hydrogène libre.

Ces conditions *physiques* donnent lieu à la phase suivante.

110. — Dans la *seconde phase*, l'hydrogène naissant est en pleine énergie chimique grâce à l'électricité positive λ_1 qu'il possède; mais s'il n'y a pas à sa portée un corps qui puisse répondre à son *affinité chimique*, il obéira simplement à *l'attraction physique* qui existe entre deux corps électrisés en sens contraires. Electrisé positivement il se précipitera sur le zinc négatif, et s'y accumulera en bulles après y avoir neutralisé sa positive λ_1 avec la négative μ_1 du zinc.

C'est la phase dite de *Polarisation.* — Au lieu de sortir séparées, les deux électricités se neutralisent dans l'élément même.

C'est ce qui arrive inévitablement dans les éléments à un seul liquide.

111. — *Troisième phase.* Pour éviter le résultat désastreux de cette seconde phase, on a eu l'heureuse idée de mettre dans un vase poreux un appel *d'affinité chimique* qui soit plus puissant sur l'hydrogène que l'appel *d'attraction physique* qui existe entre lui et le zinc.

Or l'appel d'affinité le plus puissant que l'on puisse faire à l'hydrogène, c'est de lui présenter de l'oxygène.

C'est donc une source d'oxygène qu'il faut introduire dans le vase poreux.

112. — Bunzen, ou plutôt Grove a adopté l'acide azotique, source facile d'oxygène par sa décomposition en hypoazotide AzO^4 et en oxygène O_1.

L'hydrogène alors au lieu d'aller au zinc et de polariser la pile, se précipite à travers le vase poreux vers l'oxygène O_1 de l'acide azotique.

Cet O_1 en prenant l'électricité négative μ_3, a laissé l'électricité positive λ_3 au combustible AzO^4 qui, n'ayant aucune affinité chimique à satisfaire, passe son électricité au charbon d'où elle arrive à la borne P'.

Ainsi s'obtient la *Dépolarisation* de la pile, c'est-à-dire la mise en circuit des deux électricités produites par les réactions chimiques de la pile.

L'électricité négative se trouve libre du côté du combustible zinc brûlé par l'oxygène, d'après le n° 100; — et l'électricité positive est libérée du côté du combustible abandonné par le dépolarisant, conformément au n° 101.

113. — C'est par le dépolarisant que les piles se distinguent les unes des autres, car dans toutes c'est l'oxygène de l'eau décomposée qui brûle le zinc, à l'exception de l'élément Leclanché dans lequel c'est le chlore du chlorure d'ammonium qui est le comburant.

114. — Dans la pile Daniel c'est le sulfate de cuivre qui est la source d'oxygène.

$$\underset{+\ -}{Cu\ O},\ SO_3 + \underset{+}{H} = \underset{+-}{HO},\ SO^3 + \underset{+}{Cu}.$$

115 — Dans la pile Marié Davy, c'est le sulfate de mercure.

$$\underset{+\,-}{Hg\,O},\,SO^3 + \underset{+}{H} = \underset{+\,-}{HO},\,SO^3 + \underset{+}{Hg}.$$

116. — Dans la pile Poggendorf, c'est l'acide chromique.

$$2\,\underset{+\,-}{Cr\,O^3} + 3\,\underset{+}{H} = 3\,\underset{+\,-}{HO} + \underset{+}{Cr^2\,O^3}$$

117. — Dans l'élément Leclanché, c'est le bioxyde de manganèse.

$$\underset{+\,-}{Mn\,O^2} + \underset{+}{H} = \underset{+\,-}{HO} + \underset{+}{Mn\,O}.$$

§ 2. — Force électromotrice.

118 — La force électromotrice considérée en elle-même dans son essence, dépend de deux causes :

1° Du liquide excitateur.

2° Du dépolarisant.

1° *Du liquide excitateur.*

119. — Considérons d'abord le liquide excitateur formé d'eau acidulée par l'acide sulfurique.

L'acide sulfurique est un comburant qui se trouve en possession de toute l'énergie de ses affinités chimiques pour les oxydes métalliques. Mais ces affinités qui sont parties intégrantes de sa nature, ne sont pas les mêmes à l'égard de tous les oxydes métalliques. L'énergie avec laquelle il attaque l'oxyde de cuivre, par exemple, est moindre que celle avec laquelle il attaque l'oxyde de zinc.

Le signe auquel nous pourrons distinguer ces différentes énergies d'affinité d'un même comburant pour différents combustibles, est la quantité d'ébranlement vibratoire calorique produite quand les molécules de ce comburant se choquent avec les molécules des différents combustibles.

Les données de la *Thermochimie* sont donc ici de la plus haute importance.

Ce sera en effet en comparant les calories produites par les différentes combinaisons entre différents réactifs mis en présence que nous pourons prévoir quelle sera la combinaison prédominante, celle à laquelle seront subordonnées toutes les autres combinaisons et décompositions secondaires.

120. — Ainsi, sachant que l'acide sulfurique en formant le sulfate d'oxyde de zinc, produit 54,8 calories; tandis que l'oxygène

en se combinant avec l'hydrogène ne produit que 34,4 calories; nous pouvons en conclure que l'affinité de l'acide sulfurique pour l'oxyde de zinc prévaudra sur l'affinité de l'oxygène pour l'hydrogène et que par conséquent l'eau sera dissociée.

121. — Mais il est de toute évidence que l'oxygène et l'hydrogène qui ne se séparent *qu'à regret*, sont un obstacle à vaincre qui diminuera d'autant l'intensité de l'affinité de l'acide sulfurique pour l'oxyde de zinc; — ou plutôt cette *dissociation* constitue un travail nuisible, un travail négatif, qui absorbe une grande part du travail positif, que produirait la combustion du zinc par de l'oxygène *libre*, puis la combustion de cet oxyde de zinc par l'acide sulfurique.

Les 34,4 calories nécessaires pour détacher l'oxygène de l'hydrogène avant de l'utiliser à l'attaque du zinc, seront donc à retrancher des 54,8 calories produites par la formation du sulfate de zinc. Et la différence 20,4 calories représente l'énergie finale des travaux réalisés dans la réaction.

C'est dans cette résultante seule que réside la première cause de la force électromotrice.

122. — Que l'on remplace le zinc par d'autres métaux pour lesquels l'acide sulfurique aura plus d'affinité, c'est-à-dire avec lesquels sa combinaison produira plus de 54,8 calories et la force électromotrice grandira avec la différence des calories positives et négatives.

En un mot la force électromotrice sera dans tous les cas proportionnelle à l'excédent de l'affinité de l'acide sulfurique pour l'oxyde du métal en question, sur l'affinité de l'oxygène pour l'hydrogène; excédent qui nous sera révélé par les calories produites dans chaque combinaison considérée isolément.

123. — Si au lieu de varier le combustible en présence du comburant SO^3, nous changeons le comburant en présence du zinc, la force électromotrice variera encore d'après les mêmes considérations.

Soit par exemple le chlorure d'ammonium employé comme liquide excitateur dans l'élément Leclanché.

C'est la prédominance de l'affinité du chlore pour le zinc sur son affinité pour l'ammonium qui est ici la cause primordiale de la mise en circulation de l'électricité, c'est-à-dire de la force électromotrice.

Dans les piles à acide sulfurique, la décomposition de l'eau est le premier phénomène chimique qui se réalise; dans la pile Leclanché, c'est la décomposition du chlorure d'ammonium qui commence la série des réactions.

La décomposition de l'eau n'a lieu qu'à mesure que l'ammonium est délaissé par le chlore.

L'examen attentif de la formule écrite dans l'ordre suivant fai saisir d'un coup d'œil la série de ces décompositions et recompositions.

$$\begin{array}{ccccccccccccccc} HO & + & AzH^4\,Cl & + & Zn & = & H & + & AzH^4\,O & + & ZnCl \\ +- & & + \;\; - & & + & & + & & + \;\; - & & +- \end{array}$$

Pour que Cl puisse attaquer Zn, il faut qu'il se dégage des liens de AzH^4; l'intensité de son attraction chimique pour Cl est donc entravée par l'attraction inverse que AzH^4 exerce sur lui.

Mais vu que AzH^4, à l'état naissant, trouve à côté de lu l'oxygène O, cette compensation le rend plus disposé à laisser partir Cl.

En effet $Az\,H^4$, étant électrisé positivement, électrise O négativement par influence et surexcite ainsi sa puissance comburante.

La dissociation de HO est donc provoquée ici par une réaction secondaire, tandis que dans les autres piles elle est provoquée pa r l'affinité supérieure de l'acide sulfurique.

Il y a donc ici deux dissociations, celle de AzH^4Cl et celle de HO; — et deux combustions, celle de Zn Cl et celle de $Az\,H^4O$.

« L'excédent de ces deux derniers travaux utiles sur les deux premiers travaux nuisibles, sera dans l'élément Leclanché la cause première de la force électromotrice; — et cet excédent nous sera révélé par les calories produites par chaque combinaison considérée isolément. »

2° *Du dépolarisant.*

124. — On conçoit que l'hydrogène se séparera d'autant plus ou moins facilement de l'oxygène que la compensation qui lui sera offerte pour cette séparation sera plus ou moins rapprochée de l'équivalence.

S'il y avait là, tout à côté de l'hydrogène naissant électrisé positivement, de l'oxygène *libre*, et naissant lui-même, c'est-à-dire électrisé négativement, il est évident que l'hydrogène, ne quittant l'oxygène de droite que pour s'unir à l'oxygène de gauche, opposerait moins de résistance au départ de l'oxygène qui doit brûler le zinc.

La question est donc de mettre le plus près possible à la portée de l'hydrogène naissant, une source d'oxygène également naissant lui-même.

125. — Plus cette source d'oxygène naissant sera facile et spontanée, plus l'attraction d'affinité chimique exercée sur l'hydrogène

sera puissante, et par suite plus aussi l'énergie d'affinité de de l'acide sulfurique pour l'oxyde de zinc sera libre de s'exercer.

Au lieu d'être diminuée de toute l'affinité de l'hydrogène pour l'oxygène elle ne sera plus diminuée que par la difficulté qu'éprouvera l'hydrogène pour aller se réunir à l'oxygène naissant du dépolarisant.

Donc le dépolarisant est la seconde cause de l'énergie avec laquelle l'électricité est mise en circulation, c'est-à-dire de la force électromotrice.

126. — Une comparaison prise dans l'hydrodynamique va nous aider à comprendre ceci.

Soit, figure 19, un réservoir R formant un jet d'eau tel que la différence entre les niveaux N et N' soit 10 mètres ou 1 atmosphère de pression.

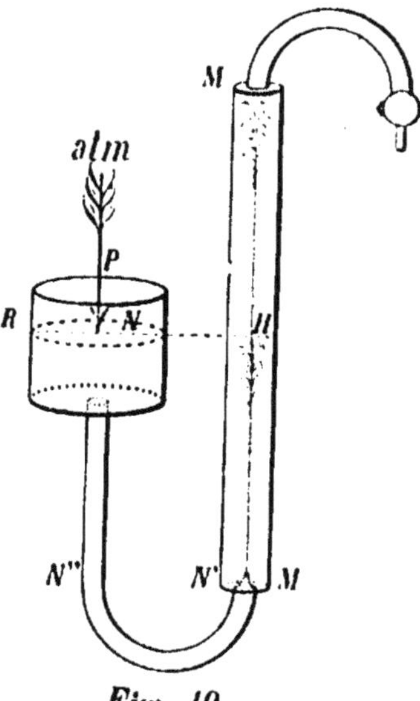

Fig. 19

Au sortir de N' la force hydromotrice de l'eau est obligée de vaincre la résistance de l'air et cette résistance est une des causes qui empêchent le jet de monter au niveau H de la source.

Mais supposons que l'on entoure l'ajutage N' d'un tube fermé MM' de 20 mètres de hauteur et que l'on y fasse le vide, le jet d'eau, au lieu de s'arrêter au-dessous de 10 mètres, montera maintenant à près de 20 mètres.

Dans ce fait, la différence des deux niveaux augmentée de la pression atmosphérique P sur le niveau N peut nous symboliser l'énergie d'affinité de l'acide sulfurique pour l'oxyde de zinc.

Cette affinité est capable d'une force électromotrice nettement déterminée ; mais, comme nous l'avons vu, elle est contrecarrée par l'affinité contraire de l'hydrogène pour l'oxygène.

De même aussi la force hydromotrice nettement déterminée par la différence du niveau et par la pression atmosphérique P est en partie détruite par la poussée contraire que l'atmosphère exerce sur l'ajutage N'.

Par suite, l'effet du vide produit dans le tube MM' nous fait comprendre immédiatement l'effet que doit produire l'appel fait à l'hydrogène par l'oxygène du dépolarisant :

Le dépolarisant agit par son oxygène naissant à la façon d'une pompe aspirante qui fait le vide d'hydrogène, et permet ainsi autant que possible à la force électromotrice dont l'affinité de l'acide sulfurique pour l'oxyde de zinc est capable, de se réaliser.

127. — Pénétrons dans l'infiniment petit jusqu'aux dernières molécules des corps pondérables et imaginons qu'il y a là, au contact l'une de l'autre, le comburant, le combustible, l'eau et le dépolarisant comme l'indique la figure 20.

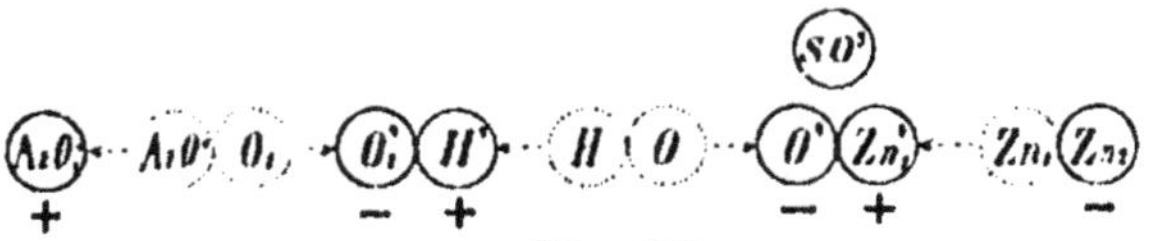

Fig. 20.

On aura là, sur la molécule négative Zn_2 et sur la molécule positive AZO_4, *la véritable force électromotrice de l'élément Bunsen.*

128. — Mais précisons la nature de cette force électromotrice. Nous venons d'établir qu'elle dépend de *l'énergie finale* qui est la résultante des différentes affinités chimiques positives et négatives, en lutte dans l'élément hydroélectrique.

Or nous savons d'ailleurs que les monades électriques sont la force physique qui sert à la réalisation de ces travaux d'affinité; — et que cette force, c'est-à-dire le *nombre* des monades attelées, est toujours mathématiquement proportionné à l'énergie du travail.

Si donc nous supposons trois séries de réactions chimiques dans lesquelles les intensités du travail positif final sont entre elles comme 1, 2 et 3, nous pouvons affirmer : que les nombres des monades électriques en jeu dans chacun de ces cas sont aussi entre eux comme 1, 2 et 3 ; — que si par exemple il y a 100 monades électriques en activité dans le premier cas, il y en a 200 dans le second et 300 dans le troisième.

129 — Mais évidemment tous ces travaux étant réalisés par des *unités* de molécules comburantes et combustibles, comme l'indique la figure 20, — ces groupes de 100, 200 et 300 monades électriques sont émis en *un seul jet.* — Ils constituent, dans toute la force du terme, — sans figure de rhéorique aucune, — trois attelages distincts, comme le sont trois machines à vapeur de 100, 200 et 300 chevaux. — Ce sont des *essaims* de force physique, agissant comme des unités de force nettement définies ; et je garderai ce mot *essaim* pour les désigner désormais, parce qu'il est le plus propre à caractériser devant notre esprit ces monades électriques impondérables, — ces cavales éthérées, — qui, réu-

nies en un seul groupe, *inétendu* grâce à leur simplicité individuelle, constituent une force totale unique.

130. — C'est cet essaim de monades électriques qui constitue la *Nature* de la force électromotrice ; — et c'est par le *Nombre* des monades groupées dans chaque essaim que les différentes forces électromotrices se distinguent les unes des autres.

§ 3 — Intensité ou quantité de l'électricité émise par une source.

131. — D'après ce que nous venons de voir, chaque force électromotrice est caractérisée par le *nombre* des monades électriques qui sont groupées dans l'essaim qui produit cette force électromotrice.

De ce fait, il y a donc une quantité d'électricité qui est nécessairement proportionnelle à ce que nous appelons la force électromotrice ; — comme la cause est proportionnelle à son effet.

Mais cette quantité d'électricité qu'on peut appeler *primordiale*, ne correspond qu'à l'unité de réactions entre une molécule d'eau, une molécule de zinc, une d'acide sulfurique et une de dépolarisant comme nous l'avons dit au sujet de la figure 20 ; et il est évident que chaque unité de réactions qui se réalisera dans un élément, produira son essaim.

De là ressortent ces deux idées claires : que la force électromotrice est due à la *quantité particulière, primordiale*, des monades électriques qui sont groupées dans chaque essaim émis par chaque unité de réactions chimiques ; — *et que la quantité générale de l'électricité qui sort d'une source n'est autre chose que le nombre des essaims émis par la totalité des réactions chimiques.*

132. — Cette seconde quantité est donc d'une nature différente de celle de la quantité contenue dans chaque essaim. Celle-ci forme un tout unique, une unité de force, qui circulera en bloc, sans dispersion de ses éléments, au moins dans une certaine mesure ; — tandis que l'autre circulera successivement, unité par unité, *essaim par essaim.*

La première a sa source dans *les affinités chimiques des réactifs en jeu dans l'élément en question.*

Et la seconde a sa source dans *l'étendue de la surface de zinc soumise à l'action des réactifs.*

La première pourra se calculer à l'aide de la thermochimie, comme nous l'avons vu aux numéros 115 et suivants.

Et la seconde sera nécessairement fonction de la surface du zinc.

ARTICLE III.

Remarque sur l'élément Leclanché.

---

133. Comme nous l'avons vu au numéro 123, le chlorure d'ammonium ne se dissocie dans cet élément que par suite de la prédominance de l'affinité du chlore pour le zinc sur celle qu'il a pour l'ammonium.

Mais l'énergie comburante du chlore étant déjà saturée par l'ammonium, il s'ensuit que la préférence du chlore pour le zinc s'arrête devant tel degré de difficulté.

Ce degré de difficulté va nous être indiqué par l'analyse de ce qui doit se passer dans cet élément en *circuit ouvert.*

Soit la figure 21.

134. — Au bout d'un certain temps d'action, toutes les molécules du zinc, à droite sont chargées d'électricité *négative.*

A gauche, les molécules du bioxyde de manganèse et de l'eau sont chargées d'une quantité exactement équivalente d'électricité positive.

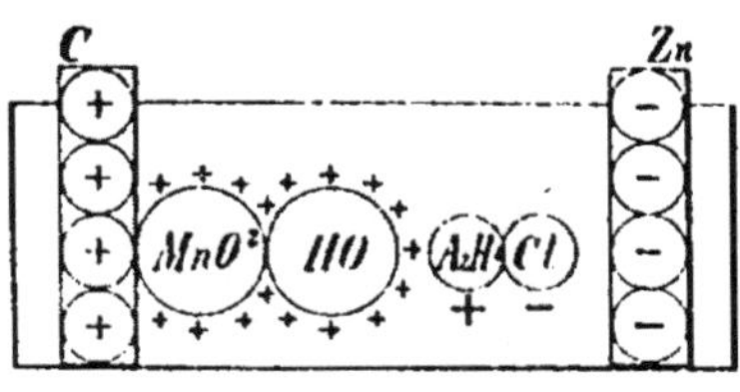

Fig. 21.

Entre ces deux charges d'électricités contraires qui tendent à se rejoindre dans l'intérieur de la pile, se trouve le chlorure d'ammonium, AzHCl⁴.

135. — Le Chlore, avec son électricité négative de comburant tend par affinité à attaquer Zn. Mais ce zinc, au lieu d'être électrisé positivement comme il devrait l'être pour remplir son rôle de combustible, est surchargé d'électricité négative.

Donc il y a entre lui et le chlore une *répulsion physique*, laquelle, on le conçoit, peut, à un moment donné, contrebalancer *l'attraction chimique* qui existe entre ces deux corps.

136. — L'ammonium, de l'autre côté, avec son électricité positive de combustible naissant tend, lui aussi, par affinité chimique à décomposer la molécule d'eau voisine HO, au cas où le chlore

se séparera de lui. Mais cette molécule d'eau, comme toutes les autres molécules à gauche de AzH_4, est également surchargée d'électricité *positive*.

Donc il y a aussi *répulsion physique* entre AzH^4 et cette molécule HO.

137. — Le Chlorure d'ammonium rencontre donc sur sa droite et sur sa gauche deux répulsions qui l'empêchent de se dissocier. La prédominance de l'affinité du chlore pour le zinc est équilibrée et cela d'autant plus parfaitement que son énergie comburante est déjà satisfaite par l'ammonium.

Telle est la raison pour laquelle la pile Leclanché ne travaille pas en *circuit ouvert*.

ARTICLE IV.

Couplage des piles. — Examen des formules de Pouillet

---

138. — Ayant comparé un élement de pile à un jet d'eau, on a admis :

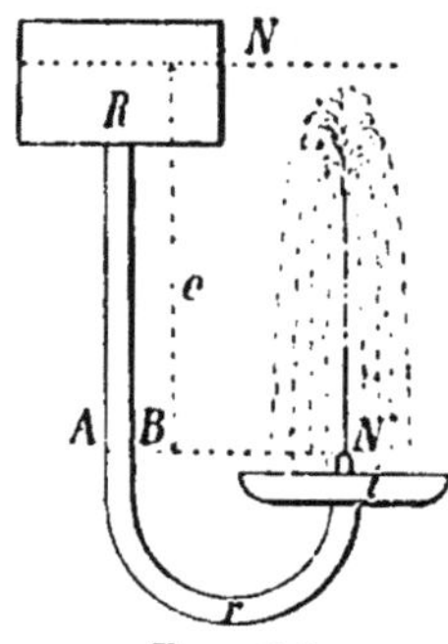

Fig. 22.

1° que la différence e des niveaux N et N' fig. 22, qui constitue la force hydromotrice, symbolise la force électromotrice.

2° que la résistance r opposée par le frottement des parois à la marche du courant d'eau pendant son trajet de AB en N', représente la résistance intérieure de la pile.

Et 3° que la quantité d'eau i recueillie, étant directement proportionnelle à la force dydromotrice e et inversement proportionnelle à la résistance r ; — on peut de même dire que la quantité d'électricité i sortant d'un élément hydroélectrique est fonction directe de la force électromotrice e et fonction inverse de la résistance intérieure r; d'où la formule.

$$i = \frac{e}{r}$$

Voyons comment Pouillet a appliqué cette formule au couplage des piles.

§ 1. — Couplage en quantité.

139. — Soit, figure 23, 6 éléments couplés en quantité ; c'est-à-dire que tous les charbons sont réunis en un seul pôle positif P ; — et tous les zincs en un seul pôle négatif P'.

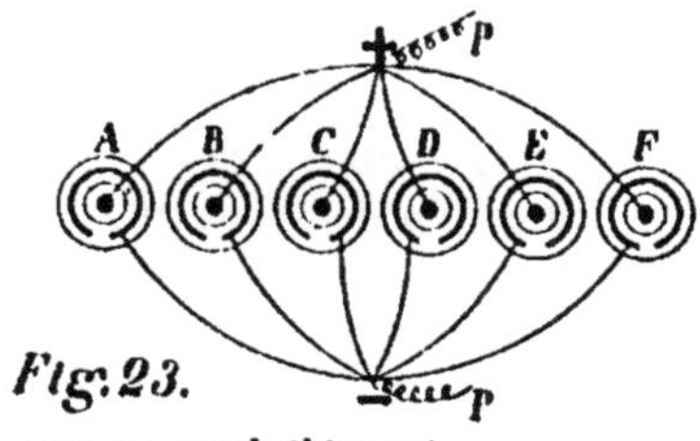

Fig. 23.

En étudiant 6 éléments ainsi couplés, Pouillet trouva :

1o Que l'intensité était devenue 6 fois plus grande que pour un seul élément, $I = 6\,i$.

Et 2o que la force électromotrice e était la même que pour un seul élément.

Comment interpréter la formule $i = \frac{e}{r}$ pour y trouver ce résultat?

Il n'avait évidemment qu'un moyen *mathématique*.

Le premier membre de l'équation i devenant $6\,i$, alors que le numérateur du second membre e restait invariable, il restait à dire que le dénominateur r devait devenir 6 fois moindre.

Et la traduction de ce jeu de formule consistait nécessairement à dire: *que la résistance intérieure de tous les éléments ainsi couplés est six fois moindre que pour un seul élément.*

L'étrangeté de cette interprétation aurait dû la mettre en suspicion; mais au lieu de douter de sa vérité on a voulu trouver une raison pour la justifier, et l'on a dit :

« Dans le couplage en *quantité* la pile est assimilable à un « élément multiple de même force électromotrice e, mais d'une « *surface* 6 fois *plus grande* et *par conséquent* d'une résistance intérieure 6 fois moindre. »

Voyons ce que vaut cette raison. Et pour cela faisons l'analyse suivante d'un couple hydroélectrique.

140. — Soit figure 24, une coupe verticale d'un élément Bunsen.

Je néglige, pour le moment l'analyse de ce qui se passe à l'extérieur du zinc en $x\,y$; j'y reviendrai plus loin.

Les réactions se passant de molécule à molécule, comme nous 'avons dit au no 123, il est évident que nous devons partager l'élément en tranches horizontales très minces Zn_3 Zn, Zn_4 Zn_1, etc... pour en analyser les réactions élémentaires; et que dans chaque tranche horizontale nous devons considérer encore toutes les files de molécules rayonnantes Zn_6 o, Zn_8 o... etc.

Pour chaque file de réactifs nous trouvons les 5 facteurs de résistance suivants :

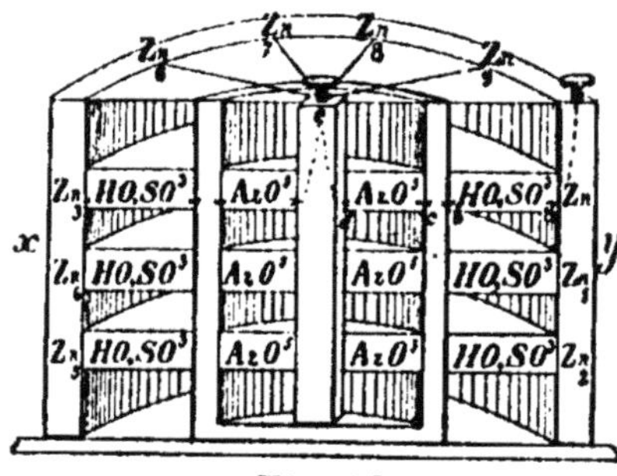

Fig. 24.

1 La file *ab* des molécules de l'eau acidulée, depuis le zinc jusqu'au vase poreux

2° L'épaisseur *bc* du vase poreux.

3° La file *cd* des molécules du dépolarisant, depuis le vase poreux jusqu'au charbon.

4° Une longueur *de* de charbon variable avec la profondeur de la tranche considérée, pour aller de la tranche à la borne du charbon.

5° Une longueur de zinc également variable avec la profondeur de la file considérée et avec sa distance à la borne du zinc.

Or ce simple exposé fait comprendre de prime abord, que les cinq résistances éprouvées par les réactifs de la tranche *Zn* ne peuvent ni augmenter, ni diminuer en quoi que ce soit les cinq résistances de l'une quelconque des autres files de réactifs Zn_5... Zn^7... etc.

Donc que le zinc ait un décimètre ou un mètre de hauteur, la résistance intérieure ne sera ni plus ni moins grande. Je dis même qu'elle sera plus grande pour le zinc de 1 mètre.

En effet, la moyenne des longueurs de zinc et de charbon à parcourir sera 50 centimètres pour un mètre de hauteur, tandis qu'elle n'est que de 5 centimètres pour l'élément de 1 décimètre.

« Donc, il est faux de dire que la résistance intérieure *diminue* quand la surface du zinc *grandit*. »

La justification de $\frac{r}{6}$ dans la formule de Pouillet est donc on ne peut plus malheureuse.

141. — Le bon sens dit que si l'on recueille 6 fois plus d'électricité quand la surface du zinc est 6 fois plus grande, — ce n'est nullement parce qu'alors la résistance devient 6 fois moindre,

— mais simplement parce que l'on a 6 *sources* d'électricité au lieu d'une.

Mais la formule $i = \frac{e}{r}$ ne donnant pas l'intensité en fonction de son *facteur naturel* S = *surface du zinc*, elle n'a pu la donner qu'en fonction de son dénominateur *r*, c'est-à-dire en fonction d'un facteur purement *artificiel*.

Dire que 100 décimètres carrés de zinc ne donnent 100 fois plus d'électricité que 1 décimètre carré, *que parce qu'alors la résistance est 100 fois moindre*, c'est dire implicitement que cet unique décimètre carré était bien capable de produire à lui seul 100 fois plus d'électricité qu'il n'en donnait, et que les 99 autres surfaces qu'on lui a adjointes n'ont fait que lui permettre de manifester sa puissance, sans rien produire elles-mêmes; ce qui est un contre-sens manifeste.

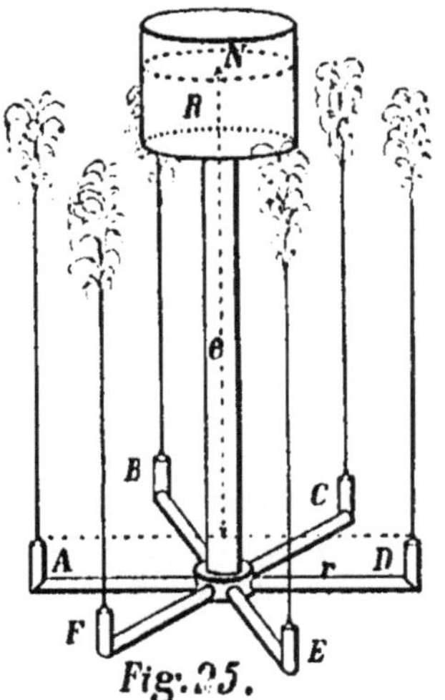

Fig. 25.

142. — Si l'on veut assimiler une pile de 6 éléments à un jet d'eau, il faut supposer le cas de la figure 25.

Un réservoir R alimente 6 ajutages disposés en rayons également longs autour de la colonne hydromotrice *e*.

Chaque ajutage a ainsi sa résistance propre *r*, qui n'augmente ni ne diminue la résistance des autres.

La résistance totale est donc la même que pour un seul ajutage.

Quant à la quantité d'eau recueillie, elle est évidemment fonction, — non de $\frac{r}{6}$, — mais des 6 ajutages qui débitent de l'eau sous l'impulsion de la force hydromotrice *e* commune à tous.

Chaque ajutage laissant passer un très grand nombre de filets de molécules d'eau à la fois, représente évidemment, — non une simple file de réactifs mais le faisceau des files de réatifs qui répondent à telle unité de surface du zinc; — et par suite le nombre des ajutages nous symbolise le nombre des unités de surface de zinc qui sont soumises à la force électromotrice commune produite par les réactifs en jeu dans l'élément.

143. — Nous pouvons donc dire qu'étant donné un élément

hydrolectrique, sa résistance intérieure est une constante, quelles que soient ses dimensions en *hauteur*.

Comme d'ailleurs sa force électromotrice e est elle-même une constante, il s'en suit que la formule $i = \frac{e}{r}$ ne peut servir à calculer la quantité d'électricité qui variera avec la hauteur donnée à l'élément, c'est-à-dire avec la surface du zinc employé.

Il faut nécessairement une formule nouvelle donnant l'intensité en fonction de son *facteur naturel*, la *surface du zinc*.

§ 2. — Couplage en tension.

144. — En couplant 6 éléments en tension, c'est-à-dire en réunissant les éléments par leurs pôles contraires, fig. 26, Pouillet trouva :

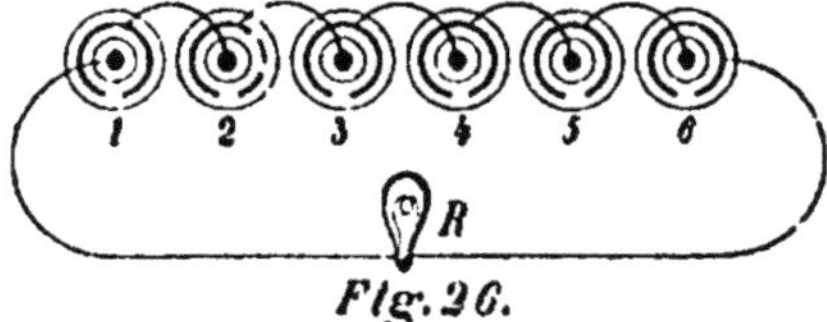

Fig. 26.

1° Que l'intensité i était sensiblement la même que pour un seul élément.

2° Que la force électromotrice était devenue 6 fois plus grande que pour un seul élément : $E = 6e$.

Comment encore faire donner ce résultat par la formule $i = \frac{e}{r}$ ou $e = ir$?

Le premier membre e devenant $6e$, et le facteur i du second membre ne changeant pas, il n'y avait évidemment qu'un moyen *mathématique*, qui était de supposer que r devenait cette fois $6r$.

« Or cela signifiait nécessairement que dans le couplage en tension la résistance intérieure de la pile est 6 fois plus grande que pour un seul élément. »

Ce jeu de formule a donc conduit à admettre que c'est une augmentation de résistance intérieure qui produit l'augmentation de la force électromotrice.

Etrange conséquence qui, ici, encore aurait dû éveiller des soupçons sur la légitimité de l'hypothèse imposée par la formule $e = ir$.

Cependant l'on a non-seulement laissé passer cette hypothèse, mais on a cherché à la justifier encore, et pour cela l'on a été conduit à une nouvelle hypothèse pour le moins tout aussi étrange.

Pour que le courant puisse rencontrer dans les 6 éléments ainsi couplés une résistance 6 fois plus grande que dans seul un élément, il faut absolument faire passer le courant particulier produit par chaque élément, dans les 5 autres éléments : et c'est ce que l'on a admis.

On a dit que le courant de l'élément 1, partant du charbon, traversait le circuit extérieur et revenait au zinc de ce même élément 1, après avoir traversé les 5 autres; et qu'il avait ainsi à vaincre les résistances intérieures des 6 éléments ; que de même le courant parti de l'élément 4, traversait 3,2,1, le circuit extérieur et revenait à 4 en traversant encore et 5 6, etc.

En un mot on admet que les 6 petits courants élémentaires voyagent parallèlement de compagnie, dans tout le circuit.

On a complètement oublié que les électricités contraires doivent bien se neutraliser quelque part, autrement dit que les courant élémentaires doivent commencer et finir dans tel endroit précis et ne point tourner ainsi toujours dans un véritable *cercle vicieux*.

Mais ce qui n'est pas moins étonnant c'est la substitution que l'on a faite du calcul de l'intensité, qui ne varie pas dans le couplage en tension, au calcul de la force électromotrice qui y varie.

« Dans le couplage en tension, dit-on, — si la résistance extérieure est nulle, on a $i=\frac{ne}{nr}$; c'est à-dire que i ne varie pas « avec le nombre des éléments couplés. Mais au contraire, si l'on « met une résistance extérieure R en jeu, la multiplication du « nombre des éléments présentera un grand avantage; car la formule de l'*intensité* devient alors :

$$i=\frac{ne}{nr+R}=\frac{e}{r+\frac{R}{n}}$$

« Ce qui indique que la résistance extérieure R, étant divisée « par le nombre N des éléments, exercera une influence d'autant « moindre sur le courant que le nombre n sera plus grand. »

Ainsi pour faire varier cette *intensité invariable* i, on est obligé d'introduire dans la formule un facteur étranger à la pile, la résistance extérieure R ; -- laquelle ne peut évidemment que *dépenser* l'intensité que lui fournit la pile, sans la changer dans sa sa source.

145 — Analysons donc pas à pas ce qui doit se passer dans ce couplage en tension, et voyons si c'est réellement à une augmentation de résistance qu'il faut attribuer l'augmentation non de l'intensité, mais de la force électromotrice.

Nous avons vu aux numéros 134 et suivants, que les deux charges d'électricité positive et négative qui s'accumulent sur les deux pôles de l'élément Leclanché finissent par équilibrer l'affinité du chlore pour le zinc et arrêtent ainsi le cours des réactions chimiques.

Dans tout élément il doit en être ainsi, plus ou moins, *quand le zinc est bien amalgamé.*

146. — Soit donc fig. 27, 3 éléments Bunsen d'abord isolés l'un de l'autre.

Considérons le couple A.

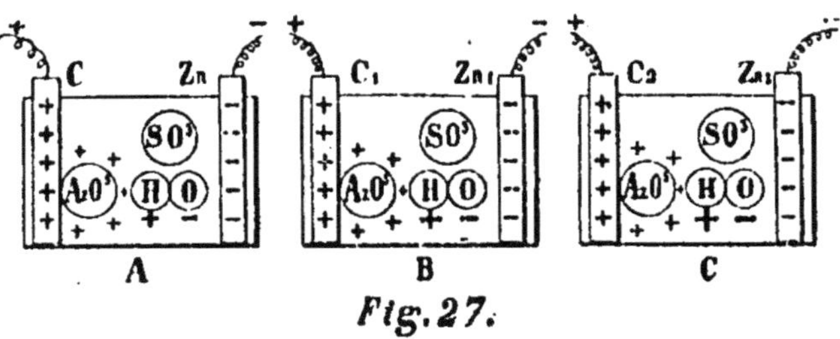

Fig. 27.

Quand le circuit est ouvert, les deux électricités émises par la résultante des différentes forces d'affinités entre comburants, combustibles et dépolarisants, s'accumulent, — la négative sur le zinc, — et la positive sur le charbon, si bien qu'à un moment donné :

— 1° La molécule de zinc que l'oxygène *O* électronégatif veut attaquer est recouverte d'une telle charge de négative, que la *répulsion physique* qui existe entre deux corps électrisés dans le même sens, fait équilibre à l'*attraction chimique* qui porte l'oxygène à brûler le zinc.

Pour que l'oxygène pût l'attaquer, il faudrait que le zinc fût électrisé *positivement*, et les circonstances au contraire l'ont surchargé de négative.

La conséquence est que l'oxygène négatif, bridé dans son affinité pour le zinc, ne se sépare plus de son hydrogène positif.

Donc la source première et fondamentale de la force électromotrice est arrêtée.

— 2° De l'autre côté, le charbon lui-même est tellement recouvert d'électricité positive, que le radical du dépolarisant, — AzO^4 ou AzO^2, — ne peut plus en approcher pour y déposer sa nouvelle petite dose de positive.

La tension sur le charbon, c'est-à-dire la *répulsion physique* entre le charbon et AzO^4, tous les deux positifs, est devenue plus forte ou au moins égale à *l'appel d'affinité* qui existe entre l'oxygène O et l'hydrogène.

La conséquence est que O négatif ne peut se *débarrasser* de son AzO^4 positif pour aller à l'hydrogène.

Donc l'activité du dépolarisant, sa puissance oxydante pour faire le vide d'hydrogène, seconde moitié de la source électromotrice est elle-même annulée, ou plutôt entravée.

En un mot, les comburants et le dépolarisant sont là entre ces deux charges d'électricité, comme le plateau de verre et le coussin frotteur d'une machine statique dont les deux charges empêchent la production d'une nouvelle quantité d'électricité et sont elles-mêmes maintenues en respect par la force électromotrice due au frottement du verre et du coussin.

147. — Or si je réunis le pôle négatif Zn de A au pôle positif C_1 de B, immédiatement les deux charges disparaissent en se neutralisant.

Donc 1° — Le zinc *Zn* est maintenant complètement à la merci de l'oxygène. Il est lui-même complètement libre de s'électriser positivement pour s'unir à l'oxygène ; car la négative qu'il mettra en liberté, au lieu de rester là gêner l'oxygène, ira bien vite se neutraliser avec la positive du dépolarisant de B qui va pouvoir affluer elle-même au pôle positif C_1.

Donc 2° le charbon C_1 est complètement libre pour recevoir la nouvelle dose de positive dont AzO^4 ne pouvait plus se débarrasser. AZO^5 peut donc maintenant jouer son rôle de corps oxydant avec une activité plus grande.

Car, par une réciprocité facile à comprendre, la négative mise en liberté sur le zinc *Zn* par la recrudescence de l'attaque de l'oxygène O dans le couple A, provoque la dissociation de AzO^5 dans l'élément B.

L'oxygène du dépolarisant mis ainsi en liberté, à l'état naissant, dans B, dissocie à son tour HO, en lui prenant de force son hydrogène H positif.

Donc 3° — voilà maintenant l'oxygène O de l'eau, dissocié par le dépolarisant, à l'état naissant, électrisé négativement dans l'élément B.

Or on sait que dans cet état naissant il a une énergie d'affinité chimique beaucoup plus grande.

Tout à l'heure il ne se séparait pas de son hydrogène parce qu'il ne pouvait attaquer le zinc négatif, ou plutôt parce qu'il ne pouvait pas se défaire de son hydrogène ; mais maintenant que son hydrogène lui est enlevé, il faut qu'il se dédommage ; et son affinité de corps naissant prévalant sur la tension de la négative de *Zn*, va brûler du zinc et augmenter ainsi la charge de négative sur ce pôle.

La force électromotrice grandit donc; car sa source première rentre en activité en surmontant les obstacles.

Cette analyse nous montre que sur les *quatre* résistances de charge qui existaient dans les deux éléments A et B, il n'en reste plus que *deux*.

Trois éléments couplés en tension ne présenteraient plus que *deux* résistances sur *six*, soit *trois* fois moins; dix éléments n'en présenteraient que *deux* sur *vingt*, soit *dix* fois moins.

Les résistances extrêmes restent seules.

148. — Donc dans le couplage en tension, la résistance de charge est divisée par le nombre des éléments; — ou mieux : la force électromotrice d'un élément est multipliée par le nombre des éléments.

Donc au lieu de dire que c'est une résistance intérieure *6 fois plus grande* qui communique au courant une force électromotrice *6 fois plus grande*, — nous dirons au contraire, que c'est une résistance intérieure *6 fois moindre* qui permet aux réactions chimiques d'acquérir une énergie 6 fois plus grande et de produire par là même une force électromotrice 6 fois plus intense : ce qui paraît un peu plus logique.

149 — Pour symboliser les éléments hydroélectriques et leurs différents modes de couplage, prenons la pompe aspirante et foulante.

L'électricité positive et l'électricité négative se neutralisant instantanément, dès qu'elles sont en communication, rappellent l'eau se précipitant dans le vide, et par suite il est tout naturel de prendre le tuyau de refoulement pour représenter le pôle positif; — et le tuyau d'aspiration pour représenter le pôle négatif.

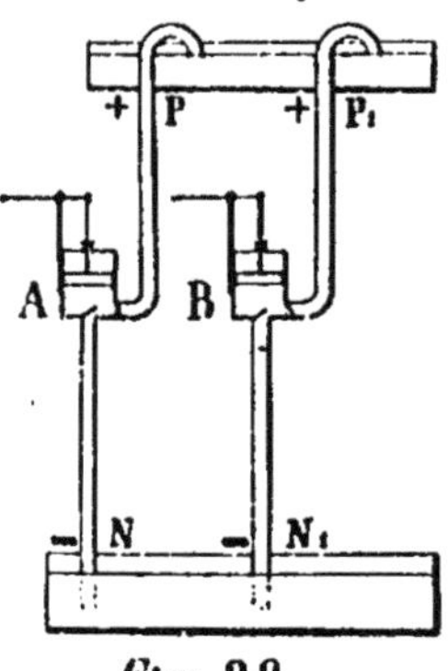

Fig. 28.

Soit donc figure 28, une pompe aspirante et foulante A faisant monter l'eau à 10 mètres par son tuyau d'aspiration N, puis la refoulant à 10 autres mètres par son tuyau de refoulement P; le tuyau N représente le pôle négatif et P le pôle positif d'un élément hydroélectrique.

150. — Si je fais fonctionner parallèlement deux ou plusieurs pompes semblables, en mettant tous les tuyaux d'aspiration N, N_1... ensemble dans un réservoir inférieur; — et tous les tuyaux de refoulement P, P_1... ensemble dans un réservoir supérieur;

« Toutes les pompes fonctionnant ensemble me donneront la quantité d'eau d'une seule, multipliée par le nombre n des pomdes; mais elles ne feront pas monter l'eau plus haut que ne le fait une seule.

C'est l'image du couplage en quantité : $I = n\,i$ et $E = e$.

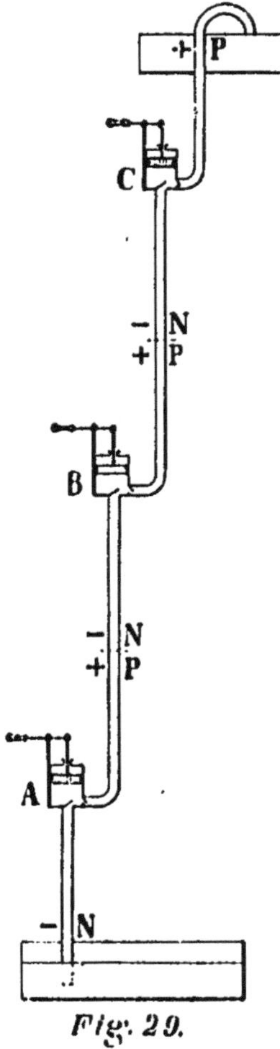

Fig. 29.

151. — Si je joins le tuyau d'aspiration N de la pompe B, figure 29, au tuyau de refoulement P de la pompe A, etc; mes trois pompes feront monter l'eau à 60 mètres, soit 3 fois plus haut qu'une seule; mais en donnant la quantité d'eau d'une seule.

C'est l'image du couplage en tension: $E = ne$; $I = i$.

Soit 1 décimètre carré la surface du piston, quand la colonne d'eau soulevée ou refoulée aura 10 mètres, la charge sur le piston sera égale au poids de 100 litres d'eau soit 100 kilos.

Si donc nous supposons la force motrice agissant sur le piston égale aussi à 100 kilos, nous voyons qu'il y aura alors équilibre entre la force hydromotrice et la charge.

C'est le cas de la résistance de charge électrique faisant équilibre à la force électromotrice.

L'application du tuyau d'aspiration N de la pompe B à l'extrémité de P, a précisément pour effet de détruire cette résistance de charge, en aspirant l'eau du tuyau P dans le tuyau N.

La pression atmosphérique qui agit sur le piston A suffisant à refouler les dix mètres d'eau aspirés par B dans le tuyau N, la force hydromotrice peut maintenant refouler une seconde colonne de 10 mètres dans le tuyau P.

La force hydromotrice en A est donc doublée; puisque l'atmosphère agissant sur le dos du piston produit pour sa part une poussée de 100 kilos qui s'ajoute aux 100 kilos de la force hydromotrice.

ARTICLE V.

Montage raisonné des Couples hydroélectriques.

148. — Le perfectionnement le plus important de la pile est sans contredit la dépolarisation par une source d'oxygène.

C'est au physicien français Becquerel, qui le premier en 1829 parla du sulfate de cuivre comme dépolarisant, que revient l'honneur de cette heureuse idée.

Mais la disposition *classique* actuelle des couples à zinc *cylindrique* répond-elle logiquement à cette idée si heureuse ?

Évidemment non.

Pour le comprendre, examinons l'analyse physique indiquée par la figure 30.

149. — Comme nous l'avons vu, l'hydrogène non appelé par le dépolarisant, se rend sur le zinc où il s'accumule en bulles : donc toute bulle d'hydrogène qui apparaît dans une pile est l'indice certain d'une perte d'électricité.

Pour éviter ce fâcheux résultat, faisons en sorte :

1° Que le zinc soit parfaitement amalgamé.

2° Que l'eau soit acidulée au vingtième.

3° Que les distances du zinc au vase poreux et du vase poreux au charbon soit réduites au minimum, tout en laissant un espace suffisant pour que la quantité d'eau acidulée ne s'épuise pas trop vite, et qu'il y ait proportion entre elle et le dépolarisant.

Dans ces conditions, l'attaque du zinc d'une part se fera avec le calme voulu, sans produire d'hydrogène gazeux que le dépolarisant ne puisse déblayer ; — et d'autre part, l'hydrogène naissant subira l'influence de l'affinité de l'oxygène du dépolarisant.

Il arrivera ainsi que la décomposition de l'eau, à l'intérieur de

la pile, se fera d'une manière *continue*, de molécule à molécule, depuis le zinc jusqu'au dépolarisant.

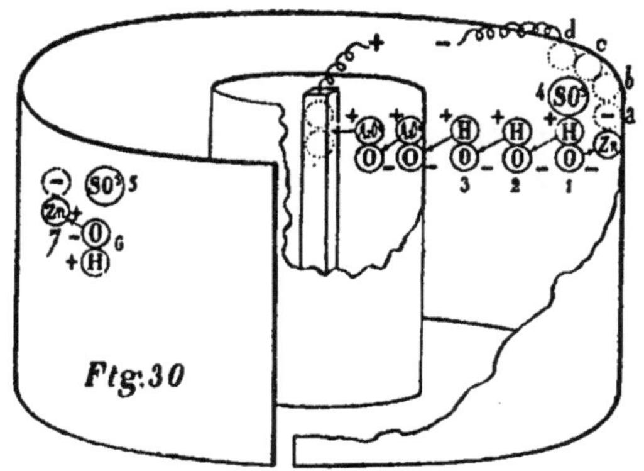

L'oxygène de la molécule d'eau 1, ayant quitté l'hydrogène pour attaquer la molécule de zinc *Zn*, l'hydrogène mis en liberté se combine avec l'oxygène de la molécule voisine 2, et ainsi de suite, jusqu'à l'hydrogène de la dernière molécule qui s'unit à l'oxygène O, du dépolarisant.

Mais si cette décomposition régulière de l'eau peut se réaliser dans *l'intérieur* du cylindre de zinc, en sera-t-il ainsi de la décomposition qui se fait à *l'extérieur* de ce même cylindre ?

Quand, sous l'influence de la molécule d'acide sulfurique 5, l'oxygène de la molécule d'eau 6 aura attaqué la molécule de zinc Zn_7, l'hydrogène, au lieu de contourner le mur impénétrable de zinc pour aller chercher le dépolarisant, obéira de préférence, sans aucun doute, à l'attraction physique qui l'appelle vers la molécule de zinc chargée à cet instant de l'électricité négative mise en liberté par la molécule Zn_7.

Donc si la surface intérieure du cylindre de zinc est dépolarisée par la source d'oxygène localisée dans le vase poreux central, il est à peu près certain que la surface extérieure ne l'est pas du tout.

150. — Le moyen de remédier à ce défaut est évidemment de mettre le dépolarisant à la portée de l'hydrogène dégagé à la surface extérieure du zinc, aussi bien qu'à la portée de celui qui se dégage à la surface intérieure.

Pour cela il suffit d'adopter le montage indiqué par la figure 31.

Le zinc se trouve logé entre deux vases poreux, c'est-à-dire entre deux couches de dépolarisant.

Tout l'hydrogène est ainsi appelé loin du zinc, et par suite toute l'électricité négative en liberté sur ce zinc est recueillie dans le courant extérieur.

Cette disposition nouvelle s'applique à toutes les piles qui emploient un cylindre de zinc. — Et le cylindre de zinc est à conserver parce qu'il fournit la plus grande surface d'attaque possible dans le plus petit espace.

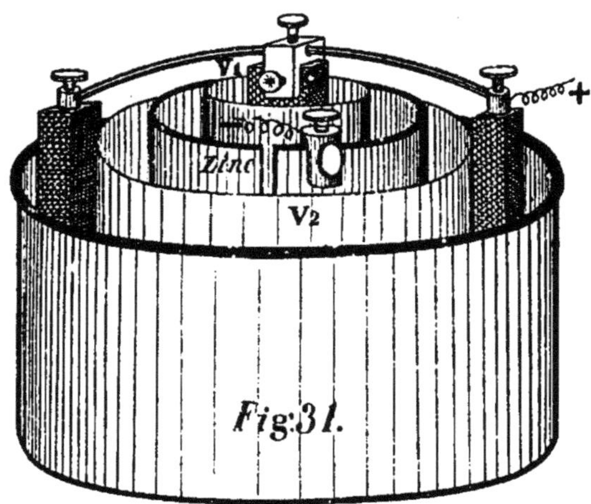

151. — Théoriquement cette disposition doit *doubler* le rendement de tous les éléments hydroélectriques. Et de fait les mesures ont démontré qu'il en est ainsi.

On a trouvé en effet, que malgré l'addition d'un second vase poreux, *la résistance intérieure* de l'élément était diminuée de *moitié*.

Cela signifie qu'avec ce montage la moitié de l'électricité, perdue par polarisation dans le montage actuel, est sauvée et recueillie.

Or *doubler* le rendement d'une machine industrielle aussi employée que l'est la pile, est un résultat qui mérite considération au point de vue économique.

Aussi avais-je conçu le projet de présenter au public ce nouveau système de montage dont j'avais l'idée théorique depuis au moins dix ans. Et c'est pourquoi je fis breveter le système des deux vases poreux donnant la dépolarisation complète du zinc.

Mais c'est en vain que j'ai essayé de trouver un industriel qui voulût bien exploiter l'idée.

Un physicien distingué me dit que ce n'était pas la peine de breveter ce montage puisque « *en couplant deux éléments actuels il pouvait obtenir le même résultat.* » Il ne s'apercevait pas qu'il brûlait ainsi deux fois plus de zinc.

Tous ceux auxquels j'en ai parlé m'ont ainsi donné une fin de non-recevoir. Aussi ai-je dû cesser de payer 120 francs par an pour garantir une idée dont je ne pouvais tirer aucun parti.

Depuis que ce livre est sous presse, j'ai appris qu'une Société s'est fondée à Lyon en 1894, au capital de 400,000 francs pour l'exploitation d'une pile dite système « *Million* ».

Cette pile est exactement la pile à double dépolarisant à laquelle m'ont conduit les analyses développées ci-dessus.

Ces Messieurs se sont rencontrés exactement avec la même idée que moi. Mais ayant eu, grâce à leurs 400,000 francs, tous les moyens d'expérimentation qui m'ont manqué, ils ont pu construire un modèle vraiment pratique.

Dans le premier élément que j'avais construit avec les vases poreux actuels, coupés pour s'accommoder ensemble, j'avais mis une couronne de charbons dans le vase extérieur et je réservais à l'expérience de me dire s'il fallait augmenter ou diminuer ces charbons. Si le liquide dépolarisant était meilleur conducteur que le charbon, il fallait réduire ces charbons ; dans le cas contraire il fallait les multiplier.

La Société « *Million* » a adopté deux couronnes de charbons.

Au lieu d'avoir deux vases poreux, elle a fait breveter un vase poreux à double paroi qui est très bien conçu. La parti centrale étant ouverte au fond, les deux couronnes de charbons peuvent communiquer par le bas et laisser ainsi libre l'extraction du zinc; ce qui facilite beaucoup le maniement de la pile.

Comme ces Messieurs le disent dans leur notice, cet élément donne une quantité beaucoup plus considérable que l'élément actuel. Leur élément n° 1 donne de 160 à 180 ampères-heures, avec une constance remarquable.

Mes sincères félicitations à ces Messieurs pour la manière ingénieuse dont ils ont mis en pratique cette idée du double dépolarisant.

CHAPITRE II

MAGNÉTISME

152. — Etant admis, comme nous l'avons établi dans le préambule, que c'est par le mouvement que la matière obtient l'étendue, — et que le mouvement le plus logiquement attribuable aux molécules élémentaires est le mouvement girosphérique, nous n'avons qu'à tirer les conclusions renfermées dans cette *propriété essentielle* de la matière.

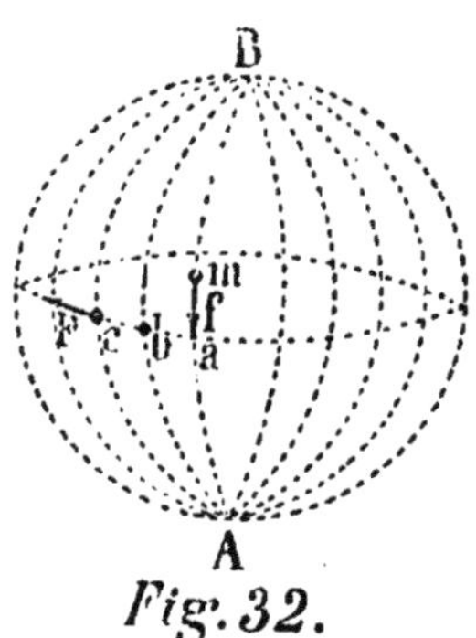

Fig. 32.

153 — La molécule *m*, figure 32, passant à chaque demi-révolution méridienne aux deux points A et B, elle doit y former deux centres d'attractions secondaires, indépendants du centre d'attraction moyenne générale qui se trouve au centre.

154. — Le méridien B*m*A se déplaçant par exemple dans le sens *a*, *b*, *c*, il en résulte une rotation générale de la molécule dans le sens équatorial F. Et l'on peut dire que cette résultante équivaut à une rotation réelle de la molécule sur l'équateur, réalisée pendant le temps qui lui est nécessaire pour revenir, dans son mouvement girosphérique à son point de départ *a*.

155. — Comme nous le verrons plus loin, les courants électriques qui parcourent la terre, parallèlement à l'équateur, de l'est à l'ouest, c'est-à-dire dans le même sens que l'Actinie, la Lumière et la Chaleur du soleil, sont vus tournant comme les aiguilles d'une montre, quand on la regarde pas son pôle boréal; — assimilant notre petite sphérule moléculaire à la grande sphère terrestre, convenons par analogie d'appeler *boréal* le pôle B

figure 32, d'où l'on voit aussi la rotation équatoriale F s'effectuer dans le sens des aiguilles d'une montre; A sera le pôle austral de la sphère moléculaire.

156. — Si la distance D de deux sphères moléculaires, figure 33,

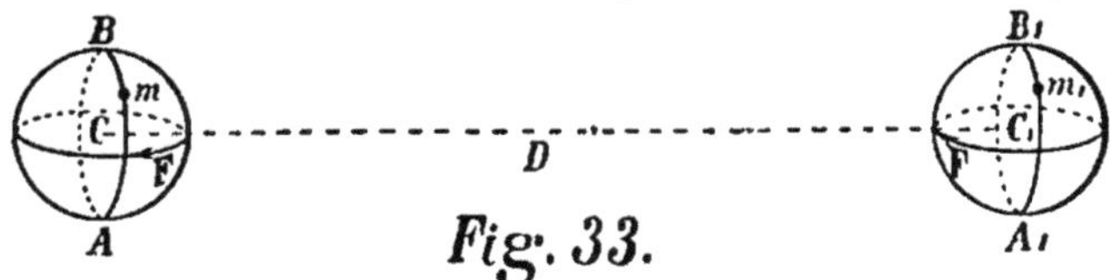

Fig. 33.

est assez grande, leur attraction mutuelle est inversement proportionnelle au carré de la distance des centres C et C′; parce que ces centres sont la *moyenne* des positions occupées par les molécules sur leurs sphères respectives.

La molécule m étant successivement à droite, à gauche, dans le haut et dans le bas de sa sphère, agit en moyenne sur l'autre molécule m_1, comme si elle était immobile au centre C.

Il en est ainsi de l'attraction exercée par m_1 sur m.

C'est de centre à centre que l'attration universelle s'exerce.

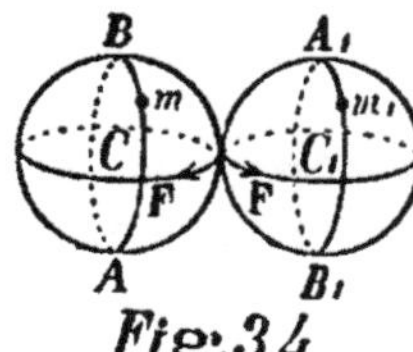

Fig. 34.

157. — Mais si les molécules se trouvent très rapprochées, fig. 34, les attractions polaires et la rotation équatoriale deviennent effectives. Et il est évident que les sphères moléculaires vont se disposer de telle sorte que les rotations équatoriales ne se contrarient pas ; c'est-à-dire de telle sorte qu'elles agissent l'une sur l'autre à la manière des engrenages par *friction*.

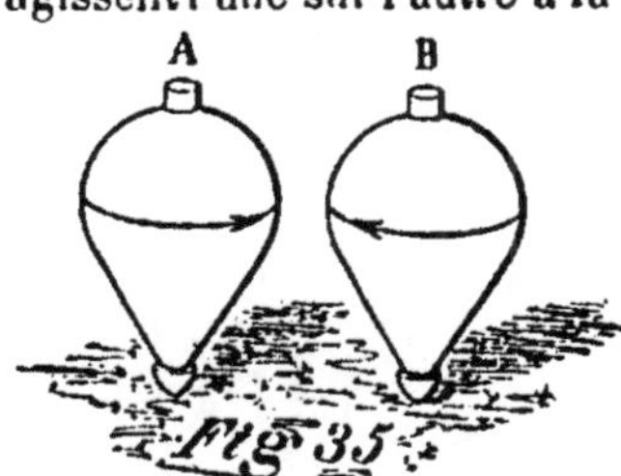

Fig. 35.

Si l'on fait tourner deux toupies, on aura un exemple frappant de cette loi de l'agencement mécanique des molécules élémentaires.

Si les deux toupies, fig. 35, tournent en sens contraire, quand elles se toucheront, elles resteront en contact, et tourneront l'une contre l'autre en prenant une vitesse de rotation moyenne entre leurs vitesses respectives.

A A

Fig. 36.

Si elles tournent dans le même sens, fig. 36, quand elles se toucheront, elles se repousseront violemment.

Si l'on fait tourner deux toupies l'une sur l'autre, fig. 37, on conçoit que si elles tournent en sens inverse l'une de l'autre, leurs rotations se gêneront réciproquement : *il y aura sciage.*

Fig. 37.

De même deux molécules se disposeront soit de façon à faire engrener leur mouvement équatorial, comme nous l'avons dit dans la fig. 34 ; — soit de façon à se tenir par leurs pôles de noms contraires, comme dans la figure 38 ; car dans ce cas, les rotations équatoriales sont en harmonie, au lieu de se *scier.*

Nota. — Cette analyse nous donne dans sa racine le grand principe qui préside à tous les phénomènes électriques, à savoir : que les courants de même sens s'attirent et que les courants de sens contraires se repoussent.

Fig. 38

158. — Cela posé, considérons un barreau de fer doux M M', fig. 39.

Les molécules, obéissant à leur aise à la cohésion, y sont groupées conformément aux deux agencements précédents.

Les séries verticales y sont agencées comme dans la fig. 34, et les séries horizontales le sont comme dans la fig. 38.

Il s'en suit que les files horizontales 1 et 3 ont leurs pôles

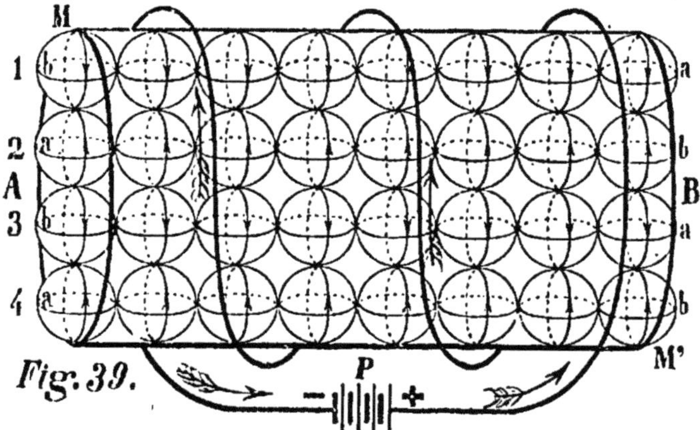

Fig. 39.

boréaux tournés à gauche, tandis que les files 2 et 4 ont leurs pôles austraux tournés vers ce même côté gauche.

Donc toutes les attractions de cet ensemble de molécules sur les corps voisins se neutralisent : *aucune trace d'aimantation ne se manifeste.*

159. — Mais entourons ce barreau d'un fil de cuivre roulé en spirale, et lançons dans ce fil, dans le sens des flèches, le courant d'une pile P.

Nous voyons que les files horizontales 2 et 4 ont leur rotation équatoriale d'accord avec ce courant ; mais que les files 1 et 3 tournent en sens inverse.

Celles-ci, subissant le joug du courant, qui agit plus énergiquement sur elles que leurs voisines des files 2 et 4, — nous verrons plus loin pourquoi, numéro 186, — elles vont donc faire demi-tour.

Dès lors toutes les molécules vont avoir leur pôle austral tourné vers la gauche de la figure et leur pôle boréal tourné vers la droite, comme l'indique la figure 40.

Il s'en suit que si l'on considère l'extrémité droite de ce fer doux, on trouve que la connivence des attractions exercées par les pôles *b* des molécules élémentaires doit y donner une résultante générale constituant ce que l'on a appelé le pôle *boréal* ; — et que de même les attractions concourantes de tous les pôles *a*, tournés vers la gauche, y donnent une résultante qui constitue le pôle austral.

Donc toutes les attractions moléculaires de ce fer doux vont se combiner maintenant pour agir, à la façon d'une grande molécule unique sur les corps voisins magnétiques, c'est-à-dire sur les

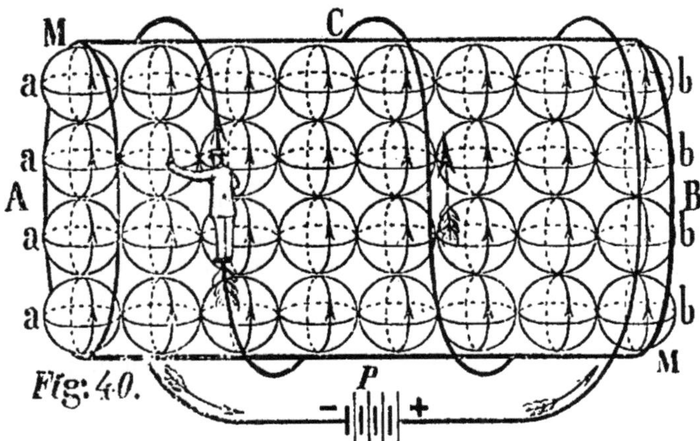

Fig: 40.

corps dont la nature est telle que la cohésion permet à leurs molécules élémentaires de s'orienter, comme celles de ce fer doux, sous l'influence d'une force extérieure.

Donc ce fer doux est devenu un *aimant* ayant son pôle austral A à gauche, et son pôle boréal B à droite.

160. — Remarquons que si nous supposons un observateur placé dans le fil inducteur fig. 40, de telle sorte que le courant entre par ses pieds et qu'il ait la figure tournée vers le fer, le pôle austral est à sa gauche.

Nous trouvons ainsi, à priori, une réalité qui répond à l'hypothèse d'Ampère : nous l'analyserons plus à fond dans l'induction.

161. — D'après l'analyse que nous avons faite au n° 157, les molécules de la figure 40 sont en harmonie par leurs pôles de noms contraires, dans les files *horizontales;* mais toutes ces files horizontales sont en désaccord l'une avec l'autre par leurs rotations équatoriales.

Donc dans un aimant :

1° Les molécules doivent se tenir en files longitudinales dans le sens des pôles de l'aimant. L'organisation à fibres parallèles du jonc nous en donne une image.

2° Toutes ces fibres parallèles doivent se repousser et l'aimant ne se désagrège en ces fibres élémentaires que parce que la cohésion, c'est-à-dire l'attraction des centres moléculaires reste prépondérante sur les répulsions équatoriales.

Si l'on réunit parallèlement, — les pôles de même nom étant ensemble, — un faisceau d'aiguilles à tricoter aimantées, on voit par la promptitude avec laquelle elles s'écartent les unes des autres, la répulsion qui doit exister entre les files des molécules intérieures d'un aimant.

162. — Dans un barreau de fer doux, quelque mince qu'il soit, il y a des milliers de files de molécules élémentaires. On conçoit donc que la force du courant inducteur se trouve trop faible pour imposer son joug à *toutes les files* de molécules du barreau.

L'action inductrice s'exerçant en raison inverse du carré de la distance, ce sera donc par les couches superficielles concentriques que l'action magnétisante commencera; et avec tel degré d'énergie du courant inducteur l'action s'étendra jusqu'à la dernière file centrale.

On conçoit que lorsque ce point est atteint, un courant plus fort ne peut produire un effet plus grand, puisqu'il n'y a plus de molécules à orienter : c'est *l'aimantation à saturation.*

On la constate expérimentalement, en voyant qu'un courant plus énergique ne peut faire porter un poids plus lourd à un électro-aimant.

163. — Si l'aimantation n'est pas poussée jusqu'à saturation, le noyau central non aimanté doit agir sur le cylindre aimanté qui l'environne, — comme le ferait une barre de fer doux juxtaposée à l'extérieur d'un aimant, c'est-à-dire *distraire une partie de la force magnétique.*

Ou plutôt voici ce qui doit se passer.

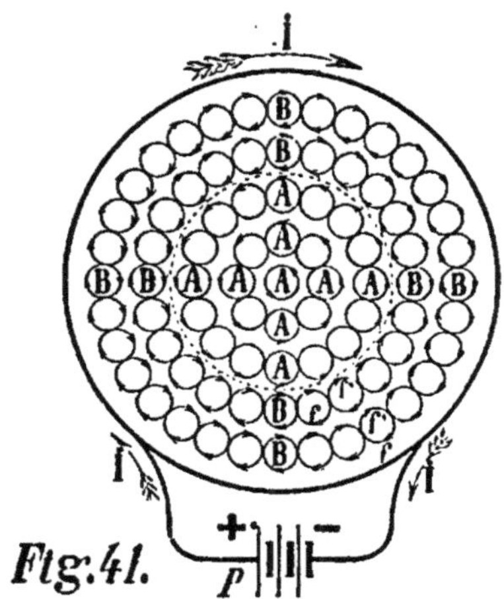

Fig. 41.

164. — Admettons, fig. 41, que le courant inducteur I a réussi à orienter les deux couches concentriques extérieures d'un fer doux représenté par sa section.

Si la rotation équatoriale dans ces deux couches se fait dans le sens *f*, à l'*extérieur*, pour obéir au courant I, cette même rotation donne une résultante *f'* tournant en sens inverse du *côté intérieur.*

Or si une molécule a la puissance d'orienter une autre molécule pour mettre la rotation équatoriale de cette molécule en harmonie avec la sienne, 2, 3, 10, 20 molécules agissant de concert, auront 2, 3, 10, 20 fois plus de puissance d'orientation qu'une seule.

Donc nous devons admettre que ces deux couches orientées par I, agissent elles-mêmes par la direction intérieure *f'* de leur rotation sur les couches intérieures 3 et 4, qui n'étaient pas encore sous l'influence du courant I.

Mais, comme on le voit, cette orientation a pour effet de provoquer une aimantation *inverse* de celle des couches extérieures.

On conçoit par suite que pour des barreaux d'un certain diamètre, l'aimantation à saturation *vraie* ne peut jamais être obtenue, car l'action inductrice agissant en raison inverse du carré de la distance, les couches extérieures orientées par le courant inducteur, agissent plus énergiquement sur le noyau que ne peut le faire le courant lui-même.

Quand cette aimantation inverse du noyau est atteinte, il est évident que l'attraction mutuelle entre ces deux aimants si intimes l'un à l'autre, présente une résistance très grande à l'action du courant inducteur ; tout renforcement de l'aimantation des couches extérieures amenant nécessairement un renforcement proportionnel de l'aimantation inverse centrale.

Ce raisonnement mène à cette conclusion qu'il vaut mieux aimanter un cylindre de fer *creux* qu'un cylindre plein.

De fait l'expérience a démontré qu'étant donnés deux cylindres de mêmes dimensions, aimantés à saturation, l'un massif pesant 28 gr. 50 et l'autre creux pesant 16 grammes, le dernier déviait l'aiguille aimantée de 19°, tandis que le premier ne la déviait que de 9° 5.

Ceci ne peut s'expliquer qu'en admettant l'idée théorique ci-dessus; car il n'est pas admissible, si l'aimantation à saturation vraie est obtenue, que le cylindre plein soit moins fort que le cylindre creux Il est évidemment plus logique d'admettre que la force magnétique des couches extérieures est absorbée, neutralisée par la contre aimantation d'une portion plus ou moins considérable du noyau.

La force des aimants Jamin formés par la superposition de lames minces aimantées isolément, prouve que l'aimantation directe de pièces massives est toujours défectueuse.

Proportion gardée, les aimants les moins lourds sont les plus puissants. Un aimant de 50 grammes peut porter 27 fois son poids tandis qu'un aimant de 10 kilos ne peut porter que 10 fois son poids.

165. — Quand on fait cesser le courant inducteur, les molécules orientées par lui, c'est-à-dire la *moitié* des molécules du barreau, reprennent l'orientation naturelle à l'harmonie de leurs mouvements équatoriaux.

Nécessairement ces rotations de 180° des molécules produisent un frottement intérieur et si on les répète souvent le fer doit s'échauffer. Elles peuvent même arriver à produire un son.

166. — Mais cette désaimantation instantanée n'est que théorique. De fait le fer doux n'a jamais une homogénéité assez parfaite pour laisser à toutes ses molécules leur liberté d'action complète.

La filière et le marteau peuvent d'ailleurs lui donner une espèce de trempe, s'il n'a pas été recuit après ces opérations ; et cette trempe fixe les molécules.

167. — Si l'on fait agir le courant inducteur sur de l'acier trempé, les molécules comprimées d'une manière spéciale les unes contre les autres par la trempe, ne reprennent que très difficilement leur position primitive. C'est ce qui constitue la force *coercitive* de l'acier.

Mais il est évident que si les molécules, enchaînées par la trempe, reviennent difficilement à leur état naturel, quand un courant les a orientées, elles doivent aussi, pour la même raison, obéir plus difficilement au courant inducteur. L'acier trempé doit donc être plus difficile à aimanter que le fer doux.

D'un autre côté l'expérience montre que la force coercitive de l'acier ne s'étend guère à plus de la moitié des molécules orientées par le courant, — autrement dit, — que l'aimantation de l'acier, après la cessation du courant, ne dépasse pas beaucoup la moitié de l'aimantation qu'il possède pendant le passage du courant.

168. — Puisque toutes les molécules élémentaires d'un aimant tournent dans le même sens, c'est-à-dire *dans le sens du courant de la bobine inductrice*, nous pouvons désormais représenter un aimant par un seul courant superficiel indiquant la direction commune de toutes ses rotations moléculaires.

Or la figure 40 nous montre que si nous regardons un aimant par son pôle boréal B, nous voyons les courants intérieurs de cet aimant tourner *comme les aiguilles d'une montre*.

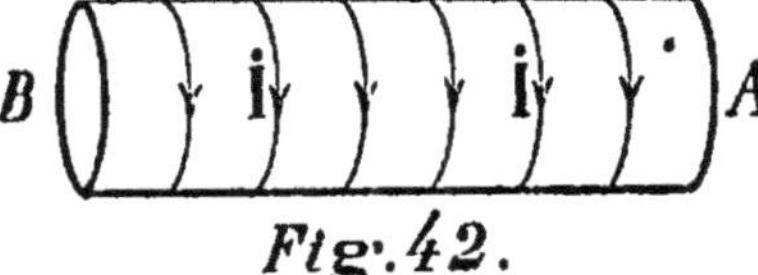

Fig. 42.

Désormais donc nous représenterons un aimant (fig. 42), avec ses courants I, dits *courants d'Ampère*.

169. — En considérant cette fig. 42, on voit que, quel que soit l'endroit où l'on coupe un aimant, chacun des fragments est un aimant véritable, comme l'indique la figure 43, absolument semblable à l'aimant total.

Fig. 43.

Mais il faut se garder de croire que l'acte même de la séparation des fragments *crée* des pôles dans chacun de ces fragments.

Les pôles ne sont que les points d'application de la résultante de toutes les actions isolées des molécules élémentaires. Chaque fragment a donc, même avant la séparation, ses deux pôles, c'est-à-dire ses deux résultantes. Mais dans le barreau total, ces résultantes partielles sont elles-mêmes des composantes des deux pôles complets ; tandis que dans chaque fragment elles deviennent les résultantes effectives ou les pôles définitifs.

170. — Un barreau de fer doux, d'acier, de fonte, de cobalt ou de nickel étant mis dans la sphère d'action dite *champ magnéti-*

que d'un aimant, fig. 44, subit dans une proportion variant avec l'énergie de l'aimant inducteur et avec le carré de la distance des molécules induites une orientation moléculaire absolument semblable à celle que nous avons analysée dans la figure 40.

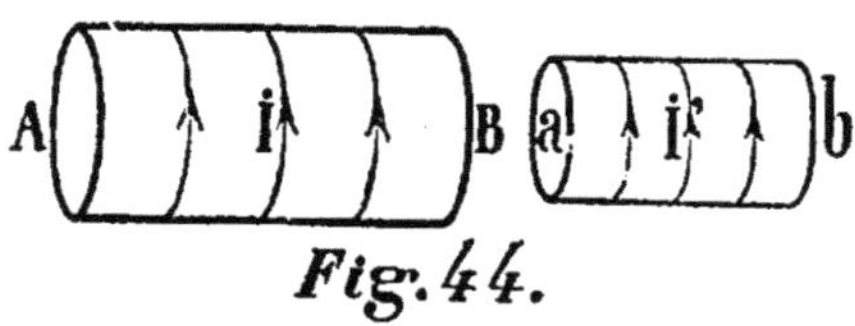

Fig. 44.

Le barreau induit devient comme un fragment de l'inducteur. Les molécules de *a b* sont orientées par celles de l'aimant AB, conformément à ce qui a été dit au numéro 158, figure 38.

171. — Si au lieu d'un barreau de l'une des substances magnétiques indiquées ci-dessus, on met de la limaille ou de la grenaille ronde de ces substances, ces petites sphères se disposeront en files qui seront autant de petits aimants faisant suite à l'aimant inducteur, comme l'indique la figure 45.

Mais, comme on le voit, les rotations équatorioles de toutes

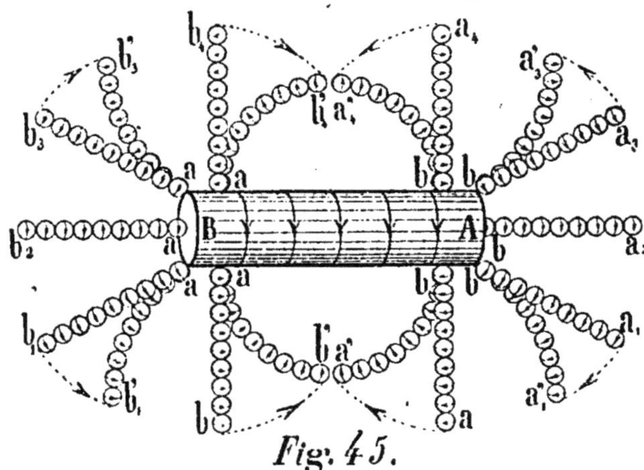

Fig. 45.

ces files se font en sens contraires; elles sont donc en répulsion l'une avec l'autre, comme nous l'avons dit au numéro 161, 2°.

Ces files de molécules extérieures peuvent en effet être considérées comme des prolongements des fibres intérieures qui se forment par l'aimantation.

C'est pourquoi elles prennent les courbures indiquées dans la figure.

Les deux files ab_2 et b_2, seules, restent dans le prolongement de l'aimant inducteur, parce qu'elles sont également repoussées à droite et à gauche par les autres files.

Les deux files *ab* et *ba₁*, ainsi que les deux autres *ab'* et *ba'*, s'attirant par leurs pôles contraires, se rejoignent et forment deux aimants complets qui tendent à s'appliquer le long de l'aimant inducteur. Car, on le voit, les rotations équatoriales de la file *ab'₁ a'₁b* s'harmonisent très bien avec les courants d'Ampère de l'aimant, ainsi que celles de la file *ba'*, *b'a*.

Ainsi se trouvent expliqués ce *fantôme magnétique et ces lignes de force abstraite* qui jouent au mouvement perpétuel en sortant d'un aimant par un de ses pôles pour y rentrer par l'autre. — Le principe unique de l'attraction entre deux courants de matière circulant dans le même sens suffit, comme on le voit, pour prévoir les faits dans leurs causes.

Les autres notions sur le magnétisme se trouvent dans l'étude de l'induction.

CHAPITRE III

COURANTS ÉLECTRIQUES

ARTICLE Ier

Nature du courant électrique.

172. — Dans la discussion philosophique servant de préambule à cette étude, j'ai établi que les monades impondérables de l'éther, animées d'une quantité définie de force sous forme de mouvement girosphérique, constituent l'électricité ; — et que ces monades sont binaires parce qu'elles doivent servir aux agents chimiques qui ont toujours deux rôles nettement tranchés à remplir dans l'affinité : le rôle de comburant et celui de combustible.

173. — Nous avons vu d'ailleurs dans l'analyse de la pile, comment, dans les *combinaisons* chimiques, ce sont les électricités qui ne servent pas au comburant et au combustible qui sont mises en disponibilité ; — tandis que dans les *décompositions*, ce sont les électricités employées par les réactifs mêmes que l'on recueille.

Mais nous n'avons pas précisé la manière dont ces électricités libres circulent dans un conducteur.

174. — Soit figure 46, une série de molécules, — de cuivre rouge par exemple,— se tenant par leurs pôles contraires, conformément à ce que nous avons vu au nº 161, fig. 38 Nous savons que les molécules pondérables; dans leur mouvement girosphérique, passent à chaque demi-tour aux pôles de leur sphère; elles sont donc là, dans ces pôles qui se touchent, en relations continuelles l'une avec l'autre.

Admettons que la monade électrique positive λ mise en liberté au pôle *b* de la sphère moléculaire 1, accompagne la molécule de cuivre *m* dans le parcours du demi-méridien *ba*, et que là, la molé-

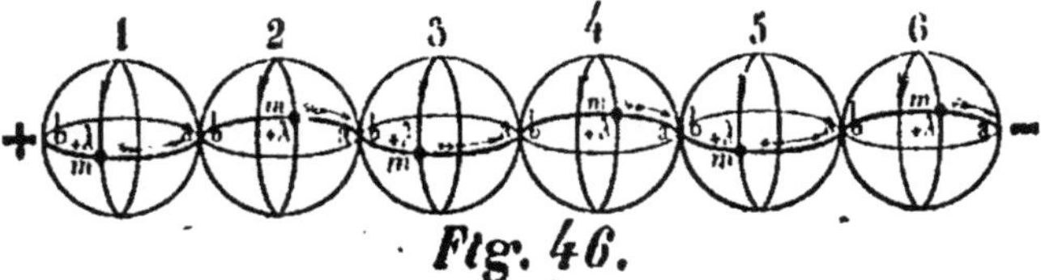

Fig. 46.

cule *m* de la sphère 2, la prend, pour la transmettre à son tour, suivant un demi-méridien à molécule *m* de la sphère 3 et ainsi de suite.

Nous obtenons ainsi pour les monades électriques un mode de transmission simple et naturel auquel le mouvement girosphérique à deux points polaires se prête de lui-même.

175. — Remarquons que la molécule de cuivre possède déjà toutes les monades électriques dont la force est nécessaire à son mouvement girosphérique et que les nouvelles monades qui lui arrivent par circonst[illegible]e n'agissent sur elle que pendant le trajet extrêmement court d'un *demi-méridien*.

Si donc la logique nous impose d'admettre que pendant son union avec la molécule de cuivre la monade électrique produit nécessairement une accélération dans le mouvement girosphérique de cette molécule, remarquons bien que cette action n'est pour ainsi dire qu'instantanée et ne répond qu'à une fraction infinitésimale du temps nécessaire à la molécule pour délimiter toute sa sphère; car le nombre des méridiens formant la surface de la sphère doit être très grand.

L'augmentation du volume moléculaire produite par l'association des monades électriques avec la molécule pondérable, pendant le parcours d'un demi-méridien, doit donc être extrêmement faible et absolument éphémère.

La molécule pondérable n'attèle pas réellement ces monades électriques adventices à son char. Elles sont pour elle ce qu'est ma main pour le volant auquel j'imprime en passant une légère impulsion dans le sens de sa rotation. La petite force de ma main passe pour ainsi dire inaperçue dans la compagnie de la force vive de la grande masse en rotation.

Si l'on peut les comparer à des chevaux de renfort, c'est surtout en ce sens qu'étant dételées elles sont en possession de toute leur force et prêtes par conséquent à un nouveau travail.

N'oublions pas en effet, que la force des monades électriques est inaliénable.

Nous, nous *dépensons* notre force dans le travail que nous faisons ; car notre force est d'emprunt et nous sommes obligés d'en renouveler constamment la provision.

Mais les monades électriques sont la force physique, j'allais dire en *personne*. Elles ne s'approvisionnent pas ailleurs de force ; elles en ont en dépôt une quantité nettement déterminée qu'elles peuvent mettre au service des molécules pondérables, non en s'en dépouillant, mais en s'associant elles-mêmes directement à ces molécules. Par suite, quand elles se retirent, elles se retirent avec leur force propre dans toute son intégrité, et sont par là même absolument prêtes à travailler ailleurs.

176. — Ainsi les monades électriques passent d'une molécule à l'autre, en profitant du trajet des molécules pondérables de pôle à pôle, en réalisant continuellement un léger travail d'accélération du mouvement girosphérique, proportionnel au nombre des monades ou unités de force qui passent, et au poids atomique de la molécule qui est en rotation ; mais sans absorption, sans localisation, sans fixation des monades, qui peuvent ainsi cheminer jusqu'à l'endroit où il nous plaira de les atteler à un travail définitif.

177. — Remarquons que si la monade électrique passe par le demi-méridien antérieur de la sphère 1, il est très probable que ce sera par le demi-méridien postérieur de la sphère 2 que la molécule m_2 la conduira. De cette façon en effet il n'y aura point d'angles dans le cheminement de la monade électrique : son mouvement sera une sinusoïde dont le mouvement ondulatoire n'aura rien de discordant.

Cependant les monades électriques n'ayant pas de masse, elles n'ont point de force vive qui oppose résistance à une déviation quelconque ; il n'y a donc pas à s'inquiéter, au point de vue mécanique, de la direction nouvelle qu'elles ont à suivre avec la nouvelle molécule qu'elles accompagnent.

178. — Pour mieux comprendre ce mode de transmission de l'électricité, voyons comment agissent les molécules pondérables, quand au lieu de se passer ainsi l'électricité l'une à l'autre, elles la gardent pour un travail personnel définitif.

D'abord quel sera ce travail ?

Le seul travail possible à ces molécules est celui dont nous avons parlé à la fig. 12 et qui est la mise en acte de la propriété abstraite que nous avons appelée à juste titre l'APPÉTIT MINÉRAL. C'est le travail de la formation de l'étendue dans lequel la molécule pondérable, s'appropriant la force motrice des deux monades électriques λ μ associées à l'état neutre dans les sphérules de l'éther, augmente son acte vital, son mouvement girosphérique, et élargit ainsi son domaine dans le monde en dilatant sa sphère.

Mais avec les figures 11, 12 et 13, nous avons vu que la *cohésion* et la *gravitation* sont les deux adversaires de cette dilatation des molécules, et que ce sont les vibrations caloriques qui permettent aux molécules de secouer leur joug et de conquérir ainsi la liberté de se dilater.

Par suite, la question ici est de savoir comment les molécules du fil métallique solidifiées par la cohésion, trouveront les vibrations caloriques qui leur sont indispensables pour vaincre les liens si énergiques de cette cohésion; — puisque la source naturelle des vibrations caloriques, lumineuses et actiniques, *l'affinité*, n'est point là pour leur en fournir.

Or, étant donné que deux afflux de monades électriques contraires, en disponibilité, arrivent là aux deux extrémités d'une file de molécules qui ne sont point disposées à se les passer l'une à l'autre; — et que de plus ces forces ne peuvent ni rester isolées des molécules pondérables, ni laisser inactives les molécules pondérables, auxquelles elles sont unies; — rien de plus logique que d'admettre que les molécules vont se servir de ces forces, pour réaliser d'abord le travail préliminaire des vibrations caloriques nécessaires pour vaincre leur cohésion; puis pour réaliser le travail interne de leur dilatation, prix de cette victoire.

Ainsi, au lieu de se passer les monades électriques les unes aux autres, de pôle à pôle, en simple concomitance avec leur mouvement girosphérique, suivant un demi-méridien, les molécules vont, cette fois, s'en servir pour vibrer SPONTANÉMENT, AUTOMATIQUEMENT.

Dans ce travail, les molécules, placées entre deux charges de monades positives et de monades négatives, vont en s'électrisant successivement en sens contraires, par influence, s'attirer et se repousser, c'est-à-dire VIBRER.

Puis, dès que l'amplitude de ces vibrations, en éloignant les centres, domptera la cohésion, — comme nous l'avons expliqué dans la figure 13, les molécules se dilateront en s'attelant deux monades électriques λμ.

Un premier pas ainsi fait, il faudra d'abord un nombre déterminé de monades électriques pour maintenir le terrain conquis.

Et, pour préparer les voies à une nouvelle dilatation, il faudra un afflux nouveau de forces électriques ; car à telle amplitude de vibration, c'est-à-dire à tant de vibrations à la seconde, ou à tel degré de chaleur, correspond mathématiquement le nombre des unités de force qui y travaillent.

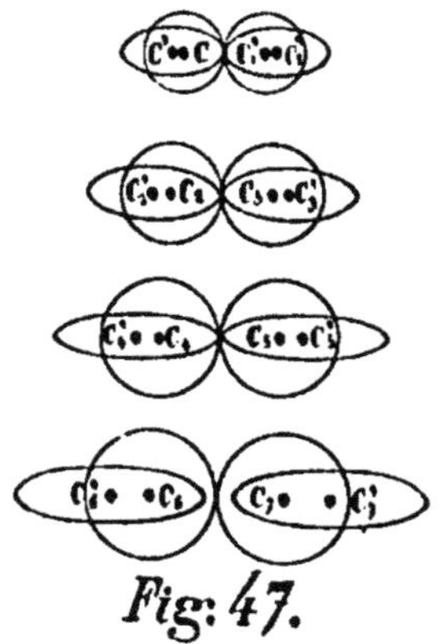

La figure 47 indique la marche progressive du travail. Pour ne pas compliquer la figure, je n'indique que la vibration longitudinale, *celle qui écarte les centres*.

A chaque progrès :

1° Les molécules se dilatent ; donc nouvelle absorption des monades électriques, deux à deux, dans ce travail interne.

2° L'amplitude des vibrations devient plus grande; donc utilisation dans ce travail externe d'un plus grand nombre de forces électriques.

3° Pour un degré donné d'amplitude, par exemple pour C_6, C_7, les centres sont écartés au delà des limites de la cohésion : alors la file des molécules se désagrège.

179. — C'est ce genre de travail que les molécules d'un fil de platine et d'un fil de bambou carbonisé exécutent dans les lampes à incandescence. Si l'afflux des deux électricités est trop fort, les molécules vibrent et se dilatent au point de rompre complètement leurs liens de cohésion.

180. — Il n'y a pas de corps qui soit absolument conducteur ; c'est-à-dire qui transmette intégralement toutes les monades électriques d'un pôle moléculaire à l'autre par un demi-méridien de leur mouvement girosphérique.

Tous, sans en excepter l'argent, ils neutralisent une portion plus ou moins grande de ces monades pour exécuter, sinon des vibrations actiniques et lumineuses, au moins des vibrations calorifiques, et par suite pour dilater leur sphère moléculaire.

181. — Ce manque de conductibilité est d'ailleurs inhérent à la constitution physique des molécules elles-mêmes.

En effet la molécule pondérable, quelle que soit la vitesse de son mouvement girosphérique, n'est pas partout à la fois sur sa sphère. Elle n'est donc pas toujours présente au pôle boréal pour y prendre les monades électriques positives et les véhiculer au pôle austral; — ni toujours présente au pôle austral pour y prendre les monades électriques négatives et les véhiculer au pôle boréal.

Elle fait sans doute la navette d'un pôle à l'autre avec une vitesse qui dépasse tout ce que peut rêver notre imagination, — comme les centaines de trillions de vibrations que ces sphères moléculaires exécutent par seconde dans la lumière nous obligent à le croire.

Mais quelque rapide que soit sa navette, elle ne suffit pas sans doute aux *transbordement* de toutes les monades qui se pressent pour demander passage ; d'autant plus que le nombre des passagères pour chaque voyage a sans doute une limite pour chaque espèce de molécules.

D'ailleurs cette limite n'existerait-elle pas, il y a certainement des instants, infiniment courts sans doute, mais enfin des instants pendant lesquels la molécule n'est point là pour recevoir les voyageuses que sa voisine lui apporte. Dans ce cas, cette voisine, qui ne peut s'arrêter pour l'attendre, est obligée d'emporter sa charge.

182. — Mais lors même qu'il existerait un corps dont les molécules, considérées isolément, posséderaient le pouvoir de transmettre intégralement toutes les monades électriques qui arrivent à leurs pôles, un faisceau de files de ces molécules ne les transmettrait certainement pas sans perte ; car dans ce cas il y aurait toujours un travail mécanique à exécuter ; donc absorption de force.

En effet, dans un fil métallique quelconque, à l'état naturel, non trempé par le passage à la filière, c'est-à-dire dans un fil métallique recuit, les molécules doivent se trouver disposées comme nous l'avons vu pour le fer doux, fig. 39.

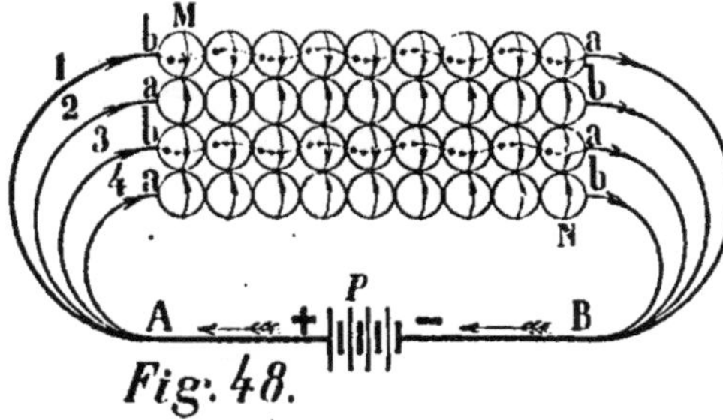

Fig. 48.

Soit donc MN, figure 48, une portion du fil AB grossie au microscope de notre imagination; nous devons admettre que les molécules libres de leur agencement s'y sont disposées comme l'indique la figure.

Mais si nous admettons que le transport des monades positives se fait du pôle boréal au pôle austral, tandis que celui des monades négatives se fait du pôle austral au pôle boréal, nous voyons que les files 1 et 3 sont disposées pour donner passage au courant qui va de M vers N ; — mais que les files 2 et 4 sont au rebours de la direction voulue.

Le courant aura donc ces deux files à orienter pour pouvoir passer.

Si nous remarquons maintenant qu'il n'y a aucune raison pour que les molécules d'un long conducteur se disposent en files dirigées suivant la longueur de ce conducteur, comme je l'ai supposé dans la figure 48, pour plus de simplicité, nous comprendrons que « tout courant électrique qui envahit un fil métallique, a un travail d'orientation inévitable des molécules à réaliser pour s'y propager ; car les molécules tout en s'orientant, entre voisines, conformément à ce que nous avons dit au numéro 161, ont certainement des orientations très variées par rapport à la longueur du fil.

Or cette orientation est un véritable travail mécanique de lutte avec la cohésion, qui absorbe nécessairement une partie de la force du courant électrique.

183. — Cette analyse physique nous mène à dire en premier lieu que pour un même fil conducteur bien homogène, la déperdition d'électricité doit être proportionnelle à la longueur du fil ; car un fil deux ou trois fois plus long condamne les monades — soit à traverser deux, trois fois plus de molécules, — soit à orienter des files de molécules deux, trois fois plus longues.

184, — Cette analyse nous mène à dire en second lieu qu'un même courant, présentant un même nombre de monades électriques au passage, subira d'autant moins de perte que les files de molécules se présenteront plus nombreuses pour lui donner passage.

Si par exemple une file de molécules ne peut donner passage qu'à dix monades, et que le courant en présente 100, il y en a 90 qui risquent bien d'être absorbées en travaux nuisibles.

Mais si l'on prend un fil plus gros qui offre dix files de molécules ou 100 monades, elles pourront passer toutes à leur aise.

Nous en conclurons que la conductibilité d'un fil sera proportionnelle à sa section ou au carré de son diamètre.

ARTICLE II.

Action mutuelle de deux courants.

185. — Soit maintenant à déterminer l'action mutuelle de deux courants.

L'harmonie des mouvements nous permet de dire, à priori, que deux mouvements de même sens doivent s'attirer ; — et que deux mouvements de sens contraire doivent se repousser.

Nous avons vu que les molécules s'agencent de telle sorte que leurs rotations équatoriales *engrènent* quand elles se touchent par leur équateur, — et qu'elles soient de même sens quand elles sont en relation par leurs pôles ; numéro 161.

Mais nous avons vu aussi, dans l'aimantation par un courant, figure 39, qu'un courant électrique exerce sur les molécules une puissance d'orientation générale dont l'énergie l'emporte absolument sur la puissance d'orientation particulière du mouvement équatorial des molécules. Maintenant que nous connaissons la nature d'un courant électrique, nous pouvons nous expliquer pourquoi il en est ainsi.

186. — En effet la rotation équatoriale, n'étant que la *résultante générale* du déplacement du plan méridien décrit par la molécule dans son mouvement girosphérique, la durée de cette rotation équatoriale est le temps nécessaire à la molécule pour parcourir *tous ses méridiens et revenir en un même point* de *son équateur*.

Au contraire, l'unité de mesure pour le mouvement du courant électrique n'est que le temps nécessaire à la molécule pour parcourir un *simple demi-méridien*.

Supposons par exemple, que la molécule décrive mille méridiens pour délimiter sa sphère, au terme de ces mille révolutions méridiennes, la résultante de son mouvement girosphérique est *une seule révolution équatoriale*.

Or pendant ce même temps, les monades électriques d'un courant auront pu parcourir 2000 demi-méridiens, c'est-à-dire se propager dans 2000 molécules ; le chemin parcouru est donc mille fois plus grand.

— La vitesse du courant est donc mille fois plus grande que celle de la rotation équatoriale, si celle-ci se fait par mille révolutions méridiennes. Elle est un milliard de fois plus rapide si la molécule exécute un milliard de méridiens pour délimiter sa sphère.

Dans le cas de deux simples molécules, il s'agit d'une attraction *moyenne* entre deux molécules animées d'un mouvement girosphérique qui les met souvent en opposition de direction.

Dans le cas de deux courants électriques au contraire, il s'agit de l'*attraction directe* entre deux molécules qui progressent continuellement dans la même direction, malgré les sinuosités de leur marche.

187. — Remarquons-le en effet; bien que la molécule qui propage les monades électriques change d'une sphère moléculaire

à l'autre, nous sommes en droit de regarder la propagation électrique comme étant faite par *une seule et même molécule*, puisque toutes ces molécules successives sont de même nature.

Pour bien préciser nos idées, comparons le courant électrique à ce qui se passe dans la double chaîne des sauveteurs dans un incendie.

Les seaux pleins et les seaux vides nous symbolisent les monades électriques positives et négatives, — et les hommes qui se les passent nous représentent les molécules pondérables.

Les hommes sont immobiles en place ; ils ne remuent que les bras. De même les molécules pondérables du fil conducteur ne changent pas de place; elles ne font que passer les monades électriques d'un de leur pôle à l'autre; les monades positives de leur pôle boréal à leur pôle austral, et les négatives de leur pôle austral à leur pôle boréal.

De même que les seaux ne bougeraient pas si les hommes ne se les passaient pas ; — de même les monades électriques ne voyageraient point si les molécules ne se les transmettaient de proche en proche.

De même encore que la chaîne des sauveteurs produit le même résultat que si chaque homme courait avec son seau plein ou vide ; — de même aussi la file des molécules d'un conducteur est assimilable, comme résultat, au cas où les molécules pondérables se transporteraient d'un bout à l'autre du fil avec leur charge électrique.

Les corps célestes voyageant dans l'immensité réalisent positivement ce cas; comme nous l'avons vu au numéro 66.

188. — Toutes ces notions étant précisées, nous devons en conclure que « l'attraction exercée par un courant électrique doit prévaloir sur l'attraction ou la répulsion qui existe entre les courants équatoriaux des molécules individuelles. »

Ainsi se trouve expliquée l'orientation des molécules du fer c'est-à-dire l'aimantation par les courants.

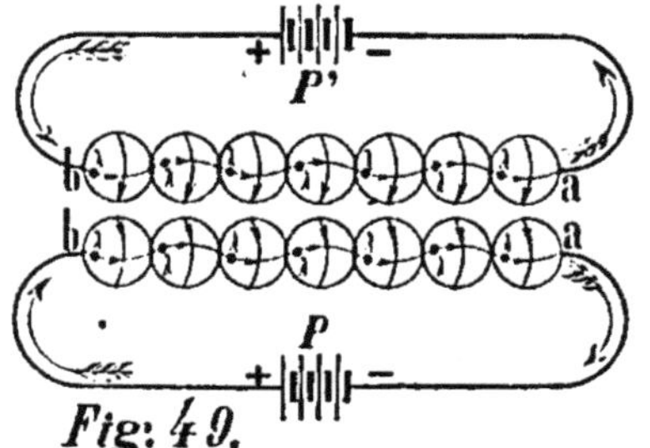

Fig: 49.

189. — Soient maintenant figure 49, les deux fils P et P′ parcourus par deux courants de même sens.

Si nous considérons les rotations équatoriales des molécules élémentaires, nous voyons qu'elles se contrarient et que par suite, si elles étaient seules en jeu, elles se repousseraient, comme nous l'avons vu pour les aimants.

Mais, comme nous venons de le voir, les molécules qui se transmettent les monades électriques constituent un courant de matière beaucoup plus rapide que la rotation *équatoriale* de ces mêmes molécules sur leur sphère.

C'est donc à ces courants qu'il faut demander la raison des attractions et répulsions constatées par l'expérience.

Fig. 50.

190. — Soit deux molécules pondérables A et B, au repos, fig. 50, elles subissent simplement la loi de la gravitation universelle ; c'est-à-dire qu'elles sont attirées l'une vers l'autre suivant la ligne de leurs centres en raison directe de leur masse et en raison inverse du carré de leur distance.

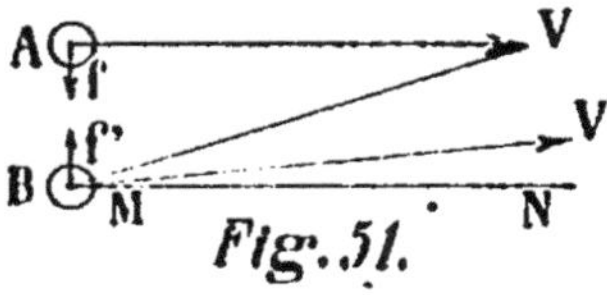

Fig. 51.

191. — Si la molécule A est animée d'une vitesse V, fig. 51, B étant au repos, l'attraction au lieu de se réaliser suivant la ligne AB, se réalisera suivant la ligne BV.

Et si la vitesse V est très grande en comparaison des forces attractives f et f', on pourra dire : que l'entraînement BV′ exercé par A sur B se rapprochera de plus en plus du parallélisme avec AV.

Ceci aura certainement lieu, si la molécule B est condamnée à rester sur la ligne MN. La conséquence sera que la vitesse communiquée à B par l'entraînement de A sera moindre que celle de A.

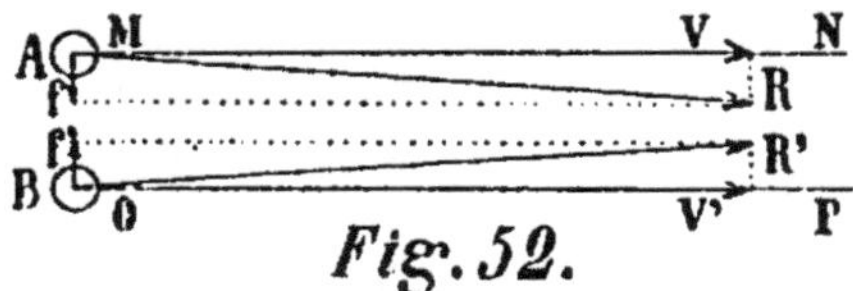

Fig. 52.

192. — Si A et B sont animés de vitesses égales et de même sens, fig. 52, il est de toute évidence que l'entraînement réciproque des deux molécules ne fait que s'ajouter à leur vitesse propre. Elles s'aident l'une l'autre dans leur marche; elles s'harmonisent parfaitement. Et si les lignes MN et OP suivant lesquelles elles voyagent sont mobiles, on conçoit que les attractions f et f' pourront devenir efficaces et donner par leur concours avec les forces V et V′ les résultantes R et R′.

Donc tout concourt, dans deux courants parallèles de même sens, à favoriser leur mutuelle attraction.

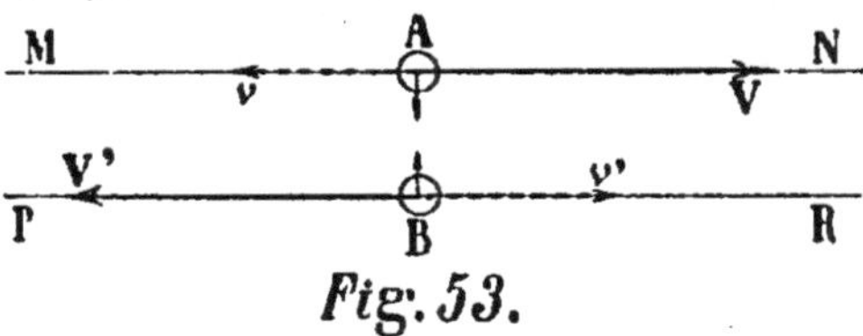

Fig. 53.

193. — Si les deux molécules A et B sont animées de vitesses contraires V et V′, fig. 53, l'entraînement de A sur

B tend à produire une vitesse v' contraire à V' et l'entraînement de B sur A tend à produire une vitesse v contraire à V.

Les deux molécules agissent donc l'une sur l'autre à la manière d'un frein contrariant les deux courants.

Si les deux lignes MN et PR sont immobiles, ces deux courants à *rebrousse-poil*, se gêneront donc mutuellement, et leur gêne sera d'autant plus grande qu'elles seront plus rapprochées.

Donc si elles sont libres de se mouvoir, elles s'éloigneront, *comme si elles se repoussaient.*

Je dis, comme si elles se repoussaient, car il est évident que le changement de direction dans la marche du courant ne peut transformer l'attraction moléculaire en répulsion.

L'éloignement que l'expérience constate entre deux courants contraires ne peut être que la conséquence de forces accidentelles annulant les attractions et leur substituant des résultantes contraires.

Cela compris, nous pouvons sans inconvénient conserver les termes d'attraction et de répulsion employés pour indiquer les effets réciproques des courants électriques.

Nous dirons donc : que les molécules pondérables de deux courants s'attirent quand elles vont dans le même sens, et se repoussent quand elles vont en sens contraire.

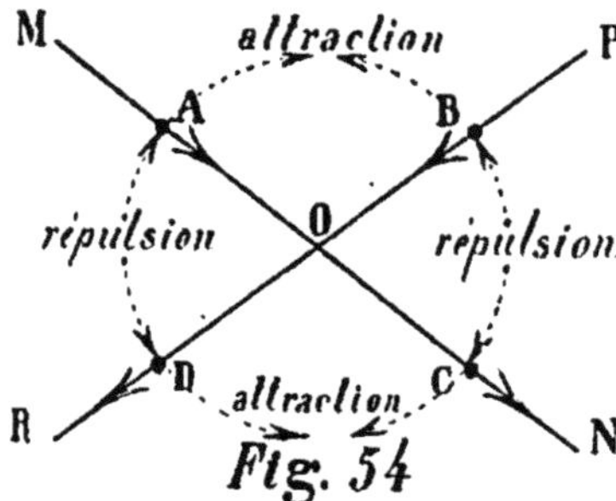

Fig. 54

194. — De ce qui précède nous concluons que dans le cas de deux courants angulaires, figure 54, les molécules A et B d'une part; D et C de l'autre, s'attirent, puisqu'elles se meuvent dans le même sens; qu'au contraire les molécules A et D se repoussent ainsi que B et C, parce qu'elles se meuvent en sens contraire.

Nous dirons donc :

1° Que deux courants angulaires s'attirent quand tous les deux ils se dirigent vers le sommet de l'angle ou quand ils s'en éloignent.

2° Que deux courants angulaires se repoussent quand l'un se dirige vers le sommet de l'angle et que l'autre s'en éloigne.

ARTICLE III

Phénomènes principaux produits par l'action mutuelle des courants.

195. — Soit un courant horizontal AB, fig. 55, mobile autour du point A; voyons quelle sera l'action du courant fixe PR sur ce courant mobile.

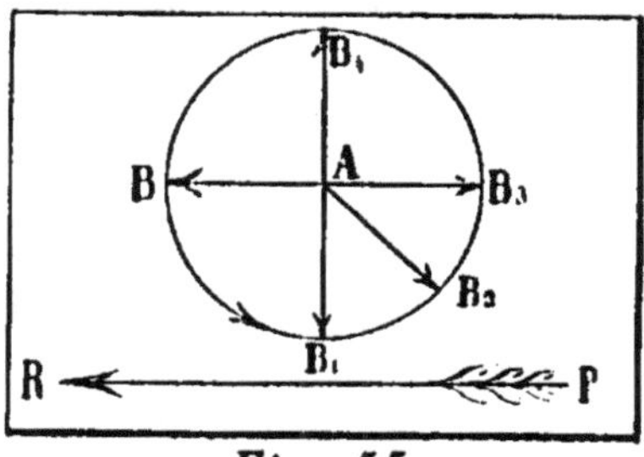

Fig. 55.

Dans la position B les deux courants étant de même sens s'attirent; donc B va tourner dans le sens de la flèche.

Dans la position B_1 il y a attraction du côté P et répulsion du côté R, d'après la loi des courants angulaires.

En B_2 il y a répulsion entre les deux courants; etc.

On voit que AB va continuer à tourner dans le sens F sous l'influence du courant PR.

196. — Soit le courant vertical AB, fig. 56 mobile autour de l'axe MN, soumis à l'influence du courant horizontal fixe PR.

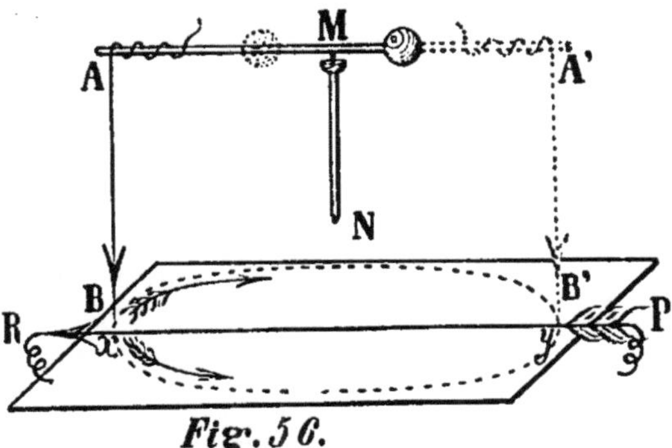

Fig. 56.

Dans la position AB, exactement au-dessus de PR, il y a attraction entre les deux courants à droite de x et répulsion à gauche. Les deux actions sont donc d'accord pour faire passer AB à la droite de l'axe MN.

C'est ce qui aura lieu, soit par la droite, soit par la gauche de xy suivant que l'équilibre instable de la poussée de AB sur son axe de rotation MN sera rompu dans un sens ou dans l'autre.

Arrivé en A′ B′, le courant s'arrête. Il ne peut plus en effet s'éloigner vers la droite pour obéir aux deux actions qui l'attirent vers l'extrémité P.

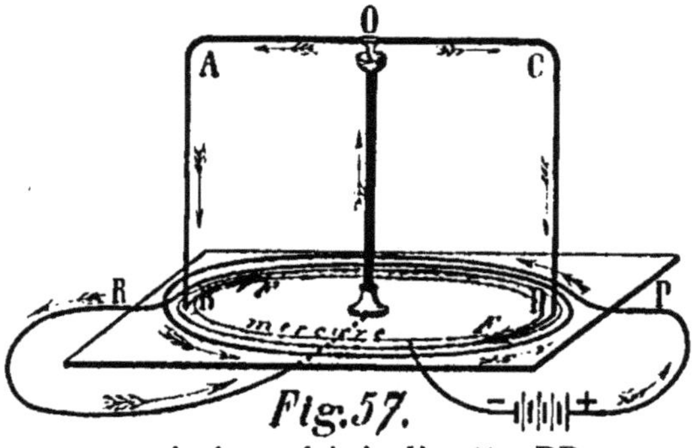

Fig. 57.

197. — Soit les deux courants verticaux AB et CD, fig 57, soumis à l'influence du courant horizontal P R qui, au lieu de passer en ligne droite, comme dans la fig. 56, contourne plusieurs fois le diamètre BD.

On voit, en appliquant les lois des courants angulaires, qu'étant donnés les courants indiqués par les flèches, l'équipage mobile sur le pivot O, doit tourner dans le sens F.

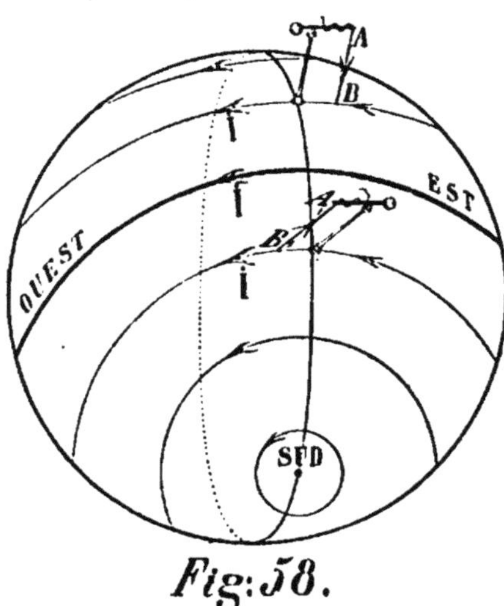

Fig: 58.

198. — Quand on se contente de disposer un fil vertical AB, fig. 58, mobile autour d'un axe vertical comme dans la fig. 56, *mais sans mettre le courant fixe directeur*, on remarque que le courant vertical s'oriente encore. — Quand il est descendant, il vient se fixer à l'EST de l'axe de rotation comme AB; Et quand il est ascendant, il se fixe à l'OUEST de l'axe comme $A_1 B_1$.

Nous devons en conclure logiquement que la surface de la terre est sillonnée par des courants électriques I allant de l'est à l'ouest ; car ce sont ces courants qui seuls peuvent remplir le rôle du courant directeur PR de la fig. 56.

199. — Quand on dispose des courants M A, MB, fig. 59, soit divergents comme dans la figure ; — soit convergents, — mobiles autour du point M, — comme dans le cas de la figure 55, on constate :

1° Que dans l'hémisphère boréal, l'équipage tourne dans le sens F.

2° Qu'à l'équateur magnétique il s'oriente dans la direction de cet équateur et s'y maintient.

Et 3° que dans l'hémisphère austral il tourne dans le sens F_2.

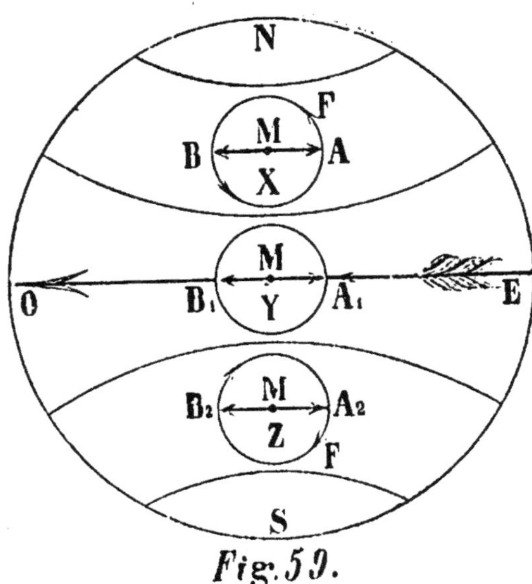

Fig. 59.

En rapprochant ces faits de ce que nous avons vu au n_o 199 fig. 55, nous voyons que le courant directeur PR de la fig. 55 se trouve ici remplacé par les courants terrestres dont nous venons de parler au numéro précédent.

Mais la situation du courant directeur PR de la fig. 55, *extérieur* au cercle décrit par le courant dirigé AB, nous indique que ce ne sont pas seulement les courants terrestres situés *sous* les courants AB, A_1 B_1, A_2 B_2, qui sont en eu.

La somme des courants terrestres parallèles agit sur les courants mobiles suivant une résultante qui dépend de leur position sur le globe.

Dans la position X les courants situés au nord de l'équipage sont moins nombreux que ceux qui sont au sud ; ceux-ci sont donc les plus forts et c'est leur action directrice qui prédomine.

Dans cette position X l'équipage AMB est donc comme soumis à l'action d'un courant situé au sud ; il tournera donc comme l'indiquent et la fig. 55 et la fig. 59. — Dans la position Y, sur l'équateur magnétique, il est évident que la résultante de tous les courants terrestres est précisément *sous* l'équipage. Le courant M B_1, étant de même sens que le courant directeur EO, va s'orienter vers l'ouest, puisque les courants de même sens s'attirent.

Le courant M_1 A_1 étant contraire au courant OE, est repoussé par lui et tend par conséquent à venir prendre la place de M B_1.

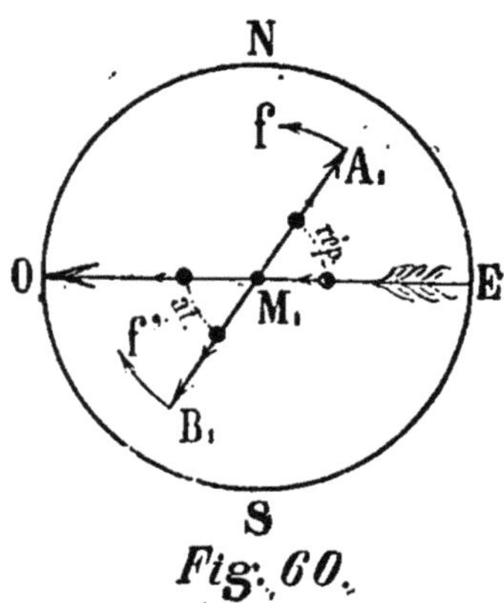

Fig. 60.

Ces deux actions se contrariant, l'équipage est soumis à deux forces parallèles, égales et de même sens, fig. 60, à savoir : la force f produite par la répulsion M_1 A_1 et M_1 E ; — et la force f' produite par l'attraction entre M_1 B_1 et M_1 O.

L'équipage sera donc *astatique*.

Dans la position Z, fig. 59 les courants situés au nord de l'équipage l'emporteront sur les courants situés au sud. Le courant directeur résultant sera donc au nord de l'équipage ; et par conséquent il tournera dans le sens F_2.

Si les courants MA, MB étaient dirigés vers le centre M de l'équipage, les rotations changeraient évidemment de sens.

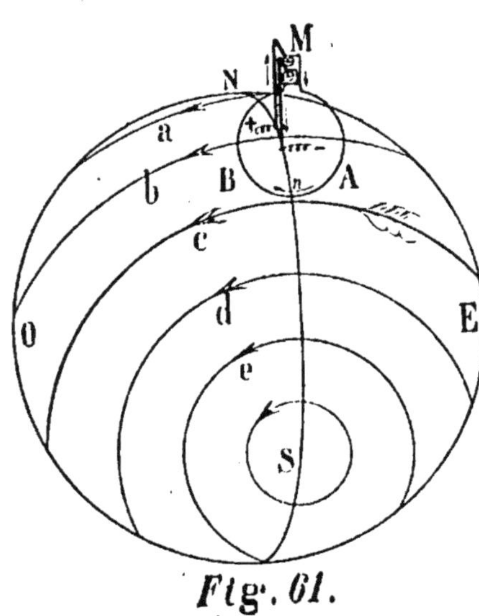

Fig. 61.

200. — Si on dispose un courant circulaire MAB libre de tourner autour du point M, fig. 61, on le voit s'orienter de telle sorte que le courant aille de l'est à l'ouest dans la partie inférieure A *n* B.

Ceci suppose encore des courants directeurs *a*, *b*, *c*, *d*... allant de l'est à l'ouest sur la terre.

Ces courants terrestres en effet mettent l'équipage dans les conditions déjà analysées au numéro 161, fig. 34. Le cercle MAB s'oriente de manière que son courant *engrène* avec celui de la terre.

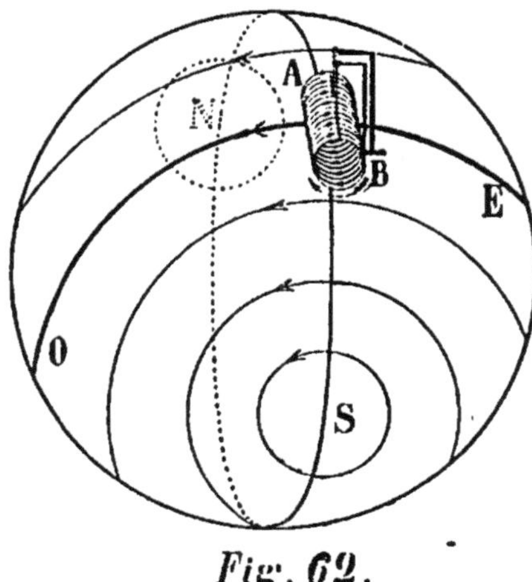

Fig. 62.

201.— Si au lieu d'un simple cercle on en soumet plusieurs à l'attraction terrestre, en enroulant le fil en spirale, fig. 62, chacune de ces spires s'orientera comme celle de la fig 61, de manière à ce que dans la partie inférieure de l'équipage, les courants engrènent avec ceux de la terre, — c'est-à-dire de manière à ce qu'ils tournent dans le même sens, de l'Est à l'Ouest.

— L'axe de cet appareil va donc se diriger du Nord au Sud, comme un aimant.

202. Si nous considérons la direction des courants, nous voyons qu'en nous mettant en face du pôle boréal N de la terre, les courants terrestres tournent devant nous comme les aiguilles d'une montre ; — et qu'au pôle austral S nous les voyons tourner en sens inverse.

Logiquement donc nous dirons que l'extrémité B de l'équipage, où les courants tournent comme les aiguilles d'une montre est un pôle *boréal* ; et que l'extrémité A où ils tournent en sens inverse des aiguilles d'une montre est un pôle *austral*.

Ceci nous montre que le pôle austral A du système est tourné vers le pôle boréal de la terre, et réciproquement ; c'est-à-dire que les pôles de noms contraires s'attirent et que les pôles de même nom se repoussent.

203. — Nota. La figure 62 nous montre de plus qu'au lieu de parler d'attraction entre pôles contraires et de répulsion entre pôles semblables, il faut simplement attribuer l'orientation de l'équipage à la tendance qu'ont les courants de matière pondérable à se mettre dans le même sens.

204. — Ce système de courants circulaires parrallèles a été appelé solénoïde (*de solen, tube*), ou cylindre électrodynamique.

205. — Pour que l'équipage AB ne soit soumis à l'action des courants terrestres que par ses courants circulaires on dirige les parties droites et sinueuses de manière que les courants s'y neutralisent en allant en sens contraires. La figure 63 indique la disposition voulue dans ce but.

Fig. 63.

La résultante de gauche à droite fournie par tous les courants sinueux de la partie supérieur des boucles est contrebalancée par le courant de droite à gauche circulant dans les parties droites AB, CD.

206. — Deux solénoïdes mis en face l'un de l'autre par leurs pôles contraires, doivent s'attirer, en vertu de l'harmonie qui existe entre leurs mouvements rotatoires.

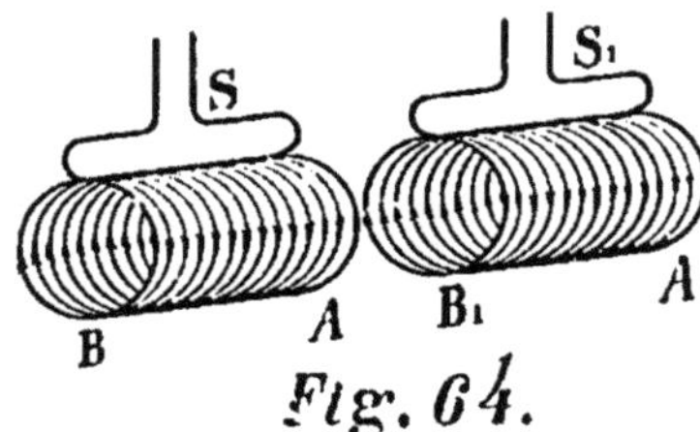

Fig. 64.

Comme la figure 64 le fait voir, le courant du pôle boréal B_1 du solénoïde S_1 tourne dans le même sens que le courant du pôle austral A du solénoïde S.

S'ils ne sont pas parfaitement en ligne droite dans le prolongement l'un de l'autre, ils tendront à se juxtaposer parallèlement, comme le montre la figure 65; car dans cette position leurs courants élémentaires engrènent l'un avec l'autre, comme les deux cylindres d'un laminoir.

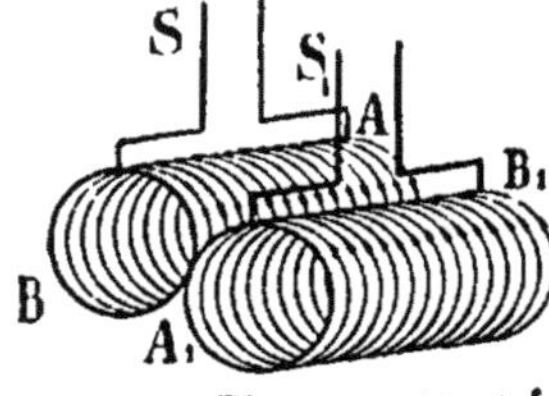

Fig. 65.

207. — Si l'on substitue un aimant véritable A_1B_1, figure 66, au second solénoïde, l'aimant et le solénoïde se comporteront exactement de la même manière.

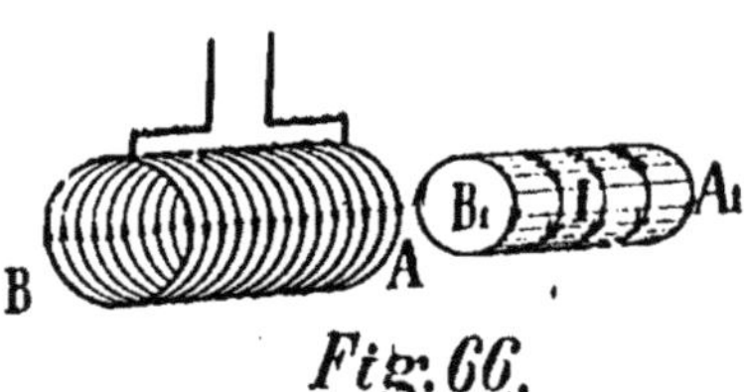

Fig. 66.

Ceci répond logiquement à l'explication que nous avons donnée de l'aimantation au numéro 158, fig. 39.

Les courants moléculaires de l'aimant sont évidemment assimilables aux courants électriques du solénoïde, et ce fait est complètement d'accord avec la théorie.

208. — Si au lieu de soumettre un solénoïde à l'action directrice des courants terrestres, on le soumet à l'action d'un courant, figure 67, le solénoïde se disposera avec ce courant comme avec la terre, c'est-à-dire de manière que le courant dans ses spires soit de même sens que le courant directeur.

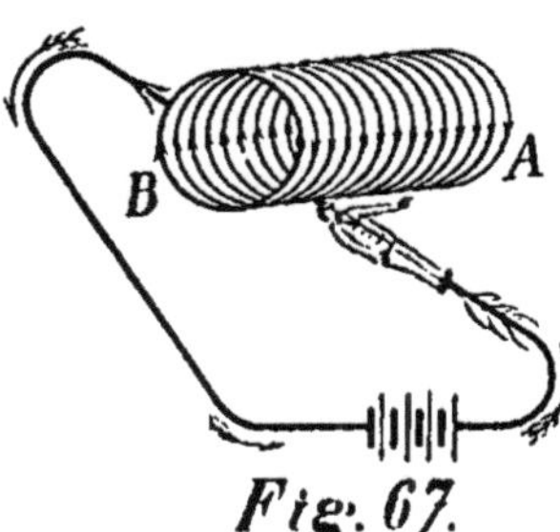

Fig. 67.

Remarquons que le solénoïde a, comme l'aimant, son pôle austral à la gauche du bonhomme d'Ampère.

209. — Réciproquement, un courant mobile comme celui de la figure 68, s'orientera de manière à s'accorder en direction avec les courants du solénoïde ou de l'aimant qu'on lui présente.

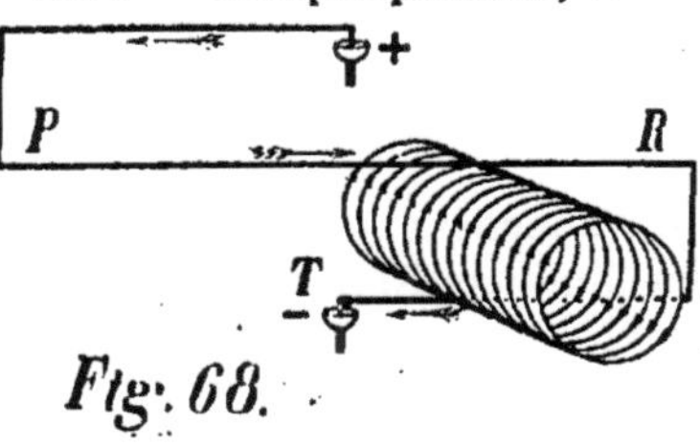

Fig. 68.

La branche PR s'harmonise avec le côté *supérieur* et la branche ST s'harmonise avec le côté *inférieur* des courants.

On le voit, rien de plus facile que de dire, à priori, le sens de l'orientation dans tous les cas.

210. — Soit un courant *ascendant* C placé vis-à-vis du milieu

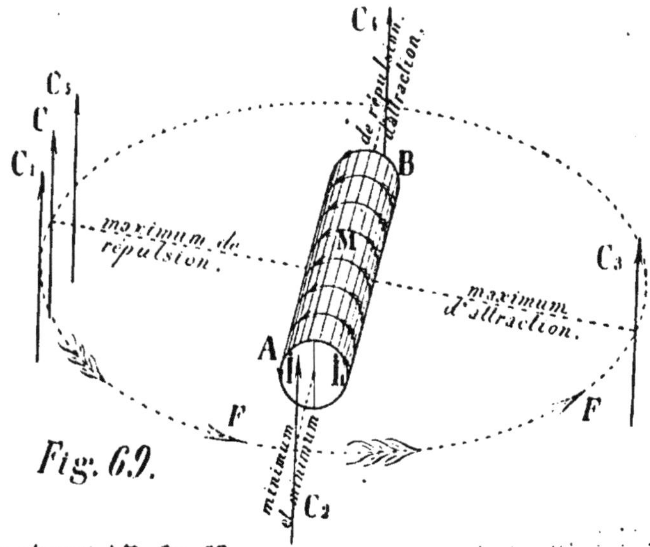

Fig. 69.

d'un aimant AB, fig. 69.

Comme on le voit, tous les courants moléculaires de l'aimant sont *descendants* du côté de l'aimant qui est tourné vers ce courant ascendant C. Donc il y a répulsion entre lui et tout ce côté de l'aimant.

La position C étant à égale distance des deux pôles, nous voyons que le courant est repoussé vers la position C_2 par les courants descendants de la moitié MB ; — et vers la position C_1 par ceux de la moitié MA.

Cette position C est donc à la fois, le *maximum* de la répulsion de l'aimant sur le courant descendant ; et le *point mort* du mouvement de C.

Pour faciliter notre analyse, admettons 8 courants d'Ampère dans l'aimant et supposons qu'on écarte le courant R du point mort en C_1 ; — nous voyons qu'en C_1 la résultante des répulsions va le faire venir en avant dans le sens F.

A mesure qu'il avance vers C_2, l'intensité de la répulsion des courants descendants de gauche diminue. Et quand il est dans la position C_2, en face de l'axe du pôle, il n'est plus repoussé que par le courant descendant I de gauche ; — et il n'est encore attiré que par le courant ascendant I_1 de droite ; mais ces deux actions étant concordantes, suffisent pour lui faire continuer sa marche dans le sens F.

La position C_2, en face du pôle est donc à la fois le *minimum* de répulsion et le *minimum* d'attraction.

A mesure qu'il avance dans le sens F', il subit de plus en plus l'attraction des 8 courants, et il viendra se fixer dans la position C_3 où passe la résultante des attractions de tous les courants ascendants.

La position C_3 est donc à la fois le *maximum* de l'attraction de l'aimant sur le courant ascendant et le *terme* du mouvement de C_3.

Si au lieu de déplacer le courant C en C_1, on l'avait écarté du point mort en C_3, il aurait fait son demi-tour par C_4 pour venir se fixer en C_3.

Il est évident que si le courant est immobile en C et si l'aimant est mobile autour de son centre M, c'est ce dernier qui fera le demi tour, soit par un côté soit par l'autre, pour venir mettre ses courants ascendants en harmonie avec le courant C.

Cette analyse est extrêmement importante. D'une part elle nous permet de substituer un raisonnement direct au moyen empirique du bonhomme d'Ampère faisant toujours passer le pôle austral à *sa gauche* ; — et d'autre part elle nous fournira plus loin le moyen simple d'expliquer un cas d'induction resté jusqu'ici sans solution.

211. — Si l'on replie un aimant sur lui-même en forme de fer à cheval, fig. 70, on voit que tous les courants d'Ampère I sont de même sens dans *l'intérieur* du fer à cheval ; — ascendants ou descendants, suivant la position des pôles.

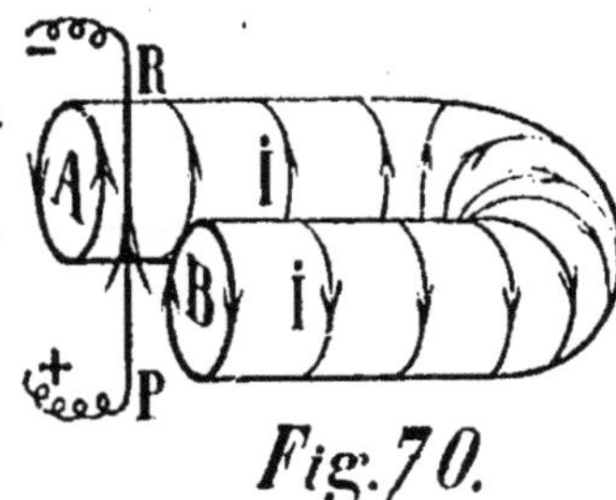

Fig. 70.

Si donc on introduit un fil PR entre les pôles de cet aimant, il sera attiré vers l'intérieur du fer à cheval, si son courant est de même sens que les courants intérieurs de ce fer à cheval, — comme cela a eu lieu dans la figure 70 ; — et il sera repoussé à l'extérieur du fer à cheval, si sont courant est de sens contraire.

Remarquons que si les branches de l'aimant sont longues, il doit y avoir quelque part, dans l'intérieur du fer à cheval, une ligne où toutes les attractions ou répulsions de gauche et de droite doivent se faire équilibre, et où par conséquent le courant PR resterait immobile.

212. — Ceci explique la roue de Barlow, fig. 71.

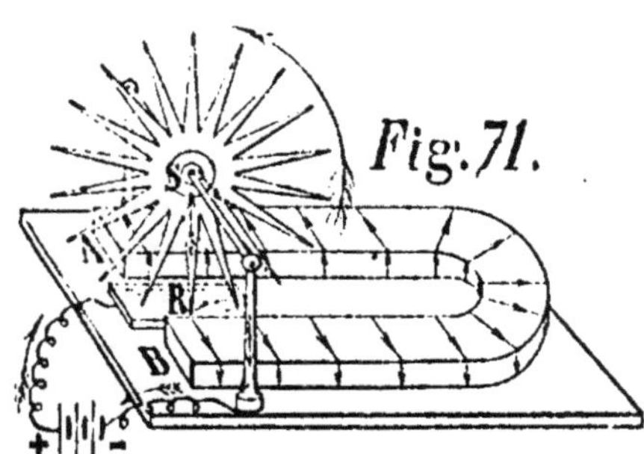

Fig. 71.

Une roue de cuivre rouge RS est mobile autour d'un axe horizontal entre les branches d'un aimant recourbé AB, de telle sorte que ses rayons plongent successivement dans un bain de mercure.

Dans les conditions de la figure, le courant montant du bain de mercure au centre de la roue pour revenir par l'extrémité de l'axe à la pile, le rayon R est attiré vers l'intérieur du fer à cheval, parce que tous les courants y sont montants comme celui qui le parcourt.

Donc la roue tournera dans le sens de la flèche.

On comprend facilement ce qui arriverait en variant la position des pôles et la direction du courant.

213. — Il n'est pas nécessaire de former des rayons à la roue, Un disque sans rayons donne le même résultat ; car le courant allant du mercure au centre du disque ou réciproquement, voyage par le plus court chemin, c'est-à-dire en suivant le rayon.

Les molécules du rayon en contact avec le mercure sont orientées par le passage du courant, comme l'indique la figure 72 ; — et dès qu'elles ne sont plus rayon vecteur, elles reprennent leur orientation naturelle.

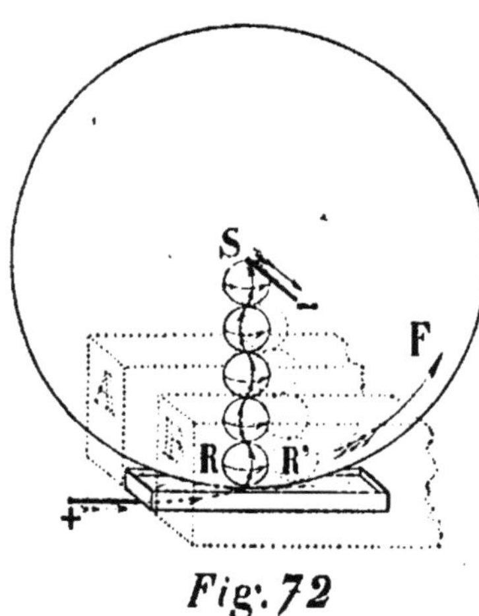

Fig. 72

La file ou les files de molécules qui, comme RS, servent à transmettre les monades électriques. sont seules orientées,— comme dans la figure, si le courant monte du mercure à l'axe ; et en sens contraire si le courant descend de l'axe au mercure.

Remarquons que si la rotation du disque se fait dans le sens F, c'est dans la position SR', à droite du rayon où passe le courant que les molécules doivent reprendre leur orientation naturelle.

214 — Si au lieu d'engager seulement une partie du disque entre les branches d'un aimant, on place le disque entre deux pôles contraires. en faisant coïncider son axe de rotation xy avec l'axe de ces pôles, on obtient encore la rotation du disque quand on y fait passer un courant de la circonférence au centre, comme dans la fig. 73, ou réciproquement.

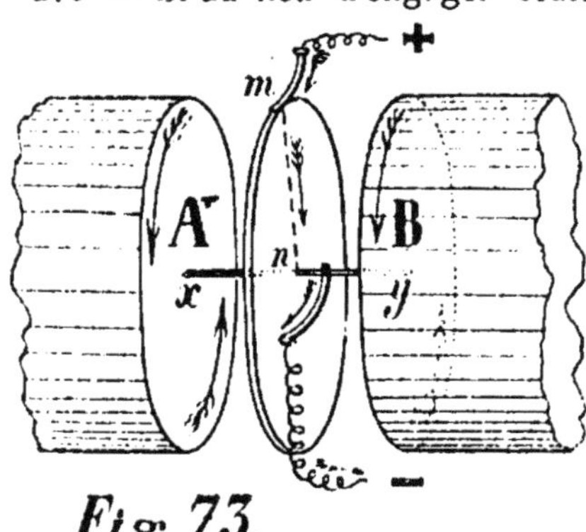

Fig. 73.

Pour s'en rendre compte il suffit de considérer que le rayon $m\,n$ suivant lequel passent les monades électriques agit là comme le ferait un fil isolé.

Pour trouver le sens de la rotation il suffit, comme toujours, d'appliquer le grand principe qui régit les actions réciproques des molécules pondérables en mouvement, conformément à ce que nous avons dit pour les courants angulaires, n° 194, fig. 54.

La figure 74 nous montre que si le courant va de la circonférence du disque au centre, *le rayon m n, et par suite le disque lui-même, est entraîné dans le sens des courants d'Ampère ; comme pour les pôles A et B.*

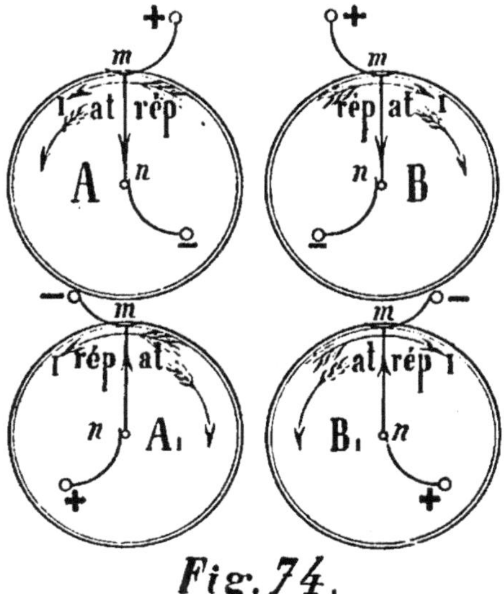

Fig. 74.

Et que si le courant va du centre du disque à la circonférence, comme pour les pôles A_1 et B_1, *le rayon m n, et par suite le disque lui-même est entraîné en sens inverse des courants d'Ampère.*

Il est évident que deux pôles contraires en face l'un de l'autre, concourent à faire tourner le disque dans le même sens.

215. — Si au lieu de juxtaposer un courant à un aimant, on le fait passer par le cœur même de cet aimant ; — si par exemple, comme l'indique la figure 75, on fait entrer *latéralement* un courant PMR dans un aimant AB flottant librement dans un bain de mercure, dans lequel un lest de platine C le force à plonger, l'aimant prend un mouvement de rotation qu'il s'agit de déterminer.

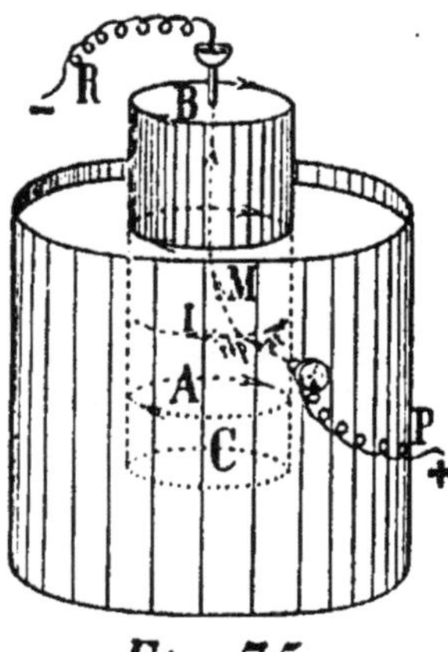

Fig. 75.

Pour cela il suffit de considérer la direction du courant directeur par rapport aux courants d'Ampère de l'aimant, comme le montre la fig. 76.

Cette figure s'explique suffisamment d'elle-même.

Remarquons seulement que (1) et (4) donnent la rotation dans le sens des aiguilles d'une montre ; tandis que (2) et (3) la donnent en sens inverse des aiguilles d'une montre.

216 — Si au lieu de faire passer le courant par le cœur de l'aimant on se contente de faire flotter l'aimant dans le bain de mercure dans lequel le courant circule en rayonnant du centre à la surface du cylindre, — ou en allant de la surface du cylindre au centre, figure 77, le phénomène rentre dans le cas des figures 67 et 68.

Le courant électrique allant en ligne droite du cen-

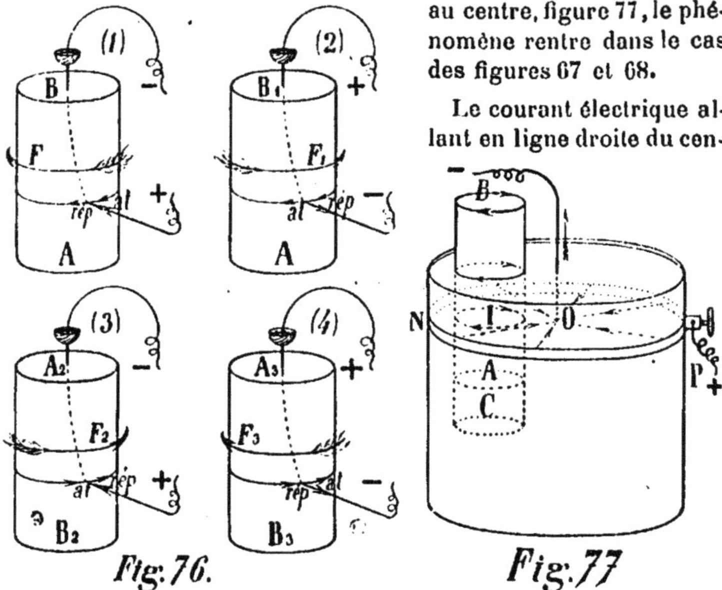

Fig. 76. Fig. 77

tre O au cercle distributeur ou réciproquement, c'est l'action des courants OC, OD, figure 78, passant à droite et gauche de l'aimant que nous avons à étudier.

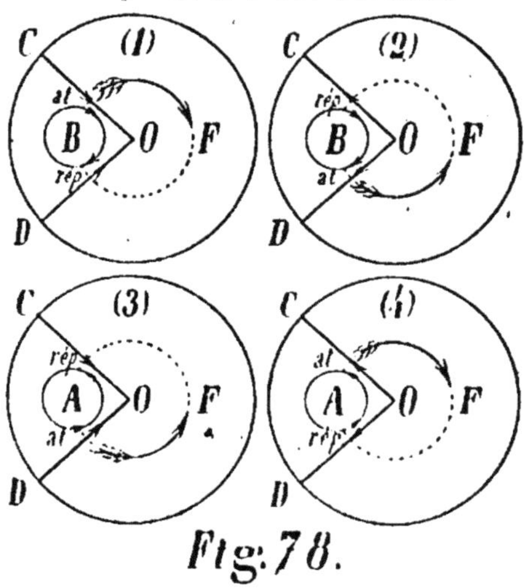

Fig. 78.

Cette figure 78 donne clairement les quatre cas possibles.

La rotation de l'aimant autour du centre O, se fait comme les aiguilles d'une montre pour (1) et (4); et en sens inverse pour (2) et (3).

CHAPITRE IV

INDUCTION

217. — Précisons encore l'idée que nous devons nous faire d'un *courant électrique.*

Posons nettement en principe que dans tous les cas, sans exception, les expressions « *Matière pondérable en mouvement* », — et « *Courant électrique* », nous mettent en présence de phénomènes identiques.

Car d'une part, les molécules pondérables ne peuvent réaliser le moindre mouvement sans prendre à leur service un nombre nettement défini de monades électriques ; — autrement dit : *sans être électrisées.*

Et d'autre part, les monades électriques isolées ne peuvent faire un seul pas sans être associées aux molécules pondérables : l'électricité ne passe pas dans le vide absolu.

En un mot, la *Matière et la Force* sont les deux facteurs inséparables de tout travail physique.

La *Force*, sous la forme binaire des monades électriques positives et négatives, est tenue en réserve, sans travail, dans le mouvement girosphérique des sphérules de l'éther.

Quand l'une d'elles sort de ce couplage neutre pour exécuter par exemple un travail d'affinité, — l'autre, comme nous l'avons vu au numéro 181, exécute nécessairement, elle aussi, un travail quelconque ; — même quand elle passe avec l'étonnante rapidité que l'on sait, d'une extrémité d'un conducteur à l'autre.

Même dans ce cas, où il n'y a aucun déplacement des *sphères moléculaires* du fil conducteur, nous avons vu, figure 46, que grâce au mouvement girosphérique des molécules, nous sommes en droit de dire qu'un *courant dit électrique*, serait bien mieux nommé un courant de molécules pondérables électrisées.

Telle est l'idée exacte que l'on doit se faire d'un courant électrique.

Par suite l'étude des actions réciproques de deux courants électriques n'est autre chose que l'étude des actions mutuelles de deux masses électrisées, en mouvement.

Comme nous l'avons vu au numéro 192, par là même que ces masses sont soumises à une *attraction mutuelle*, on conçoit que lorsqu'elles marchent en sens contraires, figure 53, elles doivent se contrarier en agissant l'une sur l'autre à la façon d'un *frein*, et nous en avons conclu que la résultante de cette mutuelle contrariété est la tendance à amener les deux mouvements à se faire dans une même direction.

Ici, dans l'induction, la question va être encore la même. Il s'agira toujours de l'action mutuelle de deux courants de molécules pondérables électrisées, tendant à se mettre dans le même sens ; la puissance directrice appartenant évidemment de droit aux molécules qui possèdent la puissance vive la plus grande. Et cette puissance vive est proportionnelle au *carré de la vitesse*.

Gardons-nous donc d'accepter l'idée fausse que cette expression de *courant électrique* pourrait nous suggérer, en ne nous montrant en jeu dans ce courant que des *monades électriques*.

Cela posé essayons de préciser le véritable travail de l'induction.

218 .— D'après ce que nous avons dit au numéro 174, figure 46, et au numéro 182, figure 48, les molécules d'un fil, dans lequel circule l'électricité, sont orientées de telle sorte que les monades électriques *positives* passent de leur pôle *boréal* à leur pôle *austral*.

Evidemment pour un fil de grosseur donnée, le nombre des files de molécules orientées dépend de l'intensité du courant électrique.

Si l'orientation de deux, trois files suffit pour qu'elles puissent se transmettre toutes les monades électriques fournies par la source, les autres files du rhéophore resteront dans la position que la loi de la cohésion et l'harmonie de leurs rotations équatoriales leur imposent.

En un mot, un fil conducteur est assimilable à un aimant pour l'orientation de ses molécules élémentaires.

De même qu'il y a une aimantation à saturation, de même aussi il y a pour telle grosseur de fil, un courant qui peut en orienter complètement toutes les molécules avec une énergie maxima.

Avant cette saturation, un nombre plus ou moins grand des

files restent non orientées ; — et après, les molécules, ne pouvant plus se transmettre la totalité des monades électriques affluantes, les emploient à un travail mécanique de vibrations qui d'après leur nombre à la seconde, seront des vibrations caloriques ou des vibrations lumineuses. — Figure 13.

219. — Soit donc, figure 79, le fil RS dit fil *inducteur* ; et un second fil MN, dit fil *induit*, juxtaposé à RS.

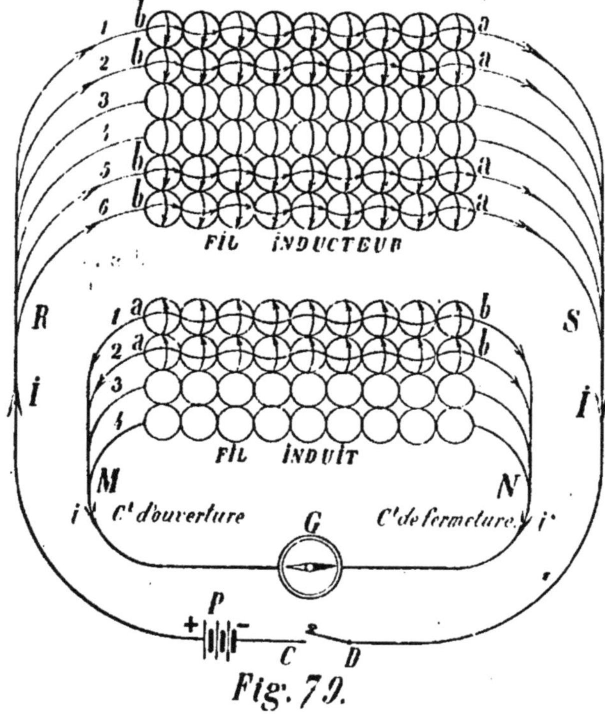

Fig. 79.

ERRATUM. — Changer de place les mots *Ouverture* et *Fermeture* dans la fig. 79.

Supposons deux portions de ces deux fils puissamment grossies pour étudier les travaux moléculaires qui vont s'y développer.

Admettons que le courant inducteur ne sature pas la conductibilité du fil RS ; — qu'il y laisse par exemple les files *centrales* 3 et 4 sans les orienter.

Comme nous l'avons déjà remarqué, ce fil inducteur est exactement dans le cas d'un fer doux aimanté, non encore à saturation. Il est donc tout naturel d'admettre qu'il agit sur les molécules du fil voisin comme un aimant agit sur un barreau de fer juxtaposé.

Or un aimant BA, figure 80, force plus ou moins efficacement les molécules du fer doux juxtaposé à tourner harmoniquement avec la rotation équatoriale de ses propres molécules. Il y déterminera des courants moléculaires engrenant avec les siens; c'est-à dire qu'il en fera un aimant $A_1 B_1$ dont les pôles seront inverses des siens.

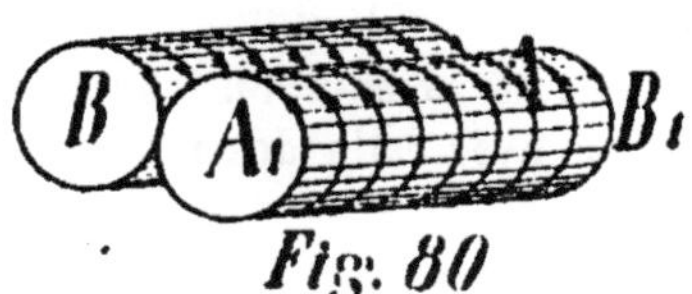

Fig. 80

De même, à l'instant où, par la fermeture du courant en CD, le flot inducteur commencera à circuler, deux phénomènes se produiront :

D'abord les files 1, 2, 5, 6, vont être orientées dans le fil inducteur, comme l'indique la figure, et devenir par là-même un aimant véritable.

Et en second lieu, les molécules de l'inducteur ainsi orientées vont entraîner un nombre plus ou moins grand des molécules du fil MN à tourner harmoniquement avec leur rotation équatoriale ; — comme l'indique la figure.

Je ne représente pas dans le fil MN, les files de molécules qui étant déjà orientées n'exigent aucun travail de la part de l'inducteur.

— C'est donc dans l'orientation des molécules de l'induit conformément à l'attraction qui amène les courants de molécules électrisées à se mettre parallèlement dans le même sens, que consiste le véritable travail de l'induction. —

Essayons de préciser encore plus ce travail de l'induction.

220. — Pour cela examinons en détail les différentes phases du travail de l'orientation pour *une seule molécule.*

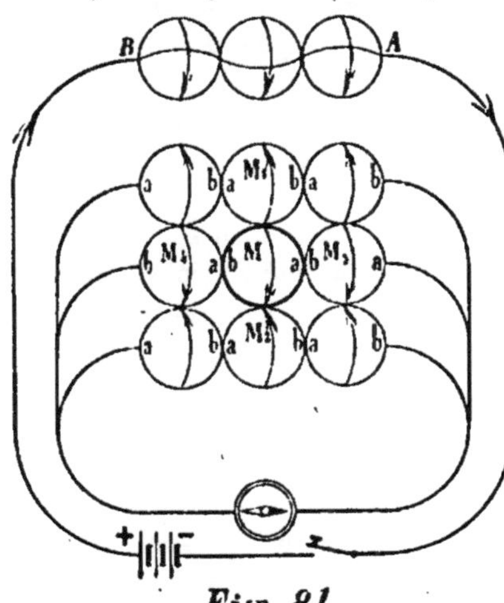

Fig. 81.

Soit la molécule M, figure 81, à faire tourner de 180° par rapport à ses voisines.

Le courant inducteur I aura trois effets mécaniques à produire.

1° Vaincre l'adhérence des pôles *a* et *b* de la molécule M avec les pôles contraires des molécules M_3, M_1,

2° Vaincre le frottement des molécules M_1, M_2 et autres tangentes à son équateur ; — non représentées dans la figure.

3° Maintenir la molécule dans sa nouvelle orientation, contraire à l'harmonie de sa rotation équatoriale avec celle des molécules voisines.

Le nombre des monades électriques nécessaire pour vaincre les attractions polaires dépend probablement de la masse des molécules pondérables qui sont en prise.

Celui qui est nécessaire pour vaincre le frottement dû à la cohésion dépend nécessairement de l'énergie de cette cohésion.

Quant au troisième point, il est le résulat des deux premiers travaux. C'est un état statique. C'est l'arc que mon bras maintient tendu après le travail de la tension. C'est le ressort que ma main tient comprimé après avoir vaincu son élasticité.

Ainsi l'orientation des molécules se trouve maintenue par la persistance du courant inducteur. Dès qu'il cessera, elles reviendront à leur position normale : elles se *désorienteront*, comme nous allons convenir de le dire.

Puisque c'est l'axe polaire qu'il s'agit de faire tourner de 180°, il est évident que c'est aux deux pôles que les monades électriques auront leur point d'application. Attelées là, elles agiront à la façon d'un couple qui aura pour résultante la rotation de l'axe polaire autour du centre de la molécule.

221. — Mais à quel pôle s'attèlera chaque électricité ?

Puisque dans un courant l'électricité positive est transmise par le pôle boréal au pôle austral, et la négative transmise par le pôle austral au pôle boréal, nous admettrons que le pôle *boréal* s'électrise *négativement* ; — et le pôle *austral*, positivement.

Cela admis, on voit, figure 82, que si la monade négative μ s'attèle au pôle boréal *b*, la monade *positive* λ qui accompagnait μ à l'état neutre est mise en liberté du côté du pôle *boréal*.

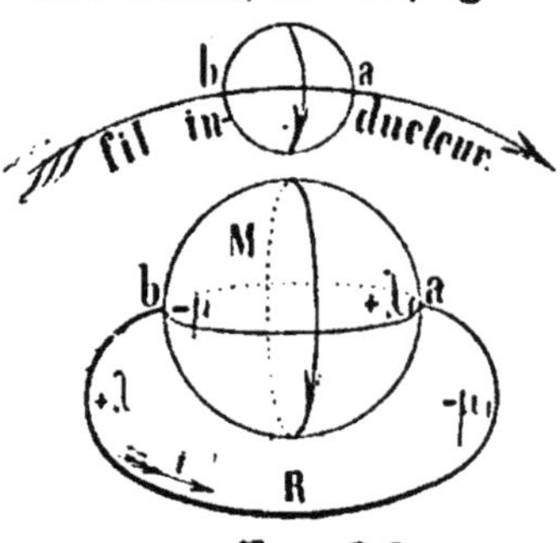

Fig. 82.

On voit de même que si la monade positive λ_1, s'attèle au pôle austral *a*, la monade *négative* μ_1, qui était associée à λ_1 à l'état neutre, est mise en disponibilité du côté du pôle *austral*.

Au lieu d'une seule monade, il y en aura un nombre proportionné à l'énergie des travaux physiques ci-dessus analysés.

Si donc un conducteur R relie les deux pôles de cette molécule, « il sera à l'instant où l'on formera le courant inducteur, le siège d'un courant instantané allant du pôle boréal *b* au pôle

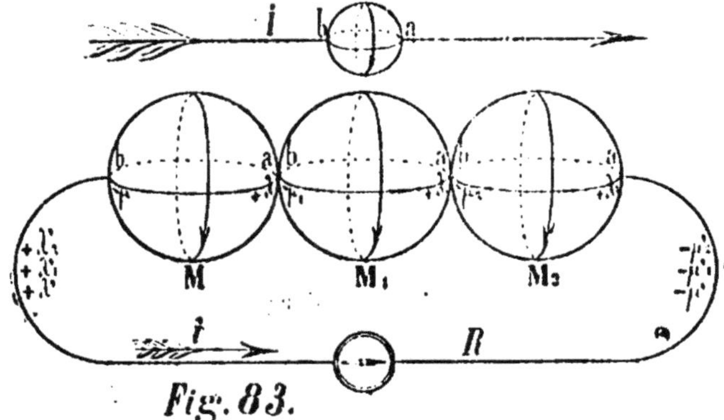

Fig. 83.

austral *a* de la molécule, considérée dans la position de la figure, c'est-à-dire dans la position qu'elle a avant la nouvelle orientation que le courant inducteur I va lui imposer, à l'aide des deux forces μ et λ_1 attelées à ses pôles. »

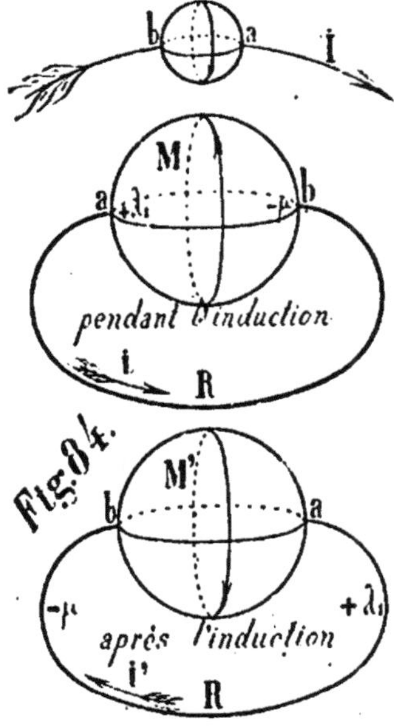

Ce courant est donc *inverse* de l'inducteur : il est dit courant inverse ou de fermeture.

222. — Ce phénomène se répétant *successivement* pour chaque molécule de l'induit, à mesure que le flot du courant inducteur avance, nous voyons figure 83, « que pendant l'orientation successive des molécules, il y a dans le fil extérieur un courant formé par les monades électriques dans l'orientation de chaque molécule, allant du pôle boréal de la file, non encore orientée, à son pôle austral. »

223. — Puisque l'intensité de ce courant dépend du nombre des molécules orientées, son intensité est " proportionnelle à la longueur des files de molécules orientées, c'est-à-dire à la longueur du fil induit ".

224. — Soit dans la figure 84, la molécule M telle qu'elle est pendant l'orientation nouvelle que l'inducteur lui impose.

Son pôle austral a passé à gauche, du côté par lequel le courant de fermeture i est parti ; et sa rotation équatoriale s'harmonise maintenant avec celle des molécules de l'inducteur.

Elle est à l'état statique sous le joug de cet inducteur I.

225. — Quand l'induction cessera, elle reprendra sa position première, c'est-à-dire que son pôle austral, avec son électricité positive $\lambda_{\prime}$ reviendra à droite, et que son pôle boréal passera à gauche avec son électricité négative μ.

Or lorsque cette *désorientation* sera exécutée, tout le travail de l'induction sera terminé ; — et ce ne sera qu'alors qu'il sera réellement terminé. C'est là, dans cette position, que les forces électriques ont pris la molécule ; c'est dans cette position qu'elles doivent la rétablir avant de l'abandonner. C'est donc bien à ce moment, et pas avant, que nous devons examiner la mise en disponibilité des monades électriques λ et μ qui ont servi à ce travail.

Or, comme la figure le montre en M', c'est à droite que la positive $\lambda_{\prime}$, et à gauche que la négative μ vont être mises en liberté cette fois.

— Donc au moment où l'induction cesse sur une molécule, cette molécule émet dans le conducteur qui relie ses pôles, un courant i' qui va de son pôle austral à son pôle boréal ; la désorientation étant supposée accomplie.

Ce courant, comme on le voit, est de *même sens* que l'inducteur I.

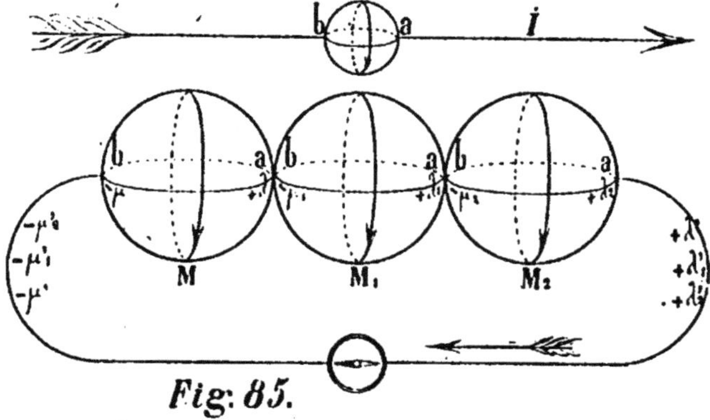

Fig: 85.

226. — Cette désorientation se propageant *successivement* de molécule à molécule, à mesure que le dernier flot inducteur s'écoule, nous voyons par la figure 85, qui représente les molécules désorientées, qu'il y aura dans le fil R, au moment

où l'on ouvrira le courant inducteur en CD, un courant i' de même sens que l'inducteur.

Ce courant est dit courant *direct* ou *d'ouverture*.

227. — Je ne prétends pas que cette analyse donne rigoureusement ce qui se passe dans la réalité; mais je me suis guidé sur le vraisemblable pour en suivre le fil, et je la propose au moins comme un moyen de raisonner les conséquences de l'induction.

Ces conséquences se résument en ces deux principes :

1o L'*orientation* des molécules de l'induit par l'inducteur dégage un flux de monades électriques tel que le courant est *inverse* du courant inducteur.

2o La désorientation des molécules de l'induit dégage un second flux de monades électriques tel que le courant est de *même sens* que le courant inducteur.

Appliquons ces principes à tous les cas de l'induction.

228. — Revenons à la figure 79.

Au moment où l'on ferme le circuit inducteur en CD, à mesure que l'orientation se propage dans les files 1, 2, 5, 6 de l'inducteur, une orientation inverse se propage par exemple dans les files 1 et 2 de l'induit.

— Donc il se dégage dans le fil induit un courant *i* inverse du courant inducteur I. —

Ce courant est dit inverse ou de fermeture.

229. — Tant que le courant inducteur continue; — tant que le circuit RS reste fermé en CD; — l'état de choses représenté par la figure 79 persiste.

Les files 1 et 2 de l'induit conservent l'orientation qui leur est imposée. Elles sont à l'état statique sous le joug de l'inducteur ; voilà tout.

230. — Si l'on rapproche le fil induit MN de l'inducteur RS, il est évident, puisque l'attraction s'exerce en raison inverse du carré de la distance, que les files inductrices 1, 2, 5, 6 agiront plus énergiquement sur les molécules de l'induit.

Donc un simple rapprochement des deux fils suffira pour que les files 3, 4 de l'induit entrent successivement sous le joug de l'inducteur, et subissent la même orientation que les files 1 et 2.

— Donc à chaque rapprochement il y aura dans le fil induit un nouveau courant *i* inverse de l'inducteur. —

231. — De même, si, sans changer la distance des deux fils

RS, MN, on renforce le courant inducteur, les files 3 et 4 de l'inducteur vont elles-mêmes se trouver orientées. Au lieu de 4 files de molécules inductrices, il y en aura donc 6.

Donc une file de molécules en plus va se trouver orientée dans l'induit.

— Donc une augmentation d'intensité dans le courant inducteur produira encore un nouveau courant inverse i dans l'induit.

232. — Par contre, si on diminue l'intensité du courant inducteur, on rend leur liberté d'orientation à un nombre plus ou moins grand de files moléculaires dans l'inducteur.

Donc aussi l'on permet aux files de molécules de l'induit qui étaient sous leur joug de se *désorienter*.

— Donc quand l'intensité du courant inducteur diminue, il se produit dans le fil induit un courant *i'* de même sens que le courant inducteur. »

233. — Si, sans changer l'intensité de l'inducteur, on éloigne de lui le fil induit, il est évident que l'on soustrait par là même un nombre plus ou moins grand de files moléculaires de l'induit au joug de l'inducteur.

Il y a donc *désorientation* de molécules dans l'induit.

— Donc quand on éloigne l'induit de l'inducteur il doit s'y manifester un courant *i'* de même sens que l'inducteur.

234. — Enfin si l'on supprime le courant inducteur en *ouvrant* le circuit en CD, on rend la liberté à toutes les molécules de l'inducteur et de l'induit.

— Donc à la cessation du courant inducteur il se manifeste encore dans l'induit un courant *i'* de même sens que l'inducteur.

C'est ce dernier cas qui a fait donner à ce courant direct *i'* le nom de courant d'*ouverture*.

235. — Je viens de dire que la cessation du courant inducteur rend la liberté aux molécules de l'inducteur aussi bien qu'à celles de l'induit.

Analysons ce fait, dans son commencement et dans sa fin.

Soit un fil RS, figure 86, dans lequel le courant de la pile P a orienté, outre les files 1, 3, 5, déjà disposées pour le recevoir, les files 2 et 4 qui avaient leur pôle austral à gauche, à l'entrée des monades électriques positives; il est de toute évidence que si ces 5 files, orientées dans le même sens, ont la puissance, comme nous venons de le dire, d'orienter les molécules d'un fil juxtaposé, elles doivent, à plus forte raison, avoir la puissance d'orienter les molécules qui, ne formant qu'un seul faisceau avec elles, *sont beaucoup plus à la portée de leur joug.*

Donc les files de molécules orientées dans un conducteur par un courant, doivent produire sur les files non encore orientées de ce conducteur, une induction absolument semblable à celle qu'elles exercent sur un fil juxtaposé ; — mais plus énergique.

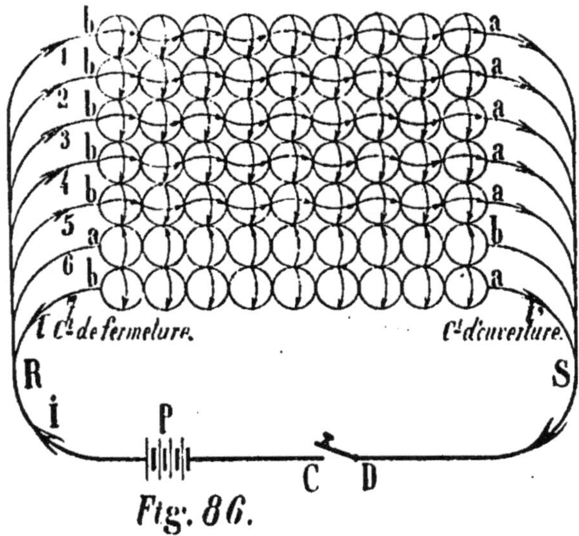

Fig. 86.

Ainsi dans la figure 86, nous voyons clairement que les 5 premières files orientées par le courant doivent imposer aux autres files qui restent libres, une orientation telle que « leurs rotations équatoriales s'harmonisent avec les leurs. »

La file 6 est déjà orientée, comme le courant inducteur l'exige ; mais la file 7 va nécessairement *virer* de manière à avoir son pôle austral à gauche, comme la file 6.

Je ne représente pas ce changement de pôles, pour ne pas compliquer la figure.

— Donc cette file 7 va, en s'orientant sous le joug du courant inducteur, produire un courant *i* inverse du courant principal. —

C'est un *contre-courant.*

— Donc quand un courant commence dans un fil, il est affaibli de tous les courants induits inverses qui sont occasionnés par l'orientation des files de molécules telles que la file 7. —

236. — Remarquons que ce phénomène est absolument sem-

blable à celui que nous avons indiqué dans l'aimantation d'un noyau de fer massif, représenté figure 41. Comme dans cette figure, ce sont les files *centrales* du fil conducteur qui doivent subir l'orientation inverse produite par l'induction; et non les files latérales, comme je l'ai indiqué dans la figure 80.

237. — Quand on supprimera le courant de la pile P, la file 7 dont l'orientation dépendait de ce courant va reprendre son orientation naturelle; elle va se *désorienter*.

— Donc quand le courant cesse dans un conducteur, toutes les files moléculaires non conductrices orientées par l'induction des files conductrices, émettent, en se désorientant, autant de courants *i'* directs qui s'ajoutent au courant principal. »

238. — Cette analyse nous révèle dans leur cause les deux courants que l'on a appelés :

Le premier, *Extra courant inverse* ou de *fermeture*; et le second, *extra courant direct* ou d'*ouverture*.

Remarquons qu'ils seraient mieux nommés *intra-courants*, puisqu'ils prennent naissance dans le cœur même du conducteur.

Tous ces phénomènes constituent ce que l'on a appelé *La Self-Induction*

ARTICLE II

Induction d'un courant sur le fer doux et sur l'acier.

---

239. — Nous avons déjà analysé la nature intime de cette induction principalement quand nous avons indiqué, aux numéros 190 et 191 la raison pour laquelle les molécules qui se passent les monades électriques de pôle à pôle, par un demi-méridien sont plus puissantes pour orienter le mouvement équatorial des molécules, que ces mouvements équatoriaux ne le sont pour s'orienter entre eux.

N'oublions pas en effet que ce n'est point l'électricité qui attire ; mais que ce sont les molécules pondérables électrisées qui s'attirent, et qui s'attirent avec une énergie mathématiquement proportionnelle aux unités de force électrique qui leur sont associées.

Dans le cas d'induction qui nous occupe, et que l'on peut revoir dans les figures 39 et 40, les molécules pondérables du courant inducteur produisent sur les molécules isolées du fer un entraînement qui est probablement des *millions* de fois plus énergique que celui que ces molécules exercent les unes sur les autres.

Ce phénomène étant ainsi suffisamment expliqué, nous nous contenterons ici d'indiquer les faits qui s'y rattachent.

240. — Dès lors que nous savons que le courant inducteur force les molécules du fer induit à tourner équatorialement dans le même sens que lui ; — et que le pôle boréal est celui où l'on voit cette rotation équatoriale se faire dans le sens des aiguilles d'une montre, les deux enroulements de la figure 87, ne sont plus une question pour nous.

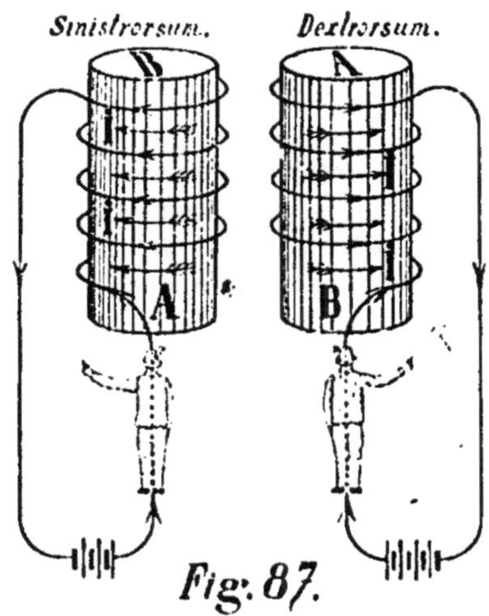

Fig. 87.

Inutile d'apprendre de mémoire que dans l'enroulement *dextrorsum*, le pôle boréal est à l'entrée du courant ; et que dans l'enroulement *sinistrorsum* il est à la sortie.

Inutile aussi d'apprendre que ces mots répondent au bonhomme d'Ampère, suivant que l'enroulement de l'hélice se fait vers sa droite ou vers sa gauche.

Nous avons vu, au numéro 214, la vraie raison de l'orientation d'un courant en présence d'un aimant, ou d'un aimant en présence d'un courant ; et cette connaissance nous exempte d'employer des moyens mnémoniques artificiels.

241. — Quand le noyau est du fer doux, les molécules reprennent leur position naturelle lorsque le courant inducteur cesse ; et par suite l'aimantation par induction disparaît.

C'est ce qu'on appelle un *Electro-aimant.*

Quand le barreau introduit dans l'hélice est de l'acier trempé, l'effet de l'induction, c'est-à-dire l'orientation des molécules, persiste, et l'on a des aimants dits *permanents*.

Pour les autres détails sur l'aimantation, on peut se reporter aux numéros 164 et suivants.

242 — Quand on introduit un barreau de fer doux CD, figure 88, dans une bobine RS, dans laquelle passe un courant, on constate que ce barreau est attiré dans l'intérieur de la bobine, avec une énergie qui dépend de l'intensité du courant et du nombre des tours du fil.

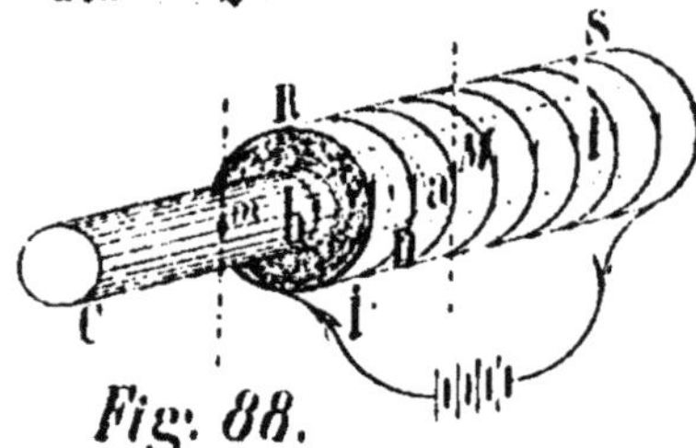

Fig. 88.

Comme l'indique la figure, les molécules de la partie engagée dans la bobine, étant orientées par le courant inducteur I, constituent un petit aimant *a b*.

Les rotations équatoriales de ces molécules formant des *courants électriques* de même sens que ceux de la bobine, ceux ci les attirent. Et comme la résultante de toutes les tractions exercées par ces courants de la bobine, se trouve au centre M, le commencement d'aimant *ab* est entraîné vers ce centre.

Mais à mesure que le fer pénètre, toutes ses molécules subissent successivement la même orientation. Par suite l'attraction mutuelle de l'aimant et de la bobine va en augmentant Et l'on conçoit que cette attraction n'obtiendra son effet complet que lorsque le centre *m* du fer doux coïncidera avec le centre M de la bobine.

Cette coïncidence se réalisera par quelques oscillations du barreau obéissant à l'attraction de la bobine, comme à un ressort élastique.

243. — Une question s'impose à la fin de cet article sur l'aimantation par les courants.

Cette aimantation étant une véritable induction, où donc en sont les courants induits ?

Les courants équatoriaux des sphères moléculaires orientées par le courant, c'est à-dire les courants dits d'Ampère, sont-ils donc les vrais courants induits dans ce phénomène ?

Evidemment non.

L'orientation de ces rotations équatoriales est le travail de l'induction et, comme nous l'avons expliqué, les courants induits doivent apparaître quand cette orientation *commence* et quand elle *finit*.

Si nous appliquons au noyau d'un électro-aimant, figure 89,

les explications développées numéro 223, nous dirons, qu'en s'orientant sous le joug du courant inducteur I, les files de molécules 1 et 3 vont émettre dans le circuit extérieur les courants i allant de leur pôle boréal à leur pôle austral, avant leur orientation.

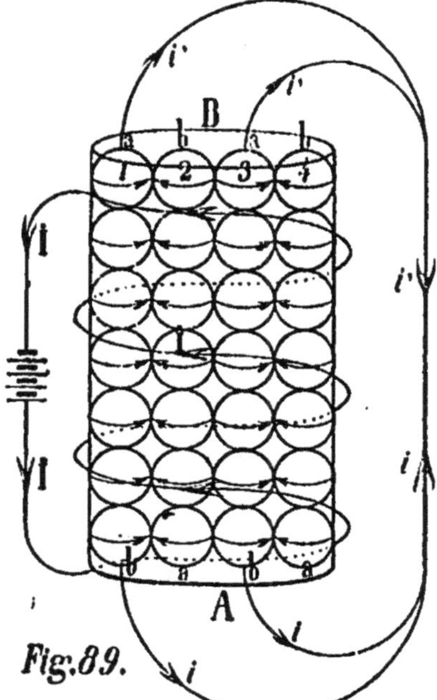

Fig.89.

Et vu qu'après leur orientation, l'extrémité N du noyau, où se trouve le pôle boréal de ces deux files, sera devenu le pôle *austral* de l'électro-aimant, nous dirons « qu'au moment où un courant est lancé dans un électro-aimant, le noyau de fer doux doit émettre un courant instantané i, allant du pôle austral au pôle boréal. »

Par suite encore nous devrons admettre que « lorsque ces deux files reprendront leur position actuelle, elles émettront un second courant instantané $i_{,}'$ allant du pôle boréal de l'électro-aimant à son pôle austral.

244. — Ces courants médullaires des électro-aimants doivent être difficiles à recueillir pour plusieurs raisons.

D'abord l'absence d'aimantation ou même l'aimantation inverse dans le centre du fer doux figure 41, dans les électro-aimants massifs, offre à ces courants un chemin tout ouvert, un accès facile, un vrai court-circuit pour se néutraliser.

En second lieu, vu que l'intensité de ces courants, comme nous l'avons dit au numéro 227, est proportionnelle à la longueur de l'induit, et que le fer des électro-aimants est toujours très court, leur intensité doit être très faible.

Quant à leur tension, par là même qu'ils sont produits dans un induit de grand diamètre, elle ne saurait non plus être très grande.

Par suite, il faudrait pour les rendre observables, fabriquer des électro-aimants très longs pour leur donner de la quantité ; — et d'un très faible diamètre pour permettre l'aimantation à saturation et leur communiquer de la tension.

Or ces conditions deviendraient très onéreuses et très encombrantes. Contentons-nous donc de l'idée théorique rationnelle que nous nous sommes faite au sujet de ces courants qui, non-seulement ne sont pas utilisables, mais sont de fait très nuisibles.

Ce sont eux, en effet, ces courants dits *courants de Foucault*, qui échauffent si pernicieusement les électro-aimants et dont on ne peut qu'atténuer les inconvénients en adoptant des noyaux formés de fils de fer ou de feuilles de tôle.

ARTICLE III.

Induction d'un aimant sur un fil.

---

245. — Soit un aimant AB et un fil RS roulé en spirale autour d'une bobine CD, figure 90.

Les courants moléculaires équatoriaux ou courants d'Ampère I, vont être ici les courants inducteurs.

A mesure que l'on introduit l'aimant dans la bobine, les molécules du fil induit subissent de plus en plus le joug de ces courants ampériens. L'induction, c'est-à-dire l'orientation des molécules du fil de la bobine va donc en grandissant jusqu'au moment où le centre m de l'aimant coïncide avec le centre M de la bobine.

Donc, d'après les principes expliqués ci-dessus, le fil induit sera le siège, pendant ces phases d'induction croissante, d'un courant i inverse des courants inducteurs I de l'aimant.

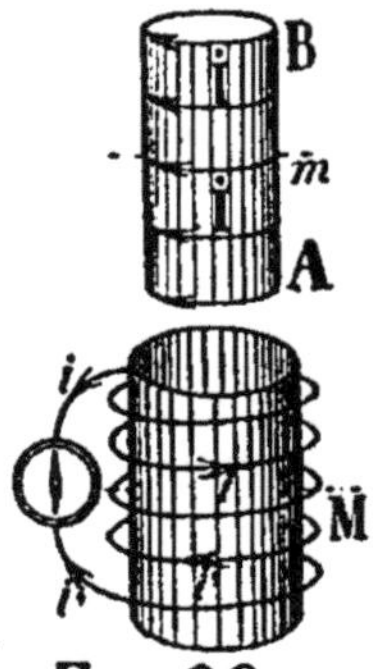

Fig. 90.

On donne ici à ce courant inverse i, le nom de courant *d'aimantation*, parce que c'est en faisant grandir l'influence inductrice de l'aimant qu'on le produit.

246. — Quelle que soit la vitesse avec laquelle on introduira l'aimant dans la bobine, l'induction totale sera toujours la même. La quantité des monades électriques mises en circulation par l'orientation successive des monades du fil induit, sera donc nécessairement invariable pour tel aimant et telle bobine déterminés ; mais

la force électromotrice avec laquelle ces monades seront émises dans le courant, dépendra de la rapidité avec laquelle l'aimant sera indroduit dans la bobine.

Que l'on imagine une seringue pleine d'eau : quelle que soit la vitesse avec laquelle on poussera le piston, la quantité d'eau expulsée sera toujours la même ; mais la force hydromotrice,et par là même la distance à laquelle sera lancé le filet d'eau dépendra de la rapidité de l'introduction du piston. C'est l'image parfaite de ce qui se passe dans le cas d'induction qui nous occupe.

247. — Tant que l'aimant reste plongé dans la bobine, aucun courant ne se manifeste. Les molécules du fil de la bobine restent orientées, immobiles, sous le joug de l'inducteur ; et c'est tout.

248. — Si l'on retire l'aimant de la bobine, n'importe par quelle extrémité. on rend successivement leur liberté à toutes les molécules du fil de la bobine : c'est la phase de leur *désorientation*.

Donc pendant l'extraction de l'aimant il y aura dans le fil de la bobine un courant i' de *même sens* que les courants inducteurs I.

On donne ici à ce courant direct i', le nom de courant de *désaimantation*, parce que c'est en supprimant l'influence de l'aimant qu'on le produit.

249. — Si au lieu d'introduire un aimant dans une bobine, on fait passer une bobine sur un aimant, figure 91, il est évident que l'induction passera exactement par les mêmes phases.

Pour simplifier la figure et l'explication, ne considérons qu'une simple boucle P R, au lieu d'une bobine, laquelle, n'étant qu'un faisceau de boucles, subit exactement les mêmes effets.

La résultante mécanique des forces inductrices de toutes les molécules élémentaires de l'aimant, est évidemment au centre XY dans la ligne dite ligne neutre. — C'est lorsque la boucle sera en XY,

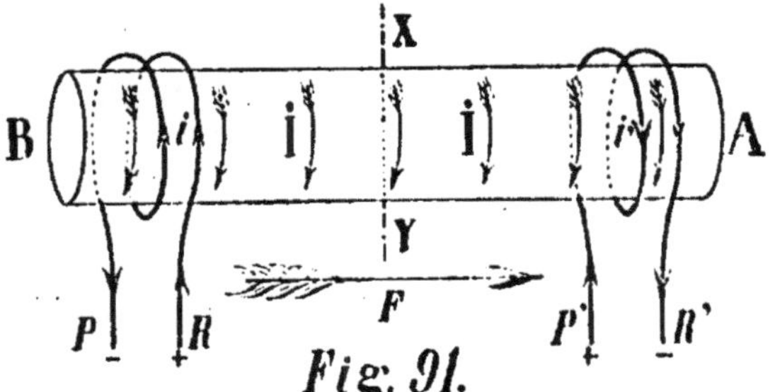

Fig. 91.

que toutes les rotations équatoriales des molécules de l'aimant agiront avec le plus d'énergie pour orienter les molécules de cette boucle.

Donc, 1° quand la boucle ira d'une extrémité de l'aimant vers le centre elle se trouvera dans une *phase d'induction croissante*; dans la phase d'*orientation* de ses molécules; et par suite elle sera le siège d'un courant i d'aimantation, *inverse* des courants inducteurs I.

Donc, 2° quand la boucle ira du centre de l'aimant vers une extrémité, elle se trouvera dans une *phase d'induction décroissante*; — dans la *phase de désorientation* de ses molécules; — et par suite elle sera le siège d'un courant i' de *désaimantation de même sens* que les courants inducteurs I.

230. — Tous ces cas d'induction que nous venons d'examiner sont plus ou moins faciles à réaliser.

Le cas d'un aimant que l'on introduirait et que l'on retirerait successivement d'une bobine, ne s'obtiendrait que par un mouvement de va-et-vient toujours désastreux au point de vue mécanique. Il serait ici d'autant plus désastreux que la force électromotrice dépend, comme nous l'avons dit, de la rapidité de l'introduction et de l'extraction de l'aimant. C'est pourquoi l'on a substitué la disposition suivante à celle de la figure 90.

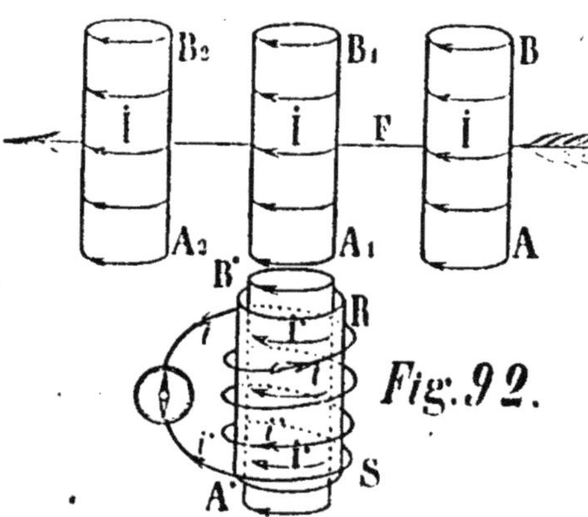

Fig. 92.

Soit une bobine RS, figure 92, dans laquelle se trouve fixé un noyau de fer doux.

Faisons passer un aimant AB au-dessus de ce fer doux, dans le sens F.

Dans la position AB, le fer doux de la bobine sentant déjà l'influence de l'aimant, commence à devenir lui-même un aimant A'B' dont le pôle boréal est tourné vers le pôle austral de l'aimant.

A mesure que l'aimant approche de la position A_1B_1, l'orientation des molécules du fer doux, c'est-à-dire son aimantation va en grandissant. C'est donc absolument comme si l'on *introduisait* un aimant dans la bobine.

Les courants d'Ampère I' du fer doux, induits par ceux de l'aimant, sont à leur tour inducteurs par rapport aux molécules du fil. Or leur intensité va en augmentant :

— Donc pendant que l'aimant va de AB en A_1B_1, il se produit dans la bobine un courant d'aimantation i inverse de I'.

251. — Après avoir passé en A_1B_1, l'action inductrice de l'aimant sur le fer doux diminue. La phase de désaimantation du fer doux commence donc. C'est donc absolument comme si l'on retirait un aimant de la bobine.

— Donc pendant que l'aimant s'éloigne de A_1B_1 en A_2B_2, il se produit dans la bobine un courant de désaimantation i' de même sens que I'.

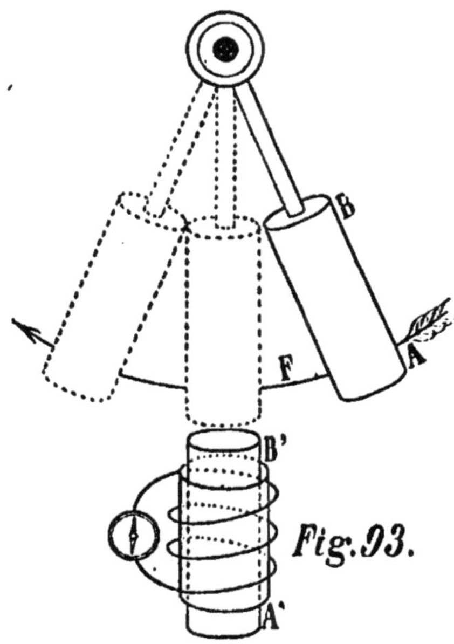

Fig. 93.

252. — Si de la position A_2B_2, figure 92, on faisait revenir l'aimant vers la droite, on retomberait dans l'inconvénient mécanique du va-et-vient imprimé à une masse pesante. La logique indique donc qu'il faut continuer à faire tourner l'aimant inducteur dans le sens F, figure 93.

Comme d'ailleurs l'influence inductrice de cet aimant ne pourrait se faire sentir au fer doux d'une seule bobine induite, pendant toute sa rotation, on est conduit à disposer plusieurs bobines induites autour du cercle décrit par l'aimant inducteur.

Puis, pour ne pas laisser ces induits inactifs pendant une grande partie de la rotation de l'inducteur, on met autant d'inducteurs que d'induits.

Telle est l'idée mère des machines électriques que nous étudierons plus loin.

253. — Soit un fil RS, figure 94, que nous allons faire passer de la position RS à la position R_1S_1, soit par le côté F, soit par le côté F'.

Au numéro 214, figure 69, nous avons vu que le maximum d'attraction ou de répulsion d'un aimant sur un courant a lieu suivant la ligne perpendiculaire au milieu de l'axe de cet aimant — et que le minimum d'attraction et de répulsion a lieu suivant l'axe polaire xy.

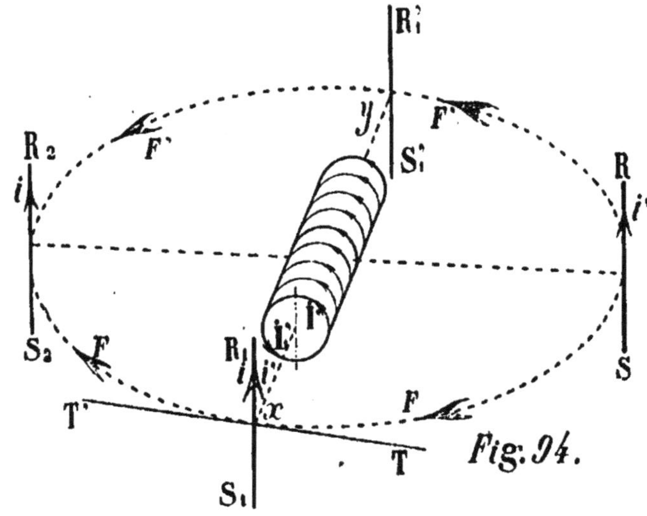

Fig. 94.

Nous devons en conclure que dans la position RS, les molécules du fil induit subissent, au *maximum*, l'induction de tous les courants ascendants I de l'aimant.

Donc si nous déplaçons ce fil induit, vers R_1S_1, par exemple, il va se trouver dans une phase d'induction *décroissante*; et ses molécules vont se *désorienter*.

— Donc pendant que le fil induit RS ira en R_1S_1, il sera le siège d'un courant de désaimantation, lequel par conséquent sera de même sens que les inducteurs I'. Dans le cas de la figure, le courant induit *i'* sera donc ascendant. »

254. — Dans la position R_1S_1, le fil quitte le joug des courants ascendants de droite I', pour entrer sous le joug des courants descendants de gauche I'_1; et ce nouveau joug va aller grandissant jusqu'à ce que l'induit arrive en R_2S_2.

Donc si nous continuons à déplacer le fil de R_1S_1 en R_2S_2, il va se trouver dans une phase d'induction *croissante*; et ses molécules vont prendre une nouvelle *orientation* inverse de la précédente.

« Donc pendant que le fil ira de R_1S_1 à R_2S_2, il sera le siège d'un courant d'aimantation, lequel par conséquent sera inverse des inducteurs I_1. Dans le cas de la figure, le courant induit *i* sera donc encore ascendant.

255. — Donc les deux courants induits dans le fil pendant son passage de RS en R_1S_1 seront de *même sens*.

Ils seront *ascendants*, si l'induit va du côté de l'aimant où les courants ampériens sont *ascendants* vers le côté où ces courants sont descendants ; et *descendants* dans le cas contraire.

256. — Or, pour qu'un induit subisse ces deux phases d'induction il n'est nullement nécessaire qu'il parcoure le demi-cercle complet de RS en R_1S_1; — ni même qu'il décrive un arc de ce demi-cercle.

Il suffit évidemment qu'il passe devant le pôle suivant la tangente TT'.

Pourvu qu'il se déplace à droite et à gauche de la ligne xy, — il s'éloignera d'un maximum pour se rapprocher d'un autre maximum, en passant par deux minima réunis en un seul point.

— Donc si on fait passer un fil devant un pôle d'aimant, fig. 95, le courant induit sera de même sens pendant tout le trajet : — et son sens sera celui du courant d'Ampère situé du côté du pôle par lequel il l'aborde.

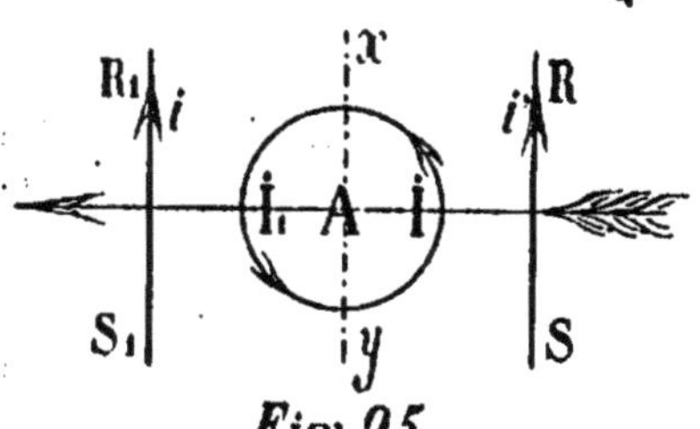

Fig. 95.

Ainsi, si RS va en R_1S_1, le courant induit sera *ascendant* parce que le courant I situé du côét de son arrivée, est *ascendant*. Et si R_1 S_1 vient en RS, le courant induit sera *descendant*, parce que I_1 l'est également.

Cette analyse nous donne la solution logique d'un cas d'induction dont aucun électricien n'avait encore pu rendre compte (1).

---

(1) J'ai cru longtemps, avec tous les électriciens, que le maximum d'induction d'un aimant sur un fil, avait lieu lorsque ce fil se trouvait en face du *centre* du pôle d'aimant.

Hanté de cette idée d'une part, et soupçonnant d'ailleurs, comme je viens de l'exposer en ce chapitre, que l'induction est due aux attractions entre les molécules pondérables électrisées, tendant à harmoniser leurs mouvements dans le même sens, je fis une première analyse qui me donnait bien dans le fil un courant de même sens pendant les deux phases de son rapprochement et de son éloignement du pôle d'aimant.

Mais étant admis que le maximum d'induction avait lieu en face du centre du pôle, je devais en conclure logiquement que RS, figure 95, abordant des courants ascendants I, et s'engageant dans une induction *croissante*, était le siège d'un courant *inverse* des inducteurs et par conséquent *descendant*. — Le courant induit après le passage en xy devait de même être *descendant*, puisque R_1S_1 entrant dans une induction décroissante, le courant était de *même sens* que les inducteurs I_1.

Mais alors, me suis-je dit, pourquoi donc une aiguille aimantée, mise en présence d'un courant ascendant ou descendant, ne vient-elle pas présenter *l'un de ses pôles*

257. — Si au lieu d'un fil, nous faisons passer une boucle CG, ou une bobine, devant un pôle d'aimant, figure 96, les demi-spires antérieures GF, ED, passeront par les mêmes phases d'induction que les demi-spires postérieures CD, EF ; mais avec une grande différence d'intensité, vu que les spires postérieures passent beaucoup plus près du pôle inducteur que les spires antérieures.

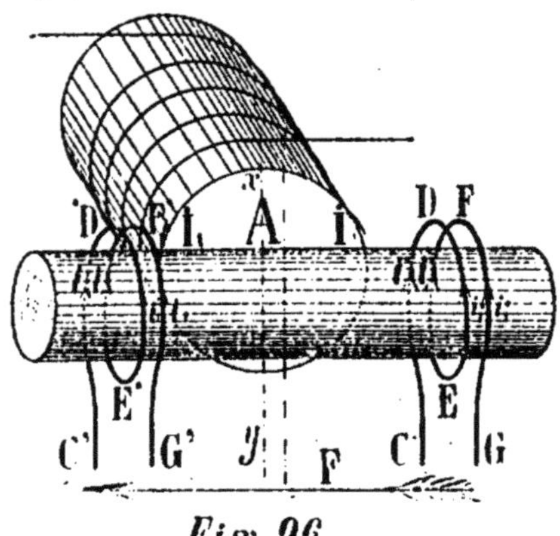

Fig. 96.

Les courant i_i' et i_i sont donc beaucoup plus faibles que i' et i ; et par suite, les courants différentiels prédominants sont fournis par les courants postérieurs i, i' et sont par conséquent tels que l'analyse nous les a indiqués.

258. — Au lieu de faire passer un fil devant un pôle d'aimant, faisons-le passer entre les branches d'un aimant coudé en fer à cheval, figure 97.

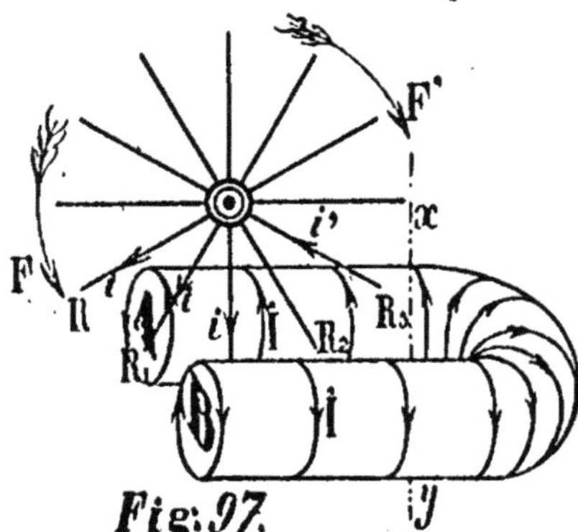

Fig. 97.

L'analyse du numéro 215, figure 70, nous a montré que tous les courants d'Ampère sont de même sens dans *l'intérieur* d'un aimant en fer à cheval. Dans la figure 97 ils sont tous ascendants.

Dans ces conditions, la résultante de toutes les actions inductrices de ces courants n'est plus au milieu M de l'aimant, mais quelque part comme en xy.

à ce courant ? Pourquoi au contraire éloigne-t-elle toujours le plus possible ses pôles de ce courant en se mettant *en croix* avec lui ?

Evidemment elle prend la position où l'attraction est maxima entre elle et le courant. Donc aussi c'est là qu'a lieu le *maximum* de son action inductrice sur un fil conduit.

Tel est le raisonnement qui m'a conduit à l'analyse de la figure 69 ; — et à la solution vraie du cas d'induction de la figure 96, absolument incompréhensible dans l'hypothèse de la coïncidence du maximum d'induction avec le centre d'un pôle d'aimant.

La roue de Barlow pourrait servir à déterminer ce point d'attraction maxima; car elle cessera de tourner quand son rayon vecteur du courant coïncidera avec cette position.

Quoiqu'il en soit, si nous disposons les fils induits rayonnant autour d'un axe de rotation, on conçoit que le rayon R, par exemple, tournant dans le sens F, va s'engager sous le joug d'une haie de courants ascendants; — que ce joug ira grandissant jusqu'en R_2, par exemple; et que là, — le rayon commençant à émerger de l'aimant, l'induction entrera dans une phase décroissante qui s'éteindra en R_3.

— Donc de R en R_2, le rayon sera le siège d'un courant d'aimantation i inverse des inducteurs. — Et de R_2 en R_2 il sera le siège d'un courant de désaimantation i' de même sens que les inducteurs.

Si on fait tourner les rayons dans le sens F′, de R_3 en R_2 le rayon s'engage sous le joug de courants ascendants; et de R_2 en R il se dégage de leur joug.

— Donc avec la rotation dans le sens F′, les deux courants induits précédents seront changés. De R_3 en R_2 le courant sera descendant, et de R_2 en R il sera ascendant.

ARTICLE IV.

Induction d'un aimant sur des masses métalliques ou autres

---

259. — Si au lieu d'une série de rayons isolés on fait tourner un disque de cuivre rouge, l'induction de l'aimant ou de l'électro-aimant sur les molécules de ce disque dépendra de la manière dont les pôles embrasseront les faces du disque.

Dans le cas de la figure 98, l'induction doit naturellement se produire suivant la corde située dans le plan des branches de l'aimant, comme l'indique la figure.

Chaque branche ayant une influence prépondérante sur les molécules superficielles du disque, il est très probable que la double induction de ces deux branches a pour résultat de former deux aimants intérieurs *ab* et *a′b′* réunis par leurs pôles contraires.

260. — Quoiqu'il en soit, si nous assimilons ce cas à celui de la figure 97, en considérant le disque comme composé d'un

nombre infini de rayons juxtaposés et subissant successivement les mêmes inductions que les fils de cette figure 97, nous dirons :

1° Que la rotation dans le sens F donnera le courant i' descendant, *inverse* des inducteurs, parce que les rayons de molécules en passant entre les branches de l'aimant vont vers un maximum d'induction.

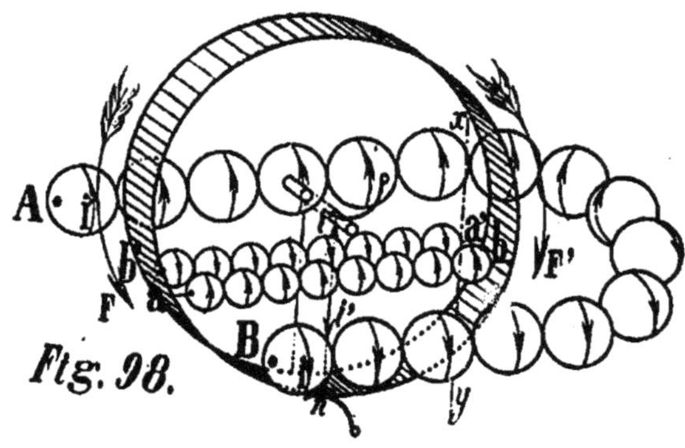

2° Que la rotation dans le sens F′ donnera le courant i ascendant comme les inducteurs, parce que les rayons de molécules entrant brusquement dans le maximum d'induction en xy, se désorientent en sortant du fer à cheval.

261 — Remarquons que l'orientation subite des molécules quand elles pénètrent par la rotation F′, dans l'endroit ou l'induction est maxima ; — et leur désorientation subite quand elles émergent de cet endroit par la rotation F, doivent produire deux courants induits inverses des précédents. Ces deux courants doivent certainement exister, car il ne peut y avoir désorientation, désaimantation des molécules sans qu'elles aient subi une orientation, une aimantation préalable.

J'imagine donc que ces appareils ne sont *unipolaires*, c'est-à-dire ne donnent qu'un seul courant de même sens, que parce que l'on néglige de recueillir les deux courants inverses nécessairement présents dans tout phénomène d'induction qui commence, grandit, diminue et finit.

Les deux courants négligés ici doivent avoir évidemment la même intensité que les deux autres ; mais leur tension doit être plus grande, puisque la phase d'aimantation ou de désaimantation qui les produit dure moins longtemps que l'autre.

Je laisse aux heureux expérimentateurs qui ont ces appareils sous la main, à vérifier ces idées théoriques.

Qu'ils voient donc en promenant le balai collecteur sur le contour du disque, s'ils ne rencontreront pas quelque part, aux environs de xy, un courant contraire à celui que l'on recueille au point n. — La direction que je suppose au courant i est elle-même à vérifier.

262. — Dans le cas de la figure 99, les pôles étant en face l'un de l'autre, l'induction doit se concentrer sur la portion du disque située entre les deux pôles.

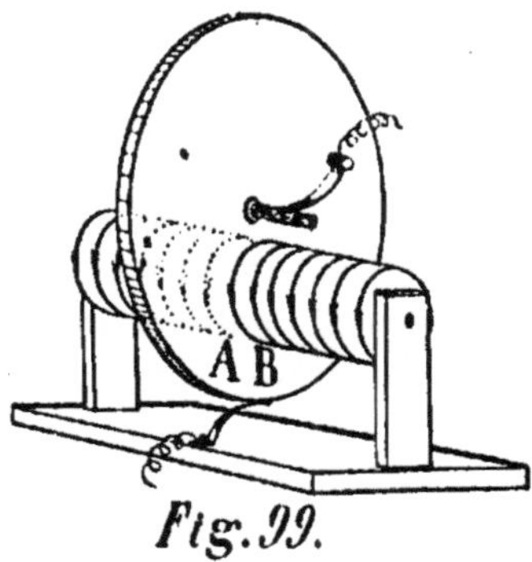

Fig. 99.

Si l'induit était un simple fil, comme dans la figure 97, l'induction donnerait les résultats analysés aux numéros 257 et suivants ; mais les molécules induites faisant ici partie d'une grande masse de cuivre, obéissent plus librement à l'orientation que les pôles leur imposent.

Pour nous en rendre compte, grossissons l'épaisseur du disque, comme l'indique la figure 100.

Je ne représente que deux files de molécules, mais il est évident que toutes les files situées dans le prolongement des cylindres subissent la même orientation.

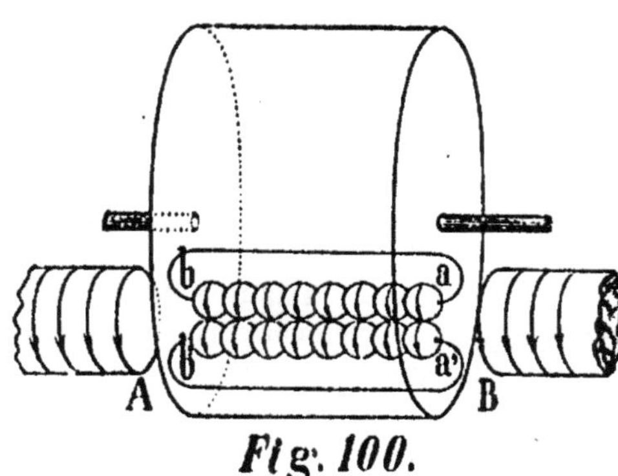

Fig. 100.

Si nous en jugeons par analogie avec le cas de la figure 79, nous dirons que cette orientation a dû émettre un courant induit allant de la face du disque qui est tournée vers le pôle boréal B, à la face qui est tournée vers le pôle austral.

Ce courant est évidemment mis en court circuit immédiat par la masse du cuivre environnant les molécules orientées.

Quand, par la rotation du disque, ces files de molécules seront soustraites à l'induction des pôles, elles donneront, en se désorientant, un courant inverse du premier.

263. — Les remarques théoriques faites aux numéros 260 et 261 au sujet de la figure 97, peuvent se répéter ici.

Si nous assimilons ce cas de la figure 100 à celui de la figure 95, nous dirons que la rotation descendante en avant de la figure donnera un courant continu *descendant*, parce que les courants d'Ampère sont descendants du côté antérieur des pôles par lequel les rayons de molécules s'engagent entre les pôles ; — et que, pour une raison semblable, la rotation ascendante en avant de la figure donnera un courant ascendant.

264. — Si l'on dispose les armatures des deux pôles de manière à embrasser la moitié du disque, comme l'a fait Foucault, dans l'appareil de la figure 101, les deux formes d'induction que nous venons d'examiner peuvent se produire dans le disque.

Les courants induits doivent donc s'y embrouiller d'une façon inextricable, sans qu'on puisse dire où se trouve un pôle positif ou un pôle négatif.

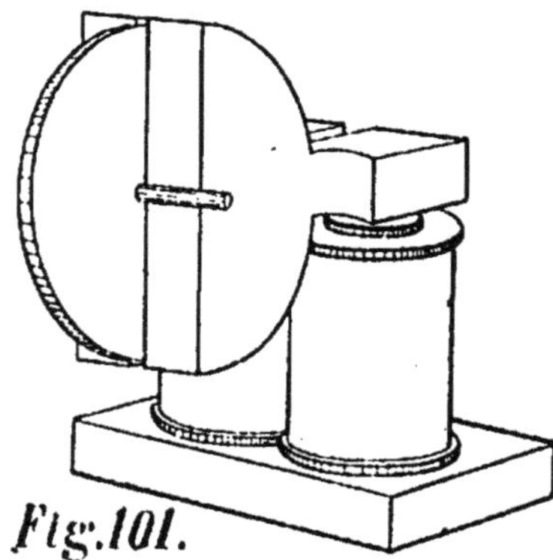
Fig. 101.

Ce qui semble certain, c'est que les molécules de ce disque — sont orientées par les pôles de l'électro-aimant, comme le seraient les molécules d'une plaque de fer doux.

MM. Parquer et Duhem ont en effet confirmé par des expériences récentes, l'explication du *diamagnétisme* donnée par M. E. Becquerel.

Au lieu d'admettre avec Faraday une propriété nouvelle de la matière, à savoir la *répulsion* entre le fer aimanté et quelques autres corps tels que le bismuth, le plomb, l'argent, le zinc et le cuivre, on a trouvé qu'il faut assimiler cette répulsion apparente à celle que des esprits superficiels seraient tentés d'admettre en voyant un ballon s'éloigner de la terre.

Ce ballon ne s'éloigne du centre de l'attraction terrestre, que parce que l'air dans lequel il est plongé est plus attiré que lui.

Ainsi M. Becquerel a constaté que le zinc repoussé par le fer aimanté, quand il est plongé dans l'air, est attiré par lui, quand il est plongé dans l'eau.

D'autre part, M. Dove, ayant étudié à l'aide de l'Inducteur différentiel, l'action des courants d'induction sur les métaux dits *non magnétiques* à savoir sur le bismuth, le plomb, le cuivre, l'étain, etc. a cru pouvoir conclure de ses expériences qu'ils se comportent *comme le fer doux.*

. Monsieur Bréguet ayant fait tourner des lames de ces mêmes métaux devant les pôles d'un aimant dont les branches étaient enveloppées de bobines, a trouvé également qu'ils produisent *tous*, plus ou moins, dans les bobines, *comme le fer doux*, des courants induits dûs aux modifications que leur passage faisait subir au champ magnétique de l'aimant.

Tout cela nous autorise à expliquer, comme nous venons de le faire, tous les phénomènes d'induction par les aimants ou électro-aimants sur le cuivre.

265. — Prétendre les expliquer par les courants induits uniquement est, je le crois, une erreur.

Un courant induit ne doit pas être l'objet direct de l'induction. Cette électricité mise en disponibilité n'est que l'indice d'un travail principal, dans lequel les électricités, contraires à celles que l'on trouve libres, ont disparu ; — absolument, je le répète, comme les électricités dégagées dans la combustion de l'hydrogène par l'oxygène sont ; — la négative libérée du côté de l'hydrogène électro-positif ; — et la positive libérée du côté de l'oxygène électro-négatif.

Le travail principal dans l'induction doit être, comme je l'ai dit, l'orientation des molécules de l'induit.

Quand cette orientation se fait, les électricités qui ne servent pas à ce travail sont mises en circulation de part et d'autre ; — et quand elle se défait, ce sont les électricités qui y ont servi qui se retrouvent en disponibilité.

Les courants dits induits, véritables résidus de l'induction entre corps pondérables, ne peuvent donc exister qu'autant qu'il y a un changement de polarité moléculaire dans l'induit ; ce qui exige, pour les cas qui nous occupent, qu'il y ait changement de position, rapprochement ou éloignement de cet induit par rapport à l'inducteur.

Mais revenons à l'analyse du phénomène du disque de Foucault.

266. — Ce n'est que dans la partie du disque comprise entre les pôles de l'électro-aimant que l'orientation des molécules a lieu ; et dès que la rotation a soustrait cette partie à l'influence des pôles, les molécules reviennent à leur orientation naturelle, ou plutôt, en vertu de la réaction, à une orientation opposée à celle qui leur a été imposée par l'aimant.

Il y a donc dans la masse du disque un changement de polarité des molécules d'autant plus rapide que la rotation est plus accélérée. Or tous ces mouvements des molécules élémentaires ne peuvent se réaliser sans frottements. Outre les vibrations dues à la neutralisation des courants électriques analysés ci-dessus, il y a donc là une seconde source de chaleur : *le frottement des molécules.*

267. — Il est évident que les deux orientations décrites dans les figures 98 et 100, ont pour résultat une véritable attraction magnétique entre le secteur orienté et les pôles de l'aimant. C'est cette attraction qu'il faut vaincre quand on veut faire tourner le disque. Mais, comme le nouveau secteur amené par la rotation à la place du premier se trouve lui-même aussitôt dans le même état magnétique, — la rotation du disque constitue un véritable travail, consistant à arracher à l'attraction des deux pôles de l'électro-aimant, une série de petits aimants qui se renouvellent sans cesse.

La force coercitive n'existe sans doute pas dans le cuivre rouge comme dans le fer ; mais cependant la force avec laquelle la cohésion accole les molécules l'une à l'autre doit s'opposer plus ou moins au retour à leur orientation naturelle. Et cette petite difficulté de frottement moléculaire, par là même qu'elle tend à maintenir les molécules dans leur orientation magnétique, augmente par là même la difficulté que l'on éprouve à tourner le disque.

Telle est l'analyse physique de ce qui se passe dans cette expérience imaginée par Foucault et qui se rattache à l'expérience suivante faite par Arago.

268. — Un barreau aimanté AB est mobile sur un pivot au dessus d'une plaque de cuivre CD à laquelle on peut imprimer un mouvement de rotation.

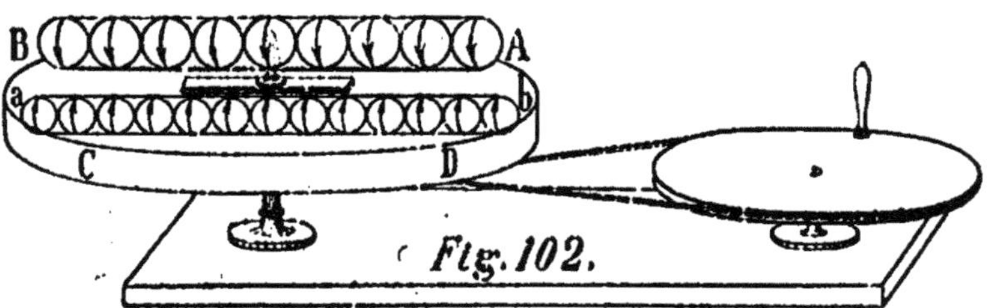

Fig. 102.

Si le barreau est assez puissant et assez rapproché du disque il est évident qu'il y oriente les molécules de manière à y former un aimant inverse *a b*.

A l'instant, où l'orientation s'opère, un courant induit instantané allant de *b* en *a* se produit, mais se neutralise immédiatement dans la masse du disque. Ce n'est pas ce courant éphémère qui, comme Faraday l'a prétendu, détermine l'entraînement du barreau par le disque.

A ce courant instantané, survit l'aimant *a b* dont la formation l'a produit, et c'est évidemment cet aimant qui est le véritable trait d'union entre l'aimant AB et le plateau CD.

Si on tourne assez lentement pour permettre aux molécules *a'b'* de reprendre peu à peu leur orientation naturelle, et aux molécules du nouveau diamètre qui vient prendre leur place, de s'orienter insensiblement, *le barreau reste à peu près immobile.*

Si on tourne de telle sorte que le diamètre *a b* décrive par exemple un angle de 20° pendant le temps nécessaire à la désorientation des premières molécules induites et à l'orientation des nouvelles, — l'aiguille tournera d'un certain angle, puisque les pôles *a'b'* l'attirent vers cet angle de 20°. —

Enfin si l'on tourne très rapidement le disque CD, le barreau finira par être entraîné dans une rotation complète.

Arago avait découvert cette induction en remarquant qu'une aiguille aimantée, au lieu de 300 oscillations n'en faisait plus que 4, quand on en approchait une masse de cuivre rouge.

Mais, je le répète, cette attraction n'est nullement due aux courants induits ; car, quand la rotation est très rapide, et que le barreau aimanté tourne avec le disque, — les courants induits, qui ne se produisent qu'à l'instant des interversions polaires des molécules, doivent être très faibles ; ces interversions étant alors presque nulles.

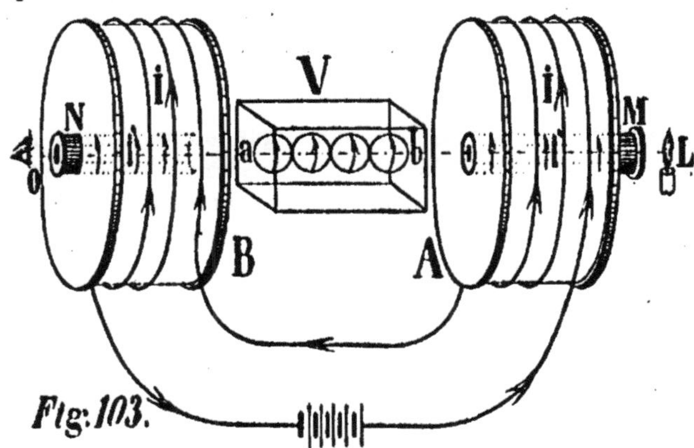

Fig. 103.

269. — Soit un parallélipipède de verre V, figure 103, posé

entre les deux pôles d'un fort électro-aimant, dont les noyaux en fer doux sont creux.

Dans l'intérieur du pôle A se trouve logé un premier prisme de Nicol M, servant à polariser la Lumière de la source L.

Dans l'intérieur du pôle B est inséré un second prisme de Nicol destiné à analyser la lumière polarisée par le prisme M après que cette lumière a traversé le corps transparent interposé entre les deux pôles.

Comme on le voit dans la figure, le courant inducteur I de la pile détermine dans les deux noyaux des courants ampériens I' de même sens que lui.

Ces courants I des deux bobines ou solénoïdes, et ces courants I' des deux noyaux, sont donc tous d'accord pour induire dans le même sens les molécules du verre V.

Ces molécules s'orientent donc de manière à tourner elles-mêmes, comme leurs voisines de droite et de gauche, c'est-à-dire de manière à former un aimant élémentaire ayant ses pôles de noms contraires opposés à ceux de l'électro-aimant.

Or, comme je l'ai établi dans mon traité de la Lumière, ce sont *ces molécules pondérables* elles mêmes qui vibrent dans les corps transparents.

La théorie qui laisse ces molécules pondérables à l'état de points géométriques immobiles, pour n'attribuer les vibrations lumineuses qu'à l'éther impondérable formant une atmosphère autour de ces points géométriques, ne supporte pas l'examen.

Les impasses où se sont trouvés acculés des esprits supérieurs comme Fresnel, Cauchy et autres, quand ils ont voulu tirer de ces atmosphères d'éther condensées ou raréfiées l'explication mécanique des vibrations lumineuses polarisées ou non polarisées, prouvent que l'on s'est égaré en n'attribuant pas ces vibrations *aux molécules pondérables elles-mêmes*.

Au contraire, quand on admet que les molécules pondérables des corps transparents sont des sphères ou des sphères modifiées par la cohésion, aptes à vibrer à l'unisson avec les molécules d'éther impondérable, l'explication de tous les phénomènes devient logique, simple et claire.

Ainsi dans le cas présent, si l'on admet que ce sont les molécules de silicate de soude *b a* qui reçoivent et transmettent les vibrations polarisées par le prisme M, rien de plus naturel que d'en conclure :

1° Qu'il n'y aura pas double réfraction, puisque les molécules restent à l'état de *sphères* ; c'est-à-dire conservent la même élasticité dans tous les sens.

2° Que cette file de molécules qui reçoivent le rayon polarisé par leur pôle boréal, doivent faire dévier ce plan en sens inverse des aiguilles d'une montre, pour l'observateur qui regarde en O ; puisque toutes elles tournent dans le sens du courant inducteur I.

3° Que si l'on chauffe le verre, la rotation du plan de polarisation augmentera, car la chaleur diminuant la cohésion, c'est-à-dire le frottement des molécules entre elles, leur donne une plus grande liberté pour obéir à l'orientation que l'électro-aimant leur impose.

4° Que cette déviation ne doit pas être considérable parce que la rotation équatoriale des molécules, véritable cause de la déviation du plan de polarisation, n'est que la résultante du parcours de *tous ses méridiens*, figure 32 ; — tandis que la lumière est une simple vibration de la sphère moléculaire.

5° Que si un rayon R, figure 104, est réfléchi deux fois à l'intérieur du bloc de verre soumis à l'action de l'électro-aimant, de manière à en traverser trois fois l'épaisseur, — le plan de polarisation sera dévié trois fois plus que pour une seule traversée. —

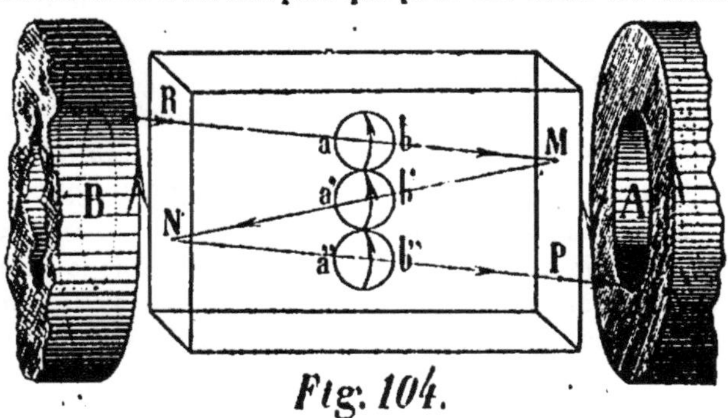

Fig. 104.

Pour comprendre ceci, remarquons qu'un rayon qui rebondit contre un obstacle par réflexion, *ne fait pas volte-face*; que par conséquent, — *qu'on me passe cette figure de réthorique* — s'il donne de la face en M, il donnera du dos en N et encore de la face en P.

S'il marche en avant de R en M, il marchera à reculons de M en N, et en avant de N à P.

Par conséquent sa droite et sa gauche ne changent pas pour un observateur qui le verrait du point A.

Cela posé, on voit qu'à son passage dans les 3 molécules *ab*, *a'b'*, et *a''b''*, il est dévié à chaque fois sur sa gauche.

— Donc la déviation totale du plan de polarisation doit être proportionnelle au nombre des traversées du cristal.

270. — Dans un crista l de quartz au contraire, j'ai montré dans mon explication physique de la Polarisation rotatoire, que les molécules sont comprimées par la cohésion de telle sorte que leur élasticité les constitue en véritables hélices droites ou gauches.

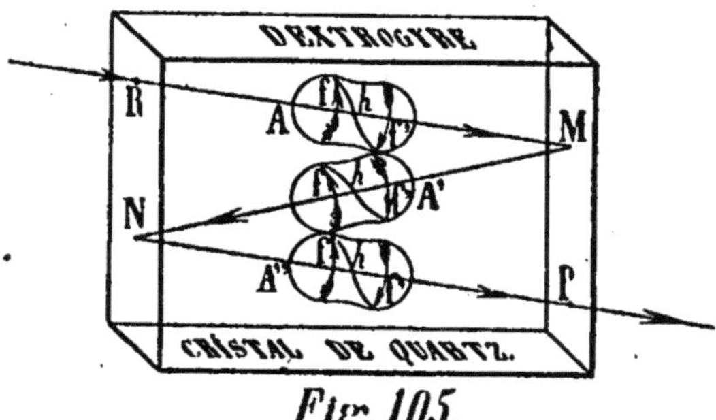

Fig. 105.

Dans la figure 105, l'hélice *h* des molécules est *droite*.

Que l'on comprime ces molécules suivant leur axe, et on verra que les deux régions polaires se tordront l'une sur l'autre, en sens inverses, dans le sens des flèches *f* et *f'*.

Si donc une vibration lumineuse polarisée vient comprimer la molécule par son pôle A, le plan de polarisation sera dévié dans sens de la flèche *f*.

Or si un observateur situé en M regardait ce phénomène, il verrait la déviation se faire dans le *sens des aiguilles d'une montre*, cette molécule est donc celle d'un cristal dextrogyre.

Si au lieu de sortir en M, le rayon revient, *à reculons*, à travers le cristal en N, la vibration attaquant cette fois le pôle A', le plan de polarisation dévie dans le sens *f'* — donc en sens inverse de la première déviation qui s'est faite en A dans le sens *f*. —

Il s'en suit que si le nombre des traversées exécutées par le rayon lumineux est *pai r*, le plan de polarisation est le même en sortant qu'en entrant ; — et que si le nombre des traversées est *impair*, la déviation ne sera ni plus ni moins accentuée que pour une seule traversée.

APPENDICE DE L'INDUCTION

Loi de Lenz.

271. — En examinant tous ces phénomènes d'induction au point de vue du grand principe de l'attraction entre courants de

même sens et de répulsion entre courants de sens contraires, on trouve qu'ils suivent une loi commune.

Pour saisir cette loi, rappelons les principaux phénomènes.

1° Quand on *rapproche* le fil induit du fil inducteur, numéro 234, il y naît un courant *inverse* de l'inducteur.

Or si ces deux courants inverses étaient libres de leurs mouvements, ils *s'éloigneraient* l'un de l'autre.

Donc en rapprochant les deux fils, on produit un courant qui les éloignerait.

2° Quand on *éloigne* le fil induit du fil inducteur, numéro 237, il y naît un courant de *même sens* que l'inducteur.

Or si ces deux courants de même sens étaient libres de leurs mouvements, ils se *rapprocheraient* l'un de l'autre.

Donc en éloignant les deux fils, on produit un courant qui rapprocherait.

3° Quand on *introduit* un aimant dans une bobine, numéro 249, il apparaît dans la bobine un courant de *même sens*, que ceux d'Ampère.

Or, au numéro 246 nous avons vu que lorsque les courants d'un aimant et ceux d'une bobine sont de même sens, l'aimant est *attiré* dans la bobine; et que par contre, lorsqu'ils sont de sens contraires, l'aimant est *repoussé* hors de la bobine.

— Donc en *introduisant* un aimant dans une bobine on produit dans la bobine un courant qui l'en ferait *sortir*.

4° Si on *retire* un aimant d'une bobine, numéro 252, il naît dans la bobine un courant de même sens que ceux de l'aimant.

— Donc en *retirant* un aimant d'une bobine on y produit un courant qui l'y ferait *entrer*.

5° En faisant passer un fil d'un côté à l'autre d'un aimant par devant le pôle austral, en allant de *droite à gauche*, numéro 257 et 258, on y fait naître un courant vertical.

Or d'après le numéro 214 un courant vertical serait amené par l'aimant de *gauche à droite*.

— Donc quand on fait passer un fil devant un pôle d'aimant de *droite à gauche*, il y naît un courant qui le ferait aller de *gauche à droite* et réciproquement. —

272 — Ces exemples suffisent pour nous permettre de formuler la loi suivante dite *Loi de Lenz*.

— Quand on fait subir à un fil induit un mouvement déterminé par rapport à un inducteur, il y naît un courant tel, que s'il était libre, il imprimerait à cet induit un mouvement contraire à celui qu'on lui impose.

273. — N'oublions pas que les courants induits ne sont que les *résidus* de l'induction véritable, laquelle consiste essentiellement dans le travail physique de l'orientation et de la désorientation des molécules de l'induit.

Sans cela la loi de Lenz ne serait que l'énoncé de phénomènes inconcevables par leurs contradictions. Il semble en effet contraire au bon sens d'admettre que lorsque j'approche un induit d'un inducteur, l'effet *direct* de ce rapprochement soit une répulsion entre l'inducteur et l'induit ; — et que, lorsque j'arrache cet induit à son inducteur, l'effet direct soit cette fois une attraction entre les deux. Si l'inducteur repousse l'induit pendant que je l'en approche, pourquoi donc veut-il le retenir quand je prétends l'en éloigner ?

Cette contradiction manifeste ne permet pas de regarder les deux courants produits pendant l'induction magnétique comme étant les effets directs de cette induction.

La loi de Lenz ne doit donc pas être regardée comme une expression vraie de l'induction. Elle n'est qu'une remarque sur les circonstances qui accompagnent invariablement les deux phases de toute induction : la phase d'orientation et la phase de désorientation des molécules.

274. — Pour nous rendre bien compte du travail mécanique que nous devons réaliser dans les phénomènes d'induction, nous pouvons comparer la sphère d'action d'un inducteur, ce qu'on appelle son champ magnétique, à un moule dans lequel nous devons faire pénétrer la matière de l'induit pour lui donner une forme nouvelle ; — puis l'en retirer, pour lui permettre de reprendre sa forme première.

Nous devons forcer l'induit à entrer sous le joug de l'inducteur ; puis nous devons l'arracher à ce joug.

C'est à nous de mettre cet induit dans les conditions voulues pour que les deux forces naturelles de l'attraction dite magnétique et de l'attraction dite de cohésion puissent agir sur lui tour-à-tour ; absolument comme c'est à nous, si nous voulons faire travailler la pesanteur, de soulever d'abord à telle hauteur le corps dont nous désirons utiliser la chute.

Ici l'orientation des molécules par la force magnétique et leur désorientation par la force de cohésion sont absolument assimilables au cas où nous pourrions provoquer alternativement *l'asso-*

ciation et la *dissociation* de deux corps chimiques, en recueillant les *deux courants inverses* qui accompagnent ces deux phénomènes inverses.

Remarquons qu'à ce point de vue l'induction magnétique est bien supérieure à la pile, comme source électrique.

Dans la pile, nous avons bien l'*association* de l'oxygène et du zinc d'une part; — et la *dissociation* du dépolarisant de l'autre. Mais ces deux phénomènes ne nous donnent qu'*un seul* courant électrique; le second se neutralisant dans la combustion de l'hydrogène de l'eau par l'oxygène du dépolarisant, voir figure 20.

Dans l'induction, au contraire, chacun des deux phénomènes provoqués nous donne son courant, car ils se font successivement; tandis que dans la pile la dissociation du dépolarisant n'étant que l'auxiliaire nécessaire de l'association du zinc et de l'oxygène, les deux phénomènes n'en font qu'un.

275. — La Loi de Lenz peut nous servir à prévoir des cas d'induction que le raisonnement direct ne pourrait trouver que difficilement.

Ainsi la figure 73 nous a montré un disque dont l'axe de rotation coïncide avec l'axe des deux pôles inducteurs, tournant dans le sens des deux courants d'Ampère de ces pôles, quand le courant est lancé dans ce disque de la circonférence vers l'axe.

Donc, d'après la loi de Lenz, si au lieu de lancer un courant dans ce disque, nous le faisons tourner en sens inverse des courants d'Ampère des pôles voisins, il y naîtra un courant induit allant de la circonférence à l'axe.

276. — Le raisonnement direct n'arriverait pas facilement à cette conclusion.

La raison en effet nous dit que pour qu'il y ait dégagement d'électricité, il faut qu'il y ait un travail physique d'organisation ou de désorganisation des corps; — une combustion de deux éléments ou leur dissociation; — une orientation des molécules ou leur désorientation. Or quand on examine la rotation du disque placé dans les conditions de la figure 73, on ne saisit pas tout d'abord comment il peut y avoir là orientation et désorientation successives des molécules de l'induit.

277. — Soit figure 106, un induit placé dans le champ magnétique d'un aimant AB. (1)

---

(1) Remarquons que cet aimant induit *ab*, en s'orientant du pôle A au pôle B forme avec le fer à cheval de l'inducteur une sorte de couronne dans l'intérieur de laquelle *tous le courants sont de même sens*.

C'est probablement dans cette orientation des courants *équatoriaux* des molécules, plutôt que dans celle des pôles moléculaires que consiste la véritable induction d'un aimant sur un fer doux

On conçoit que tout déplacement de cet induit soit dans la direction MN, soit dans la direction ST, le rapprochera ou l'éloignera d'un maximum d'induction, — modifiera par là même l'orientation de ses molécules et donnera par suite occasion à un dégagement de monades électriques.

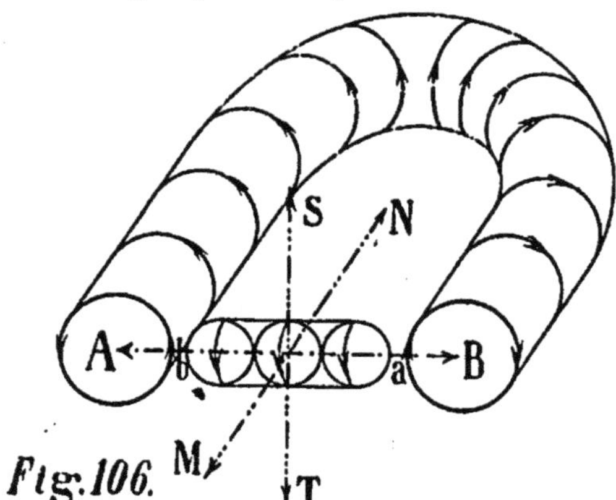

Fig. 106.

Mais si nous faisons mouvoir cet induit suivant l'axe polaire AB, soit vers un pôle, soit vers l'autre, nous voyons que rien ne sera changé dans l'état des molécules.

L'énergie de l'induction ne varie pas ; car, si on le rapproche par exemple du pôle B, le pôle A agit sans doute moins énergiquement sur le pôle *b*, mais en revanche le pôle B agit de son côté plus puissamment sur le pôle *a* et maintient par là même l'orientation telle qu'elle est.

— Donc ce mouvement d'un pôle à l'autre de l'inducteur est à éviter, comme ne pouvant produire aucune modification moléculaire de l'induit et par suite aucun courant électrique.

278. — Si nous nous reportons au cas de la figure 100, nous voyons encore clairement que les molécules de l'induit doivent changer continuellement d'orientation et par conséquent donner des courants induits.

Mais quand l'axe de rotation coïncide avec l'axe des pôles, comme dans la figure 73, on ne saisit pas aussi bien la raison pour laquelle il y a changement continuel d'orientation dans les molécules de l'induit.

Tout ce que l'on peut dire c'est que ce mouvement rotatoire se faisant perpendiculairement à la ligne des pôles, participe aux deux directions MN, ST nécessaires à toute induction.

CHAPITRE V

Application des Principes de l'Induction.

MACHINES ÉLECTRIQUES

Avertissement. — Par suite d'une méprise dans la copie du texte pour l'impression, j'ai laissé le chapitre des mesures électriques après l'étude des machines, alors que la connaissance de ces mesures est nécessaire à la détermination du rendement de ces machines.

Le lecteur est donc prié de passer ici au chapitre IX, avant de se mettre à l'étude du présent chapitre.

279. — Comme nous venons de le voir, les courants induits sont toujours des *courants instantanés*; le point fondamental auquel il faudra viser dans toutes les machines sera donc de faire exécuter, soit par l'inducteur, soit par l'induit, — *soit même par les deux, tournant en sens inverse, ce qui n'a pas encore été essayé*, des mouvements tels que l'état moléculaire de l'induit soit *interverti le plus souvent possible*.

ARTICLE I.

Machine de Ruhmkorff.

280. — Dans cette machine l'inducteur et l'induit sont immobiles. Les interventions moléculaires de l'induit se produisent par l'interruption automatique du courant inducteur.

M est la bobine induite, figure 107. Dans les machines de 50 à

60 centimètres de longueur, le fil L compte jusqu'à 120 kilomètres.

Son diamètre n'est que de un tiers ou un cinquième de millimètre. Il est noyé dans de la gomme laque fondue.

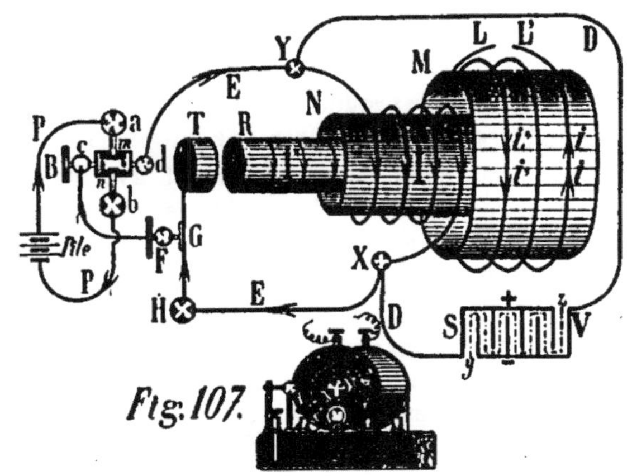

Fig. 107.

N est dans la bobine inductrice. Son fil E, dont le diamètre est de deux millimètres et demi, ne mesure que 40 ou 50 mètres. Comme le fil induit, il est noyé dans de la laque. Cette bobine N est séparée de la bobine M par un manchon en verre ou en caoutchouc.

R est un faisceau de fils de fer doux qui s'aimante sous l'influence de l'inducteur I.

T est un marteau en fer doux relié au point H par une tige flexible faisant ressort.

FG est un contact que les vibrations du marteau TH peuvent interrompre.

Le courant P de la pile, avant d'aller dans le fil inducteur E, passe par le commutateur CD.

Ce commutateur se compose d'un cylindre en ébonite ou en buis tournant entre les deux bornes *a* et *b*, reliées à la pile.

Sur ce cylindre sont fixées deux plaques de cuivre qui communiquent ; — la plaque *m* avec l'extrémité *d* de l'axe ; — et la plaque *n* avec l'autre extrémité *c*

Les bornes *a* et *b* portent des ressorts ou balais qui s'appuient sur ces plaques *m* et *n*.

Dans la figure : le courant arrivant à la borne *a* passe au point *d* et, au retour, il passe du point *c* à la borne *b*. Mais un demi-tour du bouton B ferait passer le courant de *a* en *c* et le ferait revenir par *d* et *b*.

281. — Cela posé, voici tous les détails de l'induction dans cette machine.

1° Le courant inducteur étant lancé comme l'indique la figure, a bobine N est parcourue par le courant I que nous allons appeler courant inducteur *primaire*.

Ce courant I produit deux effets d'induction :

En premier lieu, il produit dans le fil induit de la bobine M un courant de *fermeture i*, *inverse* de lui-même.

En second lieu, mais concomitamment avec l'effet précédent, il produit dans le noyau en fer doux R des courants d'Ampère I', de *même sens* que lui-même.

2° Ces courants ampériens I', véritables courants électriques déterminés par le courant inducteur primaire I, deviennent inducteurs *secondaires* par rapport au fil de la bobine M. A l'instant où ils naissent, ils produisent dans le fil L un courant *d'aimantation* i_1 *inverse* d'eux-mêmes, et par conséquent de même sens que le courant *i* déjà produit par I.

D'ailleurs ces deux courants électriques I et I' étant de même sens, il est évident qu'ils doivent produire des effets semblables.

282. — Si le courant inducteur persistait, les deux courants instantanés *i* et i_1 seraient le seul résultat obtenu ; mais le noyau R, étant devenu aimant, a attiré le marteau T, et par suite le ressort G s'est séparé de F et le courant inducteur I a été interrompu.

Alors deux nouveaux courants induits ont été produits ; — ou plutôt un seul courant induit, égal au deux précédents a été produit ; car les deux courants inducteurs I et I' venant à cesser, les molécules du fil induit L reprennent toutes leur liberté d'un même coup.

Dans la phase précédente, les courants d'Ampère I', étant un effet de l'inducteur I au même titre que *i*, n'a pu produire son induction secondaire i_1 *qu'après l'apparition de i.*

Mais une fois l'induction établie par la continuité du courant I, on voit que les courants d'Ampère I' et le courant inducteur I ne constituent plus qu'un seul et unique inducteur, tenant sous son oug les molécules du fil induit L.

Quand le courant induit I cessera, I' cessera synchroniquemen avec lui, et dès lors toutes les molécules de l'induit reprenant ensemble leur liberté, produiront en une seule émission les deux courants *i'* d'ouverture et i'_1 de désaimantation, de même sens que l'inducteur.

Comme quantité, ce second effet d'induction est évidemmen

absolument égal aux deux premiers, $i'+i'_1 = i+i_1$; mais comme force électromotrice, $i'+i_1'$ étant émis ensemble, acquièrent une plus grande tension que $i+i_1$ qui ont été produits avec une certaine gradation, une certaine mise en train. L'orientation des molécules s'est faite un peu successivement, comme un ressort, comme un arc que l'on bande; et leur mise en liberté se fait presque instantanément, comme le ressort, comme l'arc qu'on lache à l'aide d'un cran d'arrêt qui maintenait accumulés tous les efforts partiels de la tension.

283. — Comme nous l'avons dit aux numéros 239, 240, 241 l'induction qui se produit sur les molécules du fil de la bobine M et sur le fer doux R, se produit aussi, à plus forte raison, sur les molécules même du fil E dans lequel circule le courant inducteur I.

Cette *self-induction* a toujours lieu dans tout conducteur de courant, et donne, comme nous l'avons expliqué au numéro 241, un *extra-courant d'ouverture* plus énergique que le courant principal.

Mais cet extra-courant étant le résultat de la désorientation des molécules à mesure que le dernier flot du courant principal s'écoule, *succède un peu* à ce courant principal. Il établit donc une sorte de *prolongation* du courant inducteur I, et par suite il *retarde* la détente, la désorientation des molécules du fil induit et et du fer doux.

On conçoit donc qu'il peut exister une vitesse telle de l'interrupteur, que la désorientation des molécules des deux induits au lieu d'être synchronique avec l'ouverture du courant I, soit retardée jusqu'à sa fermeture : c'est-à-dire *que cette désorientation, ou ne se fera pas, ou ne se fera que partiellement, et que par suite les courants induits qui dépendent de l'orientation et de la désorientation parfaites des molécules seront ou annulés ou affaiblis.*

C'est cet extra courant d'ouverture, si désastreux, qui se traduit en fortes étincelles au point FG.

284. — Pour obvier à cet inconvénient, Monsieur Fizeau a imaginé le *condensateur.*

Un grand nombre de feuilles d'étain isolées les unes des autres par des feuilles de papier épais recouvertes de résine, sont reliées à deux armatures S et V. Elles représentent une vingtaine de mètres carrés de surface.

L'extra-courant d'ouverture, circulant dans le sens I, — pour le cas de la figure, — se précipite dans ce réservoir, et recouvre l'armature S d'électricité positive, — et l'armature V d'électricité négative.

Mais ces deux armatures étant en communication par le circuit fermé DXEYD', un courant s'établit par cette voie, de l'armature positive S à l'armature négative Y ; c'est-à-dire *que le remou de l'extra-courant condensé un instant dans S V, donne un courant inverse de l'inducteur* I. *Ce remou a donc pour effet :*

1° d'éteindre catégoriquement ce courant I ;

2° de désaimanter rapidement l'aimant R et peut-être de commencer à l'aimanter en sens inverse ;

et 3° de produire, dans le fil induit LL' un troisième courant inverse de lui-même et par conséquent de même sens que i' et i'_1.

285. L'interrupteur Foucault dans lequel une couche d'alcool, corps isolant, empêche le mercure volatilisé par l'étincelle, de prolonger le contact entre la pointe du trembleur et le mercure, favorise encore l'interruption brusque du courant inducteur.

C'est ainsi que la bobine de Ruhmkorff est devenue une source très puissante d'électricité donnant des étincelles de 80 centimètres de longueur.

ARTICLE II.

Etude de l'étincelle d'induction.

286. — L'étincelle présente deux parties distinctes : un trait de feu central et une auréole rouge-orangé moins lumineuse.

Pour nous rendre compte de ce fait, n'oublions pas que l'électricité ne passe point là où il n'y a point de corps pondérables, c'est-à-dire que dans tout phénomène électrique l'agent est toujours un corps pondérable possédant de la force électrique ; — une molécule pondérable associée à une ou plusieurs monades impondérables.

Lors donc que les molécules électrisées des deux pôles du fil induit de la machine Ruhmkorff se trouvent suffisamment rapprochées pour que leur attraction mutuelle soit supérieure à leur cohésion propre et à la résistance que le milieu oppose à leur passage, elles se détachent de leurs pôles, et s'élancent à la rencontre les unes des autres.

Mais évidemment cette séparation, cet arrachement ne s'exécute pas en *bloc* sur toutes les molécules électrisées à la fois. Il existe parmi elles différents degrés d'électrisation et ce ne sont sans doute que celles qui possèdent un excès considérable de monades électriques qui forment le noyau brillant principal : les autres ne suivent que par l'entraînement que l'élan de leurs compagnes s'arrachant à leur cohésion leur fait subir.

Les premières, les molécules du trait éblouissant, ont une vitesse telle de translation qu'elles vont droit au but : elles font réellement *balle* ; tandis que les secondes, celles de l'auréole rouge, se dispersent plus ou moins, et ne produisent par leur choc que les vibrations lumineuses les plus faibles.

Aussi quand on souffle sur l'étincelle, l'auréole est entraînée, tandis que le trait continue sa route.

287. — Cela explique également pourquoi le trait perce le papier sans le brûler tandis que l'auréole peut l'enflammer. Pour communiquer les vibrations caloriques à la cellulose il faut en effet un temps appréciable : on ne peut enflammer un papier en lui faisant traverser la flamme d'une bougie. C'est pourquoi les molécules électrisées qui forment le trait n'ont point le temps de faire vibrer comme elles les molécules du papier qu'elles rencontrent. Elles y font simplement un trou nettement défini, — comme une balle qui, grâce à sa vitesse et à l'inertie du verre, fait dans un carreau un trou exactement égal à son diamètre.

Les molécules électrisées qui constituent l'auréole, au contraire, ont le temps voulu pour communiquer leurs vibrations caloriques à la cellulose du papier. Leur couleur rouge indique d'ailleurs que leurs vibrations sont plus près d'être des vibrations caloriques que celles des molécules du trait dont la couleur est éblouissante.

288. — Si l'on introduit les deux pôles de l'induit de Ruhmkorff, figure 108, dans un tube dans lequel on a introduit, après y avoir fait le vide, quelques bulles de vapeur d'alcool, d'éther, d'acide carbonique, d'essence de térébentine etc, l'étincelle qui dans l'air ne pouvait franchir que quelques millimètres, pourra franchir des distances de plusieurs décimètres.

A la pression ordinaire, les molécules sont trop comprimées l'une contre l'autre pour pouvoir vibrer commodément ; mais espacées à leur aise dans ce tube scellé, — comme dans un champ clos, — elles peuvent maintenant évoluer à leur aise.

Naturellement les molécules les plus rapprochées du pôle positif se chargent de monades positives et se trouvent par là même en état de répulsion les unes avec les autres.

La même répulsion s'établit entre les molécules qui se chargent de monades négatives au contact du pôle N. Mais l'attraction qui existe entre ces molécules électrisées en sens contraires, vient mettre un frein à ces répulsions et les harmoniser.

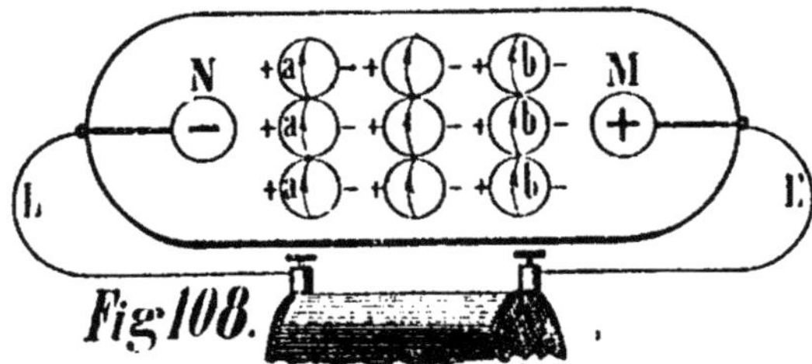

Fig 108.

Les molécules se disposent en tranches perpendiculaires à la direction MN, s'électrisent négativement du côté de M, et positivement du côté de N.

Cet agencement une fois établi, on conçoit qu'il doive persister, car il suffit maintenant que les tranches vibrent dans le sens MN, pour se transmettre les unes aux autres, en les neutralisant, les monades électriques qui arrivent du fil induit LL'.

289. — Les monades positives étant transmises de M à N, les molécules de toutes les tranches doivent avoir leur pôle boréal *b* tourné vers M et leur pôle austral tourné vers N.

Elles sont donc orientées à la manière des molécules d'un aimant; — comme le sont les molécules d'un fil métallique dans lequel passe un courant, (Figure 46.)

290 — Mais les vibrations qu'elles exécutent ne sont pas seulement des déplacements longitudinaux entre M et N. Quand leurs pôles contraires, chargés de monades électriques contraires, se rencontrent, l'intensité de leur choc est proportionné au nombre des monades qu'elles s'apportent l'une à l'autre.

Les molécules doivent donc s'aplatir l'une contre l'autre en prenant la forme discoïdale suivant leur plan équatorial ; — puis, par réaction élastique, elles doivent s'allonger suivant leur axe polaire en prenant la forme ovoïde.

Ce sont ces vibrations moléculaires, — véritable travail mécanique dans lequel s'épuise l'énergie du courant induit, — qui constituent la belle lumière des tubes de Geissler.

Cette lumière est stratifiée normalement à la transmission de l'électricité. On y voit des tranches lumineuses nettement localisées, séparées par des bandes obscures et exécutant cependant des sortes d'ondulations ou plutôt d'oscillations dans le sens de la propagation du courant ; circonstances qui répondent très bien à la précédente explication théorique.

291. — Si à l'aide d'un électro-aimant AB, figure 109, on aimante par influence un barreau de fer doux A′ B′ introduit dans le milieu raréfié de l'œuf V, l'étincelle d'induction de la machine R y produira une effluve, une auréole *m* qui tournera autour de l'aimant A′ B′ dans un sens que nous allons déterminer.

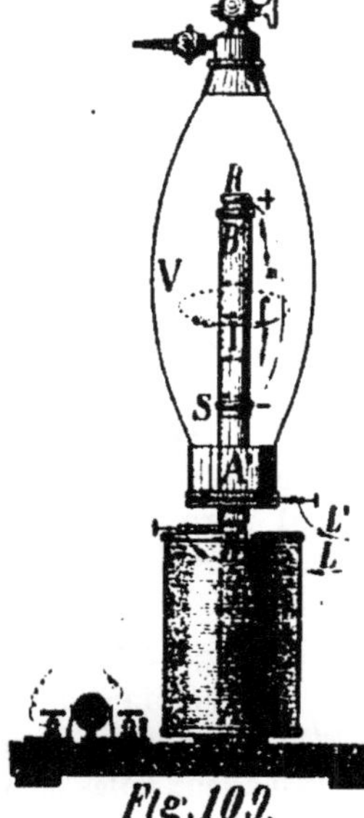

Fig. 109.

Pour cela reportons-nous aux conditions étudiées dans la figure 76, dans laquelle le courant électrique entre dans l'aimant même ou en sort.

Nous avons vu là en effet qu'un courant qui sort d'un aimant ou qui y entre, fait tourner cet aimant. Donc réciproquement si l'aimant est fixe et le courant mobile, ce sera le courant qui tournera, si l'on se met dans les conditions voulues.

292. — Soit donc un courant RS, figure 110, sortant d'un aimant au point *m* et y rentrant au point *n*.

La considération de la direction des courants dans les angles droits formés par *m*T′ avec le courant d'Ampère I, et par *n*V avec I′, nous montre qu'il y a en *m* répulsion à droite et attraction à gauche, tandis qu'en *n* il y a attraction à droite et répulsion à gauche.

Fig. 110

Donc si l'entrée et la sortie du courant se font dans l'aimant même, l'aimant *ne tournera pas* ; — pas plus que le courant lui-même, si c'est lui qui est mobile.

293. — Remarquons cependant que si l'aimant présente deux diamètres différents, comme celui de la figure 111, le courant fera tourner l'aimant si les deux balais de clinquant sont appliqués sur les deux diamètres différents.

Fig. 111.

Ces deux diamètres différents ne sont en effet qu'une modification mal entendue du cas où l'aimant tournant sur pointes, reçoit le courant par son grand diamètre et par la pointe de son pivot : le dernier contact au lieu d'être à la pointe est établi plus loin du centre de rotation.

294. — Donc si l'aimant a le même diamètre dans toute sa longueur, il faut que le courant *n'ait que son entrée ou sa sortie entre les deux pôles de l'aimant.*

Ou bien, il faut que le courant ne présente qu'un seul coude normal à l'aimant entre les deux pôles de cet aimant.

Tel est le cas de la figure 112; qui nous montre que l'aimant tournera dans le sens *f*, si c'est lui qui est mobile ; — ou que le courant V, si c'est lui qui est libre, tournera dans le sens F autour de l'aimant.

Fig. 112.

Ces conditions sont réalisées dans l'appareil de la figure 113.

Lorsqu'on fait monter l'aimant creux AB de manière que les coudes *m*V et *n*T du courant mobile RSVT soient entre les deux pôles, l'équipage tourne dans le sens *f*, dans les conditions de la figure.

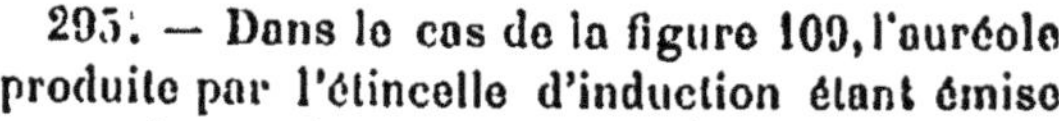
295. — Dans le cas de la figure 109, l'auréole produite par l'étincelle d'induction étant émise au-dessus du pôle B′ de l'aimant et revenant au conducteur S entre les deux pôles se trouve donc un peu dans les conditions de l'équipage de la figure 113.

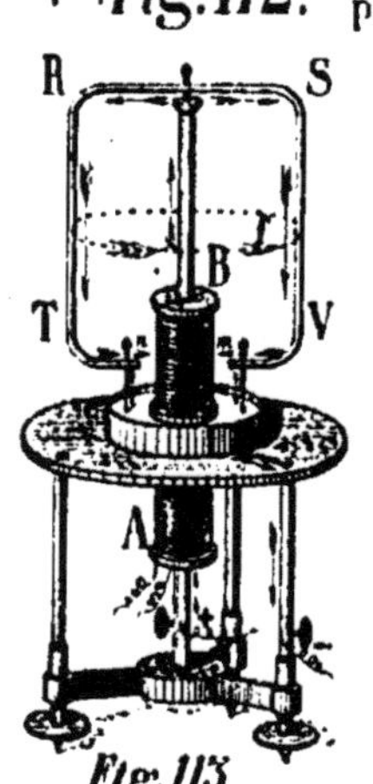

Fig. 113.

Je dis *un peu*, car l'effluve ne forme pas comme le fil rigide de cet équipage, un courant nettement normal à l'aimant. Les molécules de la vapeur raréfiée, se disposant en files très peu arquées pour transmettre le courant de R à S, ne forment en S, avec l'aimant, que des angles assez faibles.

Ces courants coudés étant d'après l'analyse précédente la seule cause possible de rotation, l'effluve doit tourner *lentement* dans le sens *f* autour de l'aimant.

Il est facile de voir ce qui arrivera dans chaque cas, en variant la position des pôles et la direction du courant de l'effluve.

296. — **Roue de Gassiot.** — Soient 3 tubes A, B, C, figure 114, tournant dans le sens A, A_1.

L'étincelle d'induction étant due aux courants induits directs d'ouverture *instantanés*, l'illumination des tubes de Geissler n'est continue que grâce à la durée de l'impression produite sur la rétine, et sur le *même point* de la rétine.

Pour rendre sensible la discontinuité de la lumière de ces tubes il suffit de les faire tourner de manière que les impressions vibratoires, au lieu de se produire en un même point de la rétine se produisent en des points distincts.

Les effets produits dépendront, — et de la durée de l'impression sur la rétine, — et de la vitesse de rotation des tubes.

On peut admettre d'après l'expérience, qu'il peut se produire 4 ou 5 étincelles distinctes pendant la durée de l'impression d'une seule étincelle sur la rétine : ce nombre dépend d'ailleurs évidemment du régime de vitesse tenu par l'interrupteur.

Ce sont ces 4 ou 5 étincelles qu'il s'agit de développer, à la manière d'un éventail, par la rotation des tubes.

1° Si l'on tourne très lentement, les 5 étincelles se séparent plus ou moins, comme l'indique la figure 114. L'éventail ne fait que commencer à se développer. Il y aura des secteurs sombres, tels que R, S, T ; car quand les secteurs R, S, T seront illuminés, les secteurs actuellement lumineux seront éteints, puisque la durée de l'image sur la rétine ne répond qu'à 5 étincelles.

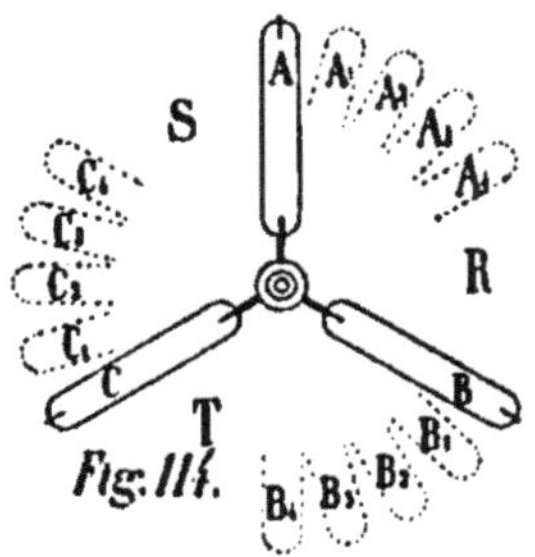

Fig. 114.

L'extinction de ces images se fait une à une, en commençant par les premières A, B, C. Et il n'y en aura que 5 de visibles à la fois pour chaque tube, soit 15 en tout.

2° En accélérant la rotation, on arrive à développer complètement l'éventail ; c'est-à-dire que les quatre étincelles intermédiaires s'espacent régulièrement dans les secteurs formés par les 3 tubes, comme l'indique la figure 115.

3° Si l'on maintient bien régulièrement cette vitesse de rotation, les étincelles se produiront exactement dans les 15 positions premières, et le soleil à 15 branches semblera immobile.

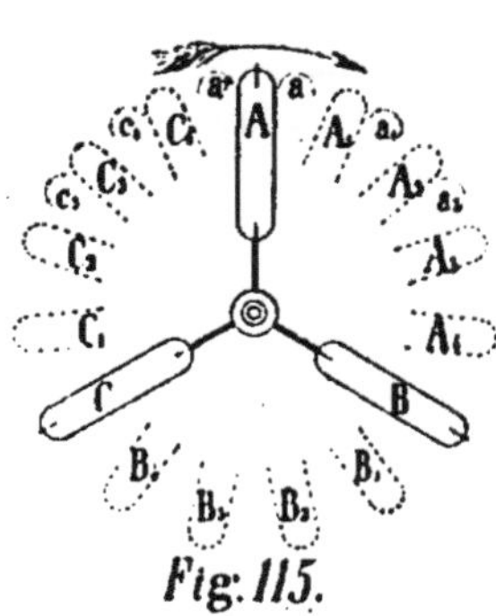

Fig. 115.

4° Si on accélère peu à peu la rotation, les étincelles se produiront à chaque fois un peu en avant des positions actuelles, en a, a_1 etc ; et le soleil semblera tourner lentement dans le sens de la rotation des tubes.

5° Si on ralentit peu à peu la rotatation, les étincelles se produiront à chaque fois un peu en arrière des positions actuelles en a', c_1, c_3, etc ; et le soleil semblera tourner lentement en sens contraire de la rotation des tubes.

6° Si on accélère la rotation, les étincelles A_1, A_2, A_3, etc, pourront se superposer aux étincelles B, B_1, B_2, etc ; et alors, au lieu de 15 branches, on n'en verra que 12, ou 9, ou 6. Et si la rotation est suffisamment rapide, l'étincelle A_1 se superposant en B, on ne verra plus que 3 branches, comme si les branches ne tournaient pas du tout. Seulement, si les tubes n'ont pas les mêmes couleurs, on verra leurs différentes teintes se superposer.

Il est évident que les branches visibles n'étant que les 3 branches réelles répétées plus ou moins, le nombre des branches est toujours un multiple de 3 ; et qu'avec chaque nombre on peut obtenir, soit la fixité, — soit la rotation lente en avant, — soit la rotation lente en arrière.

301. — **Explosion des mines.** — Une des applications les plus importantes de la bobine de Ruhmkorff, est l'utilisation de son étincelle pour l'explosion des mines.

Mais cette application a exigé une invention toute spéciale.

L'étincelle en effet ne peut se produire qu'à la condition d'une interruption dans le conducteur, sans interposition d'un autre corps solide entre les deux bouts du fil. Si la poudre occupe l'intervalle de l'interruption du circuit, l'étincelle ne se produit pas, et si la poudre n'occupe pas cet intervalle, l'étincelle pourra bién se produire sans l'enflammer.

Une observation de M. Stateham, ingénieur anglais, a résolu le problème. Il a remarqué que le *sulfure de cuivre* quand il n'est pas en trop grande quantité ne peut donner passage à la totalité d'un courant énergique et le transforme alors en travail mécanique en vibrant jusqu'à l'incandescence.

Or la gutta-percha qui isole le fil de cuivre renferme du soufre, et au bout d'un temps plus ou moins long, le cuivre attaqué est recouvert d'une pellicule de sulfure de cuivre qui adhère à la gaine de gutta-percha. Si l'on enlève alors un côté de la gaine jusqu'à dénuder le fil, et si l'on coupe le fil sur une longueur de 5 ou 6 millimètres, le courant prendra le chemin du sulfure de cuivre incrusté dans la moitié de la gaine qui a été conservée.

Le sulfure devenant alors incandescent, enflamme soit le coton poudre, soit le fulminate de mercure logé dans l'échancrure.

ARTICLE III.

Cerceau de Delezenne

208. — Nous avons vu, figures 58, 61 et 62, que la Terre est un grand solénoïde et par là même un grand aimant dans lequel les courants tournent d'orient en occident.

Soit donc la terre AB, figure 116, avec ses courants I perpendiculaires au méridien magnétique.

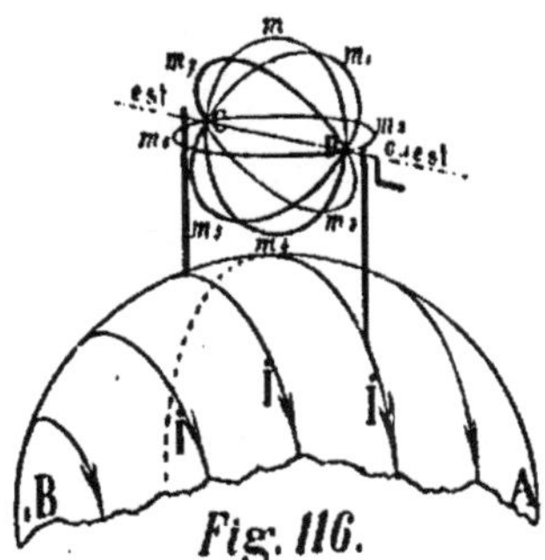
Fig. 116.

Si nous disposons un cercle formé de plusieurs tours de fil de cuivre, de manière à tourner autour d'un axe horizontal CD dirigé de l'est à l'ouest, — ou mieux perpendiculairement au méridien magnétique ; — il est évident que le demi méridien m, tournant dans le sens m_1, va, en descendant de m en m_4 par le sud, *se rapprocher des courants telluriques* I.

Or ces courants inducteurs vont de l'est à l'ouest Il va donc se trouver engagé dans une phase d'induction *croissante*, et par suite il sera parcouru par une série de courants induits i *inverses* des inducteurs I, c'est-à dire allant de l'ouest à l'est, du pôle de rotation D au pôle C.

En remontant de m_4 à m par m_5, par le nord, ce *demi-méridien s'éloignera des courants telluriques.*

Donc il sera dans une phase d'induction *décroissante*, et sera parcouru par une série de courants induits *directs* i' allant de l'est à l'ouest, c'est-à-dire du pôle de rotation C au pôle D.

Or les deux inductions i et i' se font en même temps, car le demi-méridien m_4 remonte pendant que m descend.

Donc ces deux courants i et i', figure 117, se font suite l'un à l'autre pendant une révolution de 180°.

L'extrémité a du fil est un pôle positif et l'extrémité b est un pôle négatif pour le courant extérieur R.

Quand par cette demi-révolution, m_4 sera venu prendre la place de m, ce sera l'extrémité b qui deviendra le pôle positif et l'extrémité a le pôle négatif.

Autrement dit : l'extrémité qui monte de bas en haut par le nord sera toujours négative ; — et celle qui descend de haut en bas par le sud sera toujours positive

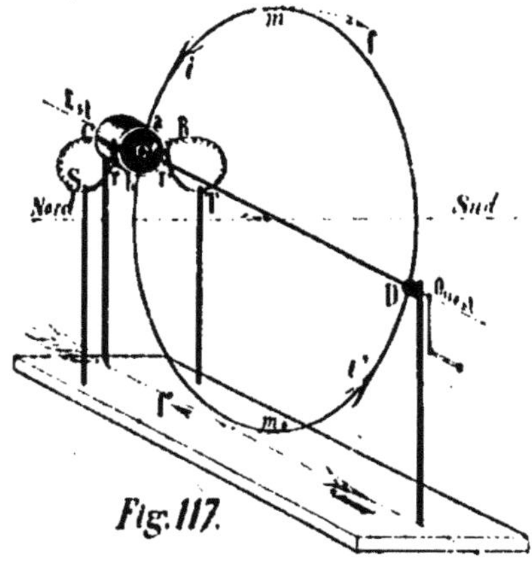

Fig. 117.

Pour recueillir un courant continu de même sens il suffit donc d'avoir deux bornes qui communiquent toujours l'une avec le bout du fil qui monte et l'autre avec le bout du fil qui descend.

Afin d'obtenir cette continuité de contact, les deux bouts du fil induit sont reliés à deux demi-cylindres a et b isolés l'un de l'autre sur un noyau d'ébonite ou de buis

Deux ressorts r et r', portés par les bornes S et T viennent s'appuyer sur ces demi-cylindres, dont les séparations sont ménagées de manière qu'elles soient sous les ressorts à l'instant où les fils vont changer de polarité.

Comme on le voit, le demi-cylindre b sera en communication avec la borne S, et le demi-cylindre a avec la borne T, pendant tout le temps que m et m_1 emploieront à venir prendre la place l'un de l'autre.

299. — Le point de *départ* du courant positif étant le *pôle positif;* et son point d'*arrivée* étant le *pôle négatif*, les bornes S et T se présentent à nous sous deux points de vue.

Si nous considérons la direction du courant induit dans le cercle, le courant va de la borne S à la borne T. Mais si nous considérons la direction du courant induit dans le circuit extérieur R, il va de la borne T à la borne S.

Ce dernier étant le courant pratique utilisable, c'est lui que nous considérerons, et par conséquent nous dirons que S est le pôle positif et T le pôle négatif.

Si l'on change le sens de la rotation, ces pôles changeront aussi.

300. — Soit un barreau de fer doux $m\ n$, figure 118, porté par son milieu sur l'axe de rotation CD, et pouvant tourner dans le plan du méridien magnétique. — Supposons l'expérience faite sur l'équateur magnétique.

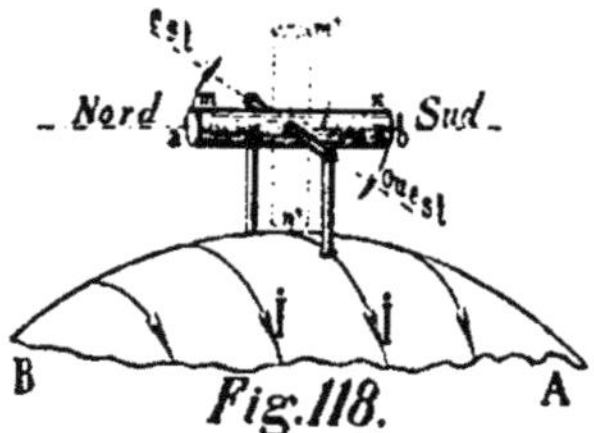

Fig. 118.

Dans la position horizontale $m\ n$, les courants telluriques I orientent les molécules du fer doux de manière à y déterminer des courants ampériens, engrenant avec les inducteurs I.

L'extrémité m est donc un pôle austral et l'extrémité n un pôle boréal.

Si l'on fait tourner le barreau, on voit que l'aimantation qui est maxima dans la position $m\,n$, s'affaiblit et devient nulle dans la position $m_1 m_1$; et qu'après avoir passé en m_1 l'extrémité m va devenir pôle boréal.

Ce barreau de fer doux va donc changer deux fois de polarité pendant une révolution complète.

301. — Au lieu d'un seul cercle $m\,m_1$, figure 119, mettons en deux autres $m_2 m_3$ et $m_4 m_5$, réunis à lui pour former un cylindre, nous voyons que les deux demi-cercles m_4 et m_5 *s'éloignent* des courants telluriques I, comme le demi-cercle central m_1 ; — et que les deux demi-cercles m_2 et m_3 se *rapprochent* des courants telluriques I, comme le demi-cercle central m.

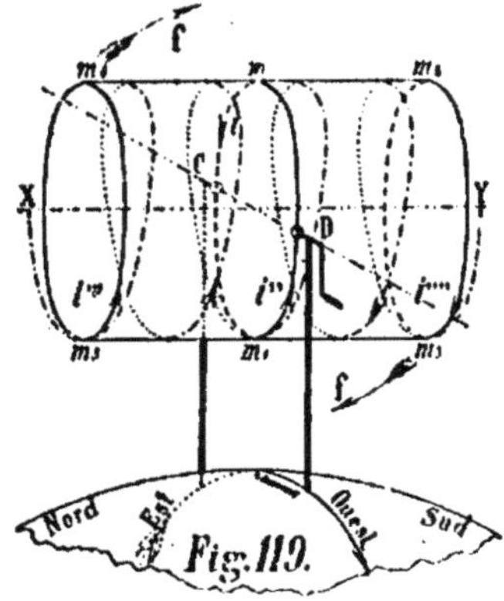

Fig. 119.

Mais le demi-cercle m_4 est plus éloigné des courants inducteurs que m_5, c'est donc le courant induit dans le demi-cercle inférieur m_5 qui prévaudra et donnera i'''.

De son côté le demi-cercle m_2 est plus éloigné des courants inducteurs I que m_3 : donc c'est le courant induit dans le demi-cercle inférieur m_3 qui prévaudra et donnera i'''. Ce courant i''' étant produit par une induction croissante, est inverse des inducteurs I et par suite inverse aussi de i'' et de i'''.

Si ces trois cercles au lieu d'être séparés étaient formés par les spires d'une hélice XY, figure 119, on voit que les courants seraient contraires et se détruiraient.

Ce n'est donc que grâce à leur *inégalité* que l'on peut constater qu'ils laissent une résultante.

Les courants induits doivent donc être très faibles dans l'induction produite par la Terre sur les spires d'une hélice.

302. — Mais d'après la figure 118, l'aimantation d'un barreau mn tournant dans le plan du méridien magnétique donne des changements de polarité nettement définis, donc si ce fer doux est entouré d'une hélice XY figure 120, on obtiendra les courants induits déjà analysés.

303. — Si au lieu de faire tourner le fer doux de la figure 120 dans le plan du méridien magnétique, on dirigeait l'axe CD du Nord au Sud pour faire tourner le barreau de l'est à l'ouest, on voit que les extrémités *m* et *n* resteraient toujours également distantes des deux pôles terrestres; — ou mieux, qu'au lieu de couper à angle droit les courants inducteurs I, le barreau tournerait dans la direction même de ces courants. Ce ne serait donc que dans le sens diamétral du cylindre que l'orientation des molécules se ferait. Le barreau constituerait un aimant courtaud dont les deux pôles règneraient le long des génératrices du cylindre tournées vers les pôles terrestres; — comme les aimants des bobines Siemens que nous verrons plus loin.

Fig 120

La polarité des molécules isolées ne changerait pas pendant la rotation, mais par suite elles frotteraient l'une contre l'autre; — comme nous verrons que cela a lieu dans l'anneau Gramme.

304. — Dans tous les cas précédents nous avons supposé pour plus de netteté dans les phénomènes que les expériences se passaient sur l'équateur magnétique; si elles se passent à des latitudes diverses, les effets d'induction se trouveront d'après les mêmes principes.

Puisque c'est l'aimantation du fer doux qui est la véritable source, la source la plus efficace des courants induits fournis par l'induction terrestre, ce sera le barreau de fer doux que l'on aura soin de mettre en jeu.

Cette analyse de l'induction tellurique trouvera une application très importante dans l'étude des machines dites Dynamos.

305. — Dans cette induction produite par la Terre sur le cerceau de Delezenne et sur un barreau de fer doux, les courants inducteurs sont constants; c'est en changeant la position de l'induit par rapport à ces inducteurs fixes que l'on obtient les changements de polarité des molécules de l'induit.

Or ce changement de position de l'induit, surtout quand il sera formé d'un barreau de fer doux, demandera toujours un certain temps, quelle que soit la rapidité de rotation adoptée.

Il s'en suit que l'influence de l'inducteur, au lieu de cesser subitement, d'un seul coup, comme dans la machine de Ruhmkorff, ne cessera que par une diminution graduelle, se prolongeant pendant le temps employé par l'induit à se soustraire à l'action de l'inducteur.

Comme nous l'avons dit au numéro 250, la quantité des monades électriques libérées par l'induction sera toujours la même pour un appareil déterminé ; mais la force électromotrice dépendra de la rapidité avec laquelle le mouvement de rotation fera croître ou cesser l'influence de l'inducteur sur les molécules de l'induit.

306. — La conclusion logique de cette observation est qu'il faudrait dans toutes les machines où le flux et le reflux de l'induction s'obtiennent par le déplacement de l'induit ou de l'inducteur, tâcher d'obtenir la plus grande vitesse de rotation possible.

307 — Mais outre l'aimantation rémanente dont nous avons parlé au numéro 174, il faut toujours un certain temps, même aux molécules qui obéissent le plus facilement à la cohésion, pour revenir à leur état normal. Le frottement moléculaire qui s'oppose à la révolution de 180° qu'elles doivent exécuter dans la désaimentation, est la cause de la lenteur relative de cette désaimentation.

L'expérience constate que si après avoir aimanté un fer doux, en augmentant le courant de la bobine par degrés déterminés, on diminue ce courant inducteur en repassant par les mêmes degrés, l'intensité de l'aimantation n'est pas la même pour les deux points d'arrêt correspondants.

Elle est plus forte pour la même intensité de courant pendant la désaimantation que pendant l'aimantation.

Ceci prouve que la force coercitive n'est jamais nulle.

Monsieur Ewing a donné à ce phénomène le nom d'*Hystérésis*, tiré d'un mot grec, qui signifie *rester en arrière* ; car la cessation de l'aimantation, c'est-à-dire de l'orientation des molécules est *en retard* sur la cessation de sa cause.

Cette hystérésis met certainement une limite à la vitesse de rotation de l'induit ou de l'inducteur dans les machines électriques.

308. Soit en effet, figure 121, un électro-aimant induit M, passant devant les deux électro-aimants inducteurs N et N_1 ; et soit XY la position moyenne entre les deux inducteurs.

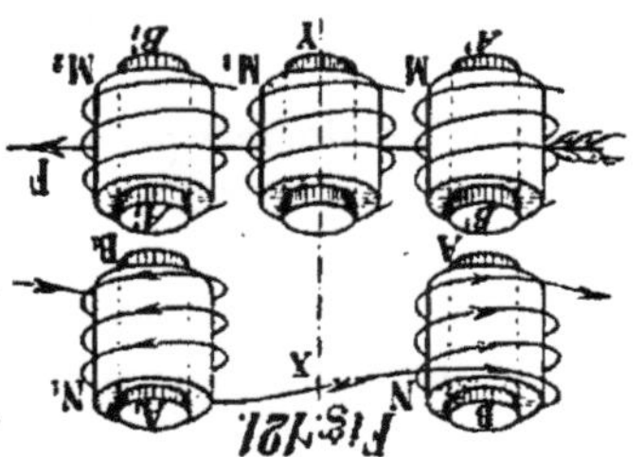
Fig. 121

Pour obtenir l'effet *total* de l'induction, comme quantité, il faut que le noyau A'B' de l'induit M se soit complètement dépouillé, à l'instant où il passe en XY, de l'aimantation que N lui a imposée, afin d'être libre de prendre l'aimantation inverse que N_1 va lui imposer à son tour.

Or si la vitesse de M est telle que les molécules du noyau mettent plus de temps à reprendre leur position naturelle que n'en met M à se rendre en M_1, il se produit deux effets.

1° Toute la désaimantation n'ayant pas eu lieu, tous les courants induits de désaimantation n'ont pas été recueillis pendant ce trajet.

2° Le pôle boréal B' persévérant au delà de XY, jusque dans le champ magnétique du pôle B_1 du second inducteur N_1; la répulsion entre ces deux pôles semblables produit une résistance à la force motrice et retarde d'autant l'aimantation nouvelle en M_1.

Ce dernier retard influant à son tour sur la désaimantation suivante va la mettre dans un retard encore plus considérable que la précédente.

On conçoit donc qu'il y a telle vitesse de rotation qui pourra enchevêtrer et embrouiller toutes les aimantations et désaimantations de l'induit l'une dans l'autre, de telle sorte qu'il s'établira une induction moyenne, un changement moyen de polarité permettant à l'induit de s'accommoder avec tous les inducteurs pendant son passage vertigineux devant eux.

La machine *bredouillera*.

Une partie des molécules de l'induit, sollicitées trop brusquement à prendre des positions diamétralement inverses, se contentent de légères oscillations insuffisantes pour produire une aimantation véritable, ou même demeurent immobiles dans les parties du fer doux les plus éloignées de l'inducteur.

Une bonne installation doit donc viser autant que possible à faire concorder la vitesse de rotation avec le temps nécessaire à une complète désaimantation des induits.

ARTICLE IV

Machine Gramme

---

309. — Quand l'inducteur est constitué par des aimants permanents, la machine est dite *Magnéto*.

Quand l'inducteur est constitué par des électro-aimants, c'est-à-dire quant le magnétisme de l'inducteur est dû à une dépense actuelle et continuelle de force, en grec δυναμις, elle est dite *Dynamo*.

Mais qu'il s'agisse de Magnétos ou de Dynamos, la théorie de l'induction est la même.

. Contentons-nous donc d'étudier les principaux types de Dynamos.

310. — Les molécules girosphériques bipolaires me permettent de rendre la partie principale de la théorie de la machine Gramme visible et tangible dans l'appareil représenté par la figure 122.

Je n'y représente que la partie essentielle de cette machine de démonstration pour éviter la trop grande complication du dessin.

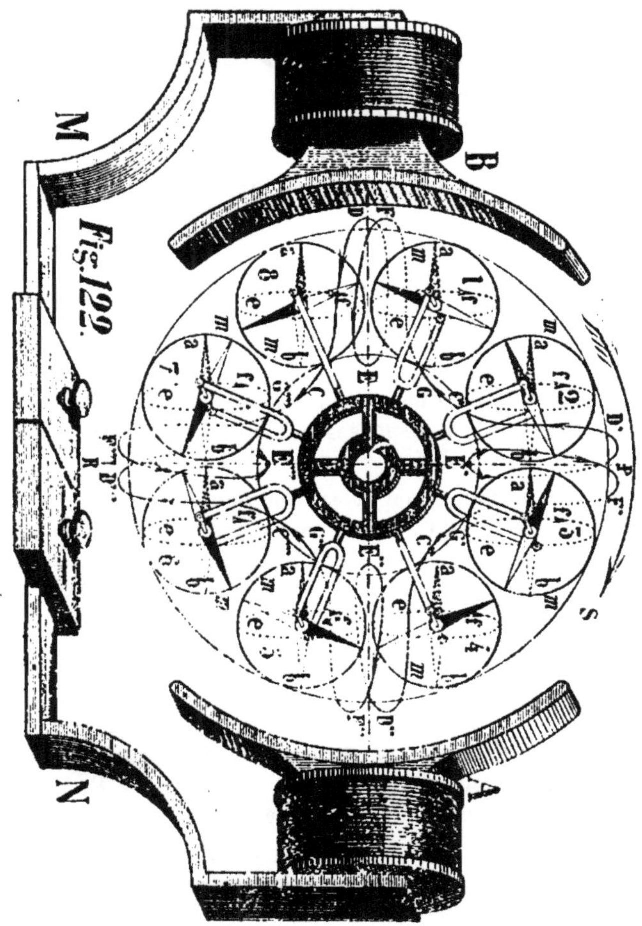

Soit deux bagues réunies pour représenter : *m* un méridien et *e* un équateur. Une aiguille aimantée *ab*, perpendiculaire au plan du cercle équatorial *e* détermine les pôles de la molécule. L'équateur *e* est traversé, perpendiculairement au plan du méridien, par un axe passant au centre de l'aiguille aimantée et pivotant entre les deux branches d'une fourche.

Remarquons que la grosse molécule ainsi constituée est l'image parfaite *des molécules infiniment petites qui sont dans l'aiguille aimantée*. Si nous désignons par *a* et *b* les points où se trouvent le pôle austral et le pôle boréal de l'aiguille, et si nous indiquons par des flèches *f*, sur le cercle équatorial *e*, le sens de la rotation équatoriale dans le mouvement girosphérique, la ressemblance devient encore plus complète, comme l'indique la figure 123.

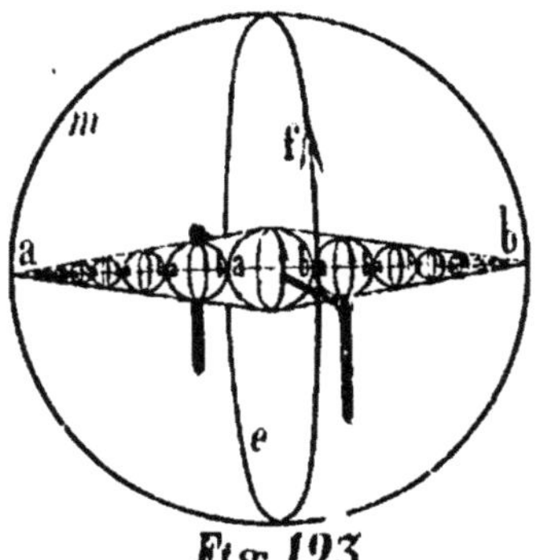

Fig. 123.

L'armature MN de l'électro-aimant est en deux pièces, ce qui permet de retirer cet électro-aimant pour commencer la démonstration.

1° Soit donc d'abord l'anneau Gramme seul.

Les molécules bipolaires qui constituent cet anneau, obéissant à leur cohésion mutuelle, se disposent de manière que leurs pôles contraires se rapprochent le plus possible, c'est-à dire dans les positions présentées en traits pleins, sans lettres. Ainsi disposées les aiguilles rappellent les côtés d'un polygone régulier.

2° Au moment où l'on remet l'électro-aimant en place ; — s'il a déjà servi ; — on voit déjà quelques unes des molécules qui quittent leur position naturelle pour obéir au commencement d'orientation provoqué par le reste d'aimantation conservé dans l'électro-aimant.

Ainsi se trouve mise en évidence l'aimantation rémanente qui suffit pour amorcer les dynamos.

3° Mais au moment où on lance le courant dans le fil de l'électro-aimant, on voit toutes les molécules s'orienter, en frémissant, de manière à diriger leur pôle austral *a* vers le pôle B, et leur pôle boréal *b* vers le pôle austral A de l'électro-aimant.

On voit par là même que les molécules 1, 2, 3 et 4 d'une part ; — 5, 6, 7 et 8 de l'autre, constituent par leur continuité *deux aimants en demi-cercle, présentant à gauche leur pôle austral ; — et à droite leur pôle boréal.*

4° Si l'on fait tourner lentement l'anneau autour de son axe, on voit que les molécules conservent l'orientation que leur impose l'électro-aimant. Et comme l'on conçoit d'ailleurs que la force de cet électro-aimant peut être assez puissante pour maintenir sur son joug les molécules du fer doux, on comprend ce point qui est l'essence de l'anneau Gramme et qui semble paradoxal à première vue ; à savoir : *que cet anneau, tout en tournant avec une vitesse vertigineuse, forme cependant deux aimants IMMOBILES dans l'espace.*

5° Remarquons que les axes polaires *ab* des molécules étant tous horizontaux, leurs plans équatoriaux, d'abord dirigés dans le sens des rayons de l'anneau, mais non représentés dans cette position par la figure, sont maintenant tous verticaux. Et puisque tous les pôles australs sont à gauche, la rotation équatoriale est partout *ascendante*, en *avant* de la figure, comme l'indiquent les flèches *f*.

Cette observation faite, considérons une bobine CDEFG tournant avec l'anneau dans le sens S.

6° Cette bobine, il est vrai, sera toujours située entre la molécule 8 et la molécule 1 de la figure ; mais il ne faut pas oublier :

— Qu'au lieu de 8 molécules il y en a des milliards dans l'anneau réel ;

— Que les millions de molécules, constituant la tranche autour de laquelle est enroulée la boucle considérée, conservent dans l'espace une orientation déterminée ;

— Que leur axe polaire *ab* coïncide avec le diamètre EF de la bobine quand elle est en face du pôle inducteur B ; le pôle *a* étant du côté extérieur F ;

— Que cet axe polaire est perpendiculaire au plan des spires de la bobine quand elle est en C′ G′, au haut de la figure ;

— Et qu'enfin, lorsque la bobine est en C″ G″, l'axe polaire *ab* coïncide encore avec son diamètre E″ F″, le pôle *a′* étant maintenant du côté intérieur E″.

Il s'en suit *que les millions de molécules situées dans la tranche d'une boucle exécutent, en allant de B vers A dans le sens S, une révolution de 180° par rapport à cette bobine* ; résultat qui provient de la fixité de l'axe polaire *ab* dans l'espace se combinant avec les changements de position du plan de la bobine, laquelle ayant son sommet CF à gauche, quand elle est près de B, l'a à droite quand elle est près de A.

7° Nous pouvons donc, pour simplifier la question, dire qu'en somme la bobine E, quand elle part de B, s'engage sur un aimant par le pôle austral *a*, molécule 1.

— Que lorsqu'elle est en E′ elle est au milieu de l'aimant ; c'est-à-dire sur la ligne du maximum d'induction ;

— Et que lorsqu'elle arrive en e' elle quitte ce même aimant par le pôle b, molécule 1.

8° Or nous avons vu, figure 91, que lorsqu'une bobine s'engage sur un aimant l'action inductrice grandit jusqu'à ce que la bobine atteigne le milieu de l'aimant et diminue ensuite jusqu'au moment où elle quitte l'aimant ; et que par suite, pendant la première période, les courants induits sont *inverses* de ceux d'Ampère ; tandis que pendant la seconde période ils sont de *même sens* que ceux d'Ampère.

Donc pendant que la bobine va de E en E', les courants induits y circulent en sens *inverse* de la rotation équatoriale *f* des molécules.

Et pendant qu'elle va de E' en E'', les courants y circulent dans le même sens que la rotation *f* des molécules.

9° En analysant d'après les mêmes principes les courants induits dans la moitié inférieure de l'anneau, on trouve :

— Que la bobine s'engage sur un aimant de E'' jusqu'en E''', et qu'à partir de E''' jusqu'en E, elle quitte cet aimant ;

— Que par suite la bobine, étant supposée sur la molécule 6, on voit que les courants induits y vont de C'' à E''', en *sens inverse* de la rotation équatoriale *f*.

— Et que, lorsqu'elle est sur la molécule 7, les courants induits y vont de G'' à E''' dans le *même sens* que *f* ;

10°. En résumé, cette analyse nous montre que si nous menons la ligne PR perpendiculaire à la ligne des pôles inducteurs AB, *tous les courants induits, à gauche, du côté de B, vont dans la bobine de G à C ; — et que, à droite, du côté de A, ils vont de C à G.*

11° Mais que dans la bobine supérieure C' G', la boucle E' C' étant à gauche et la boucle E'G' à droite, *le point E' est un point de départ, une source d'où l'électricité positive part dans les deux sens, vers la droite et vers la gauche ; vers C' et vers G'.*

De même puisque dans la bobine inférieure C''' G''', la boucle E''' G''' est à gauche et la boucle E''' C''' à droite, le point E''', est *un point d'arrivée commun aux deux courants qui arrivent par la droite et par la gauche du point E'.*

12°. Il suffit donc de réunir toutes les bobines en *en un seul fil continu*, et d'appliquer des fils conducteurs aux deux points E' et E''', pour obtenir à l'extérieur, un courant électrique continu.

Dans les bobines, le courant allant de E' à E''', E' est le pôle positif et E''' le pôle négatif. A l'extérieur, au contraire, le courant sortant par E''' pour revenir vers E', le point E''' sera le pôle positif de la machine et E' en sera le pôle négatif.

311. — Maintenant que nous avons compris l'essence de l'anneau Gramme, indiquons plus simplement les courants qui y sont induits, en appliquant les principes élémentaires de l'induction.

Soit donc, figure 124, un anneau Gramme tournant entre les deux pôles A et B d'un électro aimant.

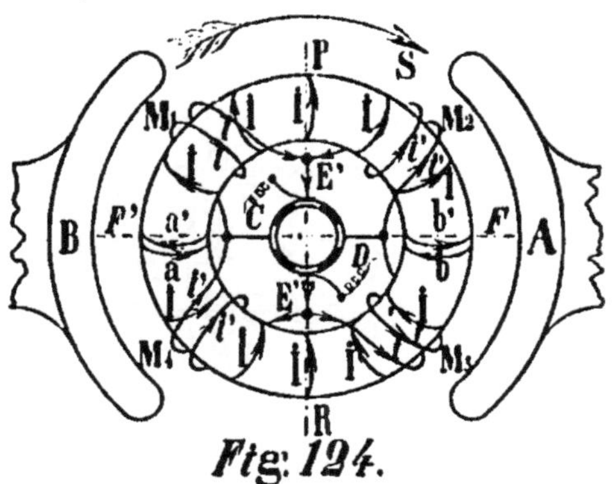

Fig. 124.

Cet électro-aimant induit dans l'anneau les deux aimants *ab* et *a'b'*. Remarquons que les courants d'Ampère I sont dirigés du centre à l'extérieur dans l'aimant supérieur *ab* ; et de l'extérieur au centre dans l'aimant inférieur *a' b'*.

Ces deux aimants étant fixes dans l'espace malgré la rotation de l'anneau, comme nous venons de le voir, on peut dire que les quatre bobines passent sur ces deux aimants pendant la rotation de l'anneau, ce qui est le cas d'induction analysé dans la figure 91.

Donc 1° les bobines M_1 et M_3 sont le siège de courants induits d'aimantation *i inverses* des courants inducteurs I.

Donc 2° les bobines M_2 et M_4 sont le siège de courants induits de désaimantation *i' de même sens* que les inducteurs I.

En suivant la marche de ces courants le long du fil continu formé par les quatre bobines, on voit que le point E" est le point de départ de deux courants continus allant par les deux côtés de l'anneau au point E'.

Dans le fil extérieur CD on aura donc un courant continu allant du balai collecteur E' au balai E".

312. — Une seconde source d'induction dans cette machine est due au passage des bobines devant les pôles inducteurs A et B.

C'est cette seconde source d'induction que les physiciens n'ont pu préciser jusqu'ici et que notre analyse des figures 69, 94 et 96 nous permet d'exposer clairement et simplement.

La conclusion pratique de notre analyse de la figure 96 a été que le courant induit dans une bobine qui passe *devant* un pôle d'aimant est tel, que pendant tout le trajet de la bobine, il est de même sens, — et dans les demi spires qui passent près du pôle ; — et dans le côté du pôle par lequel la bobine aborde ce pôle;

Ce que nous avons à faire ici c'est de voir comment cette induction s'accorde avec la première.

Au lieu donc de faire passer une boucle sur un simple cylindre de bois, comme dans la figure 96, faisons-la passer sur un cylindre de fer doux, comme le montre la figure 125.

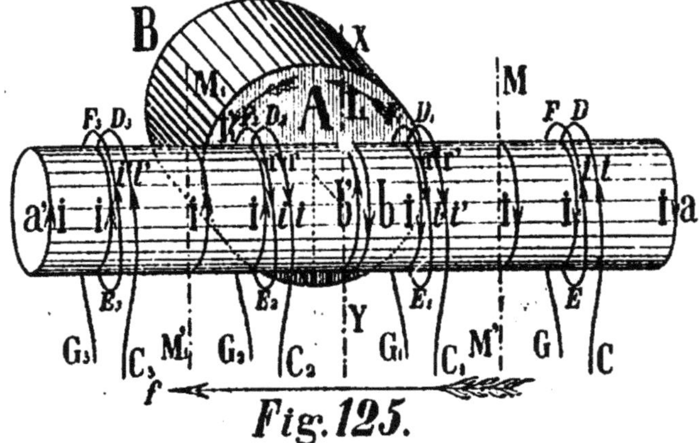

Fig. 125.

Sous l'influence du pôle inducteur A, le barreau de fer doux devient deux aimants *ba* et *b'a'* réunis par leurs pôles de même nom *b* et *b'*.

Soit maintenant une bobine CG que nous allons faire passer de *a* en *a'*, dans le sens *f*.

Nous savons qu'avant d'arriver à la ligne du maximum d'induction MM', la bobine CG est le siège d'un courant d'aimantation *i* inverse des inducteurs I ; et qu'après avoir passé cette ligne MM', en C_1 G_1, elle est le siège d'un courant de désaimantation *i'* de même sens que les inducteurs I.

Supposons que les aimants induits *ab* et *a'b'* sont assez longs pour que l'influence du pôle A ne se fasse pas sentir à la bobine avant qu'elle ait dépassé un peu la ligne MM', et qu'elle cesse de se faire sentir avant qu'elle atteigne M_1 M_1'.

Cela posé : il se trouve d'une part, — comme la précédente analyse l'a établi, — que les courants *i'* et *i*, induits dans la bobine par le noyau de fer doux, pendant tout son trajet de MM' en M_1 M_1', sont de *même sens,* ascendants, — pour le cas considéré, — dans les demi-spires invisibles situées du côté du pôle A.

D'autre part, il se trouve que pendant ce même trajet, les courants *r'* et *r*, induits dans la bobine par l'aimant AB, sont aussi ascendants dans les demi-spires cachées ; — puisque le courant I_1 situé du côté par lequel la bobine aborde le pôle A est ascendant.

Donc les deux inductions de l'aimant inducteur AB et du noyau de fer doux s'accordent pour s'ajouter l'une à l'autre.

Si l'on courbe le barreau de fer doux de la figure 125 en anneau, de manière à souder les extrémités *a* et *a'* ; — et si l'on recourbe de même le pôle boréal B de l'inducteur pour l'amener en face de ces deux pôles *aa'* ainsi soudés, — on rentre dans la machine Gramme. Et il est évident que l'analyse que nous venons de faire pour le pôle inducteur A et des deux pôles induits *b* et *b'*, se répètera exactement pour le pôle B et les deux pôles *a'* et *a*.

Telle est l'analyse exacte et complète des courants induits de la Machine Gramme.

313. — Remarque. — La fixité de l'orientation des molécules de l'anneau, figure 122, dépend de la puissance de l'électro-aimant AB. Mais cette fixité d'orientation des molécules par rapport aux pôles A et B, a pour conséquence le frottement de ces molécules l'une contre l'autre.

Ainsi après une demi-révolution, la molécule 3 aura pris la position 7, et la molécule 2 aura pris la position 6. Or dans le haut, la molécule 2 a son pôle boréal *b* en contact avec le pôle austral *a* de la molécule 3 ; et parvenue dans la position 6, c'est par son pôle austral *a* qu'elle touche le pôle boréal *b* de la molécule 7. Elles ont donc fait un demi-tour l'une par rapport à l'autre pendant cette demi-révolution de l'anneau.

Un tour complet de l'anneau donnera une révolution complète des molécules.

Il s'en suit un frottement continuel de toutes les molécules les unes contre les autres ; — frottement qui, malgré la puissance des inducteurs, retarde plus ou moins leur obéissance au joug de ces pôles. Et ce retard, quelque léger qu'il soit, devient appréciable quand la rotation de l'anneau atteint une certaine vitesse.

On constate alors que les points E' et E'', où il faut appliquer les balais collecteurs pour recueillir le courant, au lieu de rester dans la ligne PR perpendiculaire à l'axe des pôles inducteurs, s'en écartent d'autant plus dans le sens de la rotation, que cette rotation est plus rapide.

L'écart peut aller jusqu'à 10 degrés. Si l'anneau tourne alors à 600 tours par minute ou 10 tours par seconde, on voit qu'un point de l'anneau parcourt alors 10 fois 360° ou 3600° par seconde, et que par conséquent un déplacement de 10° de la ligne PR indique que les molécules mettent $\frac{10}{3600}$ ou $\frac{1}{360}$ de seconde de retard dans leur obéissance au joug de l'inducteur.

314. — Avant de parler des autres modèles de Machines Gramme, voyons quelles doivent être les véritables causes de la force électromotrice et de l'intensité du courant induit dans une Dynamo.

Comme nous l'avons vu, le travail direct de l'induction consiste dans *l'orientation* des molécules de l'induit ; et cette orientation ne pouvant s'exécuter sans une somme nettement définie de force, il y a application aux deux pôles de chaque molécule à orienter, d'un nombre déterminé de monades électriques positives et négatives formant couple pour faire tourner la molécule de 180 degrés.

Mais, comme nous l'avons vu encore, ces monades électriques mises en *activité de service* dans le travail précis de l'induction, mettent nécessairement *en disponibilité* une quantité exactement égale de monades électriques ; — absolument comme dans les réactions chimiques de la pile, les monades électriques mises en circulation sont l'équivalent de celles employées dans la combustion finale résultant de la somme algébrique de toutes les réactions.

315. — Pour bien comprendre les sources d'électricité par induction, soumettons des induits de différentes dimensions à l'influence d'un même inducteur.

Soit un inducteur F de puissance déterminée, figure 126.

Pour fixer nos idées admettons que sa puissance d'orientation est telle qu'il est capable d'imposer aux molécules de l'induit un travail moléculaire nécessitant la mise en activité de service de 25000 monades électriques ; et par conséquent occasionnant la mise en disponibilité de 25000 autres.

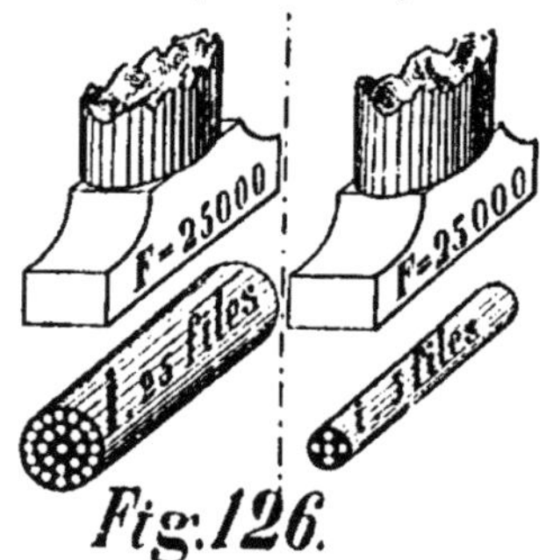

Fig. 126.

Supposons que l'on soumet d'abord au joug de cet inducteur un fil I formé de 25 files de molécules élémentaires.

Négligeons pour le moment la loi de l'action inductrice en raison inverse du carré de la distance et admettons une induction moyenne égale sur toutes ces files de molécules.

Nous voyons que chaque file subira une influence dont l'énergie sera égale à 1000 ; et que par suite, *les monades électriques seront libérées dans chaque file par essaim de 1000.*

316. — Si au contraire nous soumettons au joug de ce même inducteur $F = 25000$, un fil i ne contenant que 5 files de molécules élémentaires, chaque file subira en moyenne une influence égale à 5000 et par suite *les essaims de monades électriques libérés dans chaque file seront maintenant de 5000.*

317. — Il s'en suit que la force électromotrice sera 5 fois plus grande dans le fil mince que dans le gros fil, puisque la force de propagation dépend, comme je l'ai déjà dit, du *nombre* des monades électriques qui, grâce à leur *émission simultanée,* constituent un seul tout, un véritable *essaim*, un seul *régiment* d'autant plus capable de vaincre les obstacles qui s'opposent à son passage qu'il est plus nombreux.

318. — La raison mécanique pour laquelle l'orientation d'une file de molécule émet 5 fois plus de monades électriques dans i que l'orientation d'une file égale dans I, se trouve évidemment dans la *rapidité* et la *perfection* avec lesquelles ce même travail s'exécute.

On conçoit en effet que telle force inductrice ne pourra qu'orienter à moitié ou aux trois quarts les molécules de tel induit, tandis que telle autre force les orientera complètement par une révolution de 180°.

Et parmi les forces qui produiront cette orientation complète, celle-ci emploiera deux, trois, quatre fois moins de temps que celle-là pour la réaliser ; et par conséquent attèlera à ce travail deux, trois, quatre fois plus de monades électriques, puisque le *temps* est un des facteurs du travail.

Cependant l'on conçoit que la force de cohésion qui s'oppose à l'orientation des molécules d'un induit étant une force définie et limitée, la force que l'inducteur doit mettre en jeu pour la vaincre, et pour la vaincre avec une telle rapidité d'évolution, a aussi une limite.

Si un moteur de 10 chevaux est appliqué à un travail qui ne peut offrir au maximum que 3 chevaux de résistance, les 7 autres chevaux resteront inutilisés ; — ou ils briseront tout.

Ainsi doit-il en être d'un induit à fil fin en présence d'un puissant inducteur. Il y a pour tel diamètre de ce fil induit, un maximum d'induction possible : — comme il y a une aimantation à saturation pour un barreau de fer doux de telle grosseur. Si ce maximum est dépassé, le fil induit sera brûlé.

Il faut donc demander à l'expérience quel est le nombre des spires de fil fin qu'il faut soumettre à l'influence de tel inducteur pour utiliser complètement sa puissance inductrice.

319. — Dans la figure 126, j'ai supposé que le nombre des monades électriques mises en liberté était le même dans les deux induits de petit et de grand diamètre ; mais il n'en est sans doute pas ainsi.

Pour s'en rendre compte, il suffit de comprendre que si l'on soumettait 5 fils de section i au lieu d'un seul, à l'action de l'inducteur F = 25 000, le travail qu'on lui demanderait serait égal à celui qu'on exige de lui dans l'induit I ; et par suite la force électromotrice résultante serait la même.

Donc ce n'est qu'à condition de concentrer l'action de l'inducteur sur un plus petit nombre de molécules induites que l'on obtiendra une plus grande force électromotrice.

Ceci rentre dans le grand principe de mécanique qui ne permet d'acquérir de la vitesse qu'à condition que l'on dépense de la force.

Si l'on veut au contraire obtenir de la force, c'est-à-dire le plus grand nombre de monades électriques possible, de l'intensité en un mot, il faut prendre pour induit du fil de gros diamètre.

320. — Deux types de Machine Gramme répondent à ces deux idées théoriques.

Dans l'une l'induit est formé d'une série de bobines de fil fin se faisant suite l'une à l'autre comme les quatre boucles de la figure 122 ou de la figure 124.

Dans l'autre, l'induit est formé de tringles véritables disposées dans le sens de l'axe de rotation, au-dessus et au-dessous du faisceau de fil de fer qui constitue l'anneau. Les extrémités de ces tringles sont reliées alternativement par des barres de même section, de manière que le tout forme un seul ruban métallique autour de l'anneau, comme l'indique la figure 127.

Ces machines donnent un courant continu, comme l'analyse des figures 122 et 124 nous l'a montré

321. — En nous reportant à cette analyse fig. 122, nous voyons que si l'on ne suppose que quatre bobines à l'anneau, la bobine E de gauche et la bobine E″ de droite sont seules actives au moment où les deux autres E′ et E‴ sont dans la ligne neutre PR. Il s'en suit que l'unité de courant induit sera fournie tout au plus par l'action combinée de deux bobines quand E et E″ se trouveront à 45° de l'axe FF″.

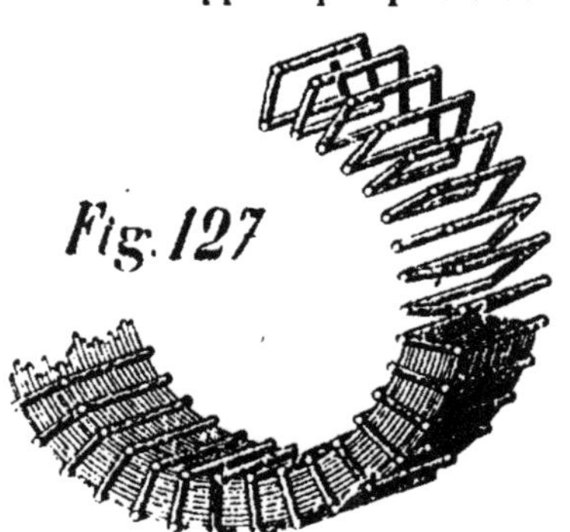
Fig. 127

L'intensité du courant présentera donc un caractère ondulatoire à *longues vagues*, laissant en évidence le maximum et le minimum d'intensité. C'est une condition analogue à l'ondulation de la force de la vapeur passant d'un point mort à l'autre.

C'est pour éviter ces variations trop caractérisées d'intensité que l'on multiplie le nombre des bobines, c'est-à-dire les faisceaux du fil induit ; car tous ces faisceaux ne font toujours qu'une bobine continue unique.

Grâce à cette disposition on peut dire que « chaque région du champ de l'induction est toujours utilisée par une bobine ; et par suite les ondulations de l'intensité du courant induit, au lieu d'être à grandes vagues, sont à petites vagues serrées se rapprochant de plus en plus de la surface plane qui représente l'égalisation complète, le nivellement parfait de l'intensité ».

322. — La machine Gramme de la figure 121 est *bipolaire*, l'inducteur étant formé par un seul électro-aimant.

Il n'y a donc que deux aimants *ab* et *a'b'* induits dans le fer de l'anneau ; et par suite les bobines ont un arc de 180 degrés à parcourir pour produire une unité de courants induits.

Or, comme nous l'avons vu au sujet de la figure 90, la puissance du courant dépend de la rapidité avec laquelle la bobine passe d'un bout à l'autre de l'aimant.

Il faut donc une grande vitesse de rotation à ces machines.

Pour réduire cette vitesse en considération des machines à vapeur qui la produisent avec peine, on a doublé les pôles inducteurs ; et par suite les bobines n'ont plus qu'un quart de circonférence à parcourir pour produire l'unité de courant induit.

La figure 128 donne l'idée de cette machine Gramme, dite *Duplex* à cause de ses deux électro-aimants fournissant 4 pôles inducteurs.

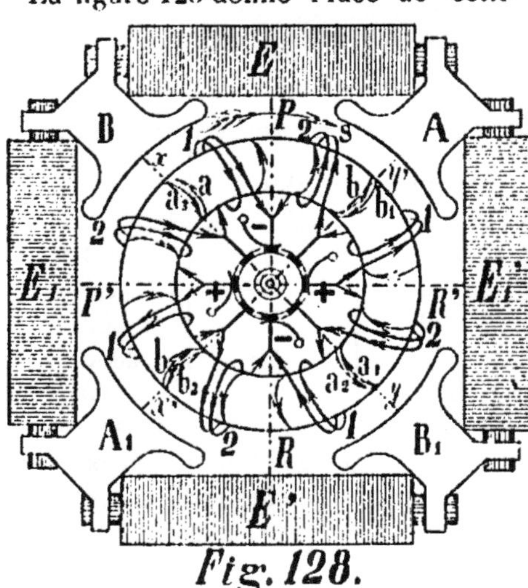

Fig. 128.

S'il y a 4 bobines dans la figure, deux opposées sont seules essentielles ; soit par exemple E avec ses deux pôles A B ; et E' avec ses deux autres pôles A_1, B_1. Les deux autres bobines E_1 E_1' ne sont ajoutées que pour aider les deux premières à mieux aimanter leurs pôles.

Il y a là deux axes

polaires xy et $x'y'$, et deux lignes de maximum d'induction PR et P'R'.

Tout se passe d'ailleurs dans cette machine tétrapolaire comme dans la machine bipolaire. Les flèches de la figure suffisent pour le faire comprendre.

Les bobines 1 étant dans des phases d'induction croissante ont des courants induits *inverses* des courants d'Ampère ; — et les bobines 2, étant dans des phases d'induction décroissante, ont des courants induits de *même sens* que ceux d'Ampère.

Remarquons seulement qu'il y a quatre balais collecteurs comme il y a 4 pôles inducteurs ; et que les deux balais diamétralement opposés étant tous les deux positifs ou tous les deux négatifs, on peut les réunir pour ne former que deux pôles extérieurs. La machine tétrapolaire ainsi couplée équivaut à deux machines bipolaires réunies en quantité ; comme deux piles que l'on réunit par leurs pôles de même nom.

323. — Le tableau suivant indique les principaux modèles de machines Gramme à *bobines*, dans le genre de la figure 129.

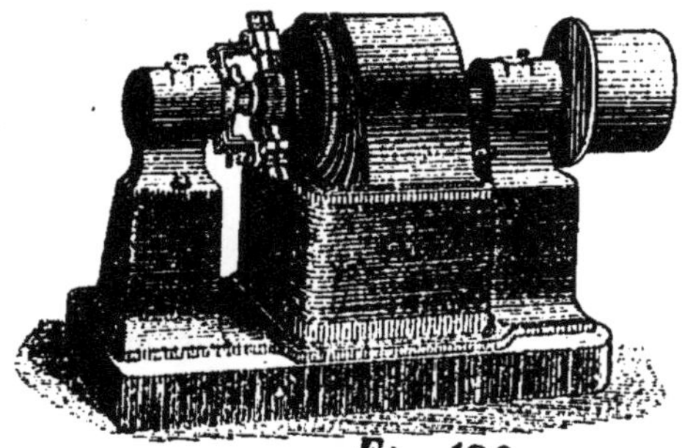

Fig. 129.

N° DES MACHINES	TOURS PAR MINUTE	AMPÈRES	VOLTS	PRIX
9.	2000.	10.	25.	300 fr.
7.	1500.	20.	55.	500
5.	1400.	80.	55.	900
3.	1000.	230.	70.	3000
1.	600.	550.	70.	6500

Chaque bougie exigeant 3,5 ou 4 watts, on obtient approximativement la puissance d'éclairage par incandescence de chaque machine, en divisant par 4 le produit des ses ampères par ses volts.

324. — Le second modèle à induit formé de simples tringles de cuivre, comme la figure 127, est réservée pour la galvanoplastie et construit sous les nos suivants.

N° DES MACHINES	TOURS PAR MINUTE	AMPÈRES	VOLTS	PRIX
1.	800.	65.	6.	1500 fr.
».	1200.	65.	9.	—
2.	750.	300.	7.	2400
».	1000.	300.	10.	—
3.	500.	3500.	4.	12000
».	750.	1750.	16.	—

ARTICLE V

Machine Siemens.

325. — Ce qui caractérise la machine Siémens, c'est sa bobine.

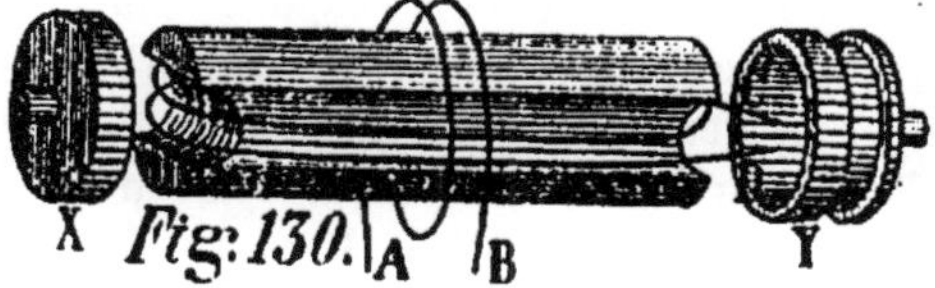

Fig: 130.

Au lieu d'enrouler le fil de sa bobine perpendiculairement à la longueur du barreau de fer doux, figure 130, comme AB, il l'enroule dans le sens même de la longueur, comme CD. Le barreau est creusé en gouttière des deux côtés, avec deux échancrures aux deux extrémités pour recevoir le fil.

Deux tourillons XY, s'appliquant aux deux bouts fournissent l'axe de rotation de la bobine.

326. — Le but direct de cette disposition a été le perfectionnement de la machine de Clarke. Cet induit allongé permet en effet de multiplier les inducteurs, c'est-à-dire de mettre en réalité plusieurs machines de Clarke en une seule.

C'est ce que l'on voit par la figure 131.

La longueur MN de l'électro-aimant induit permet de le soumettre en xy à l'action des pôles d'un certain nombre d'aimants inducteurs.

Cette machine est donc une magnéto.

327. — Mais dans lesDynamos, cette bobine Siémens a pour ainsi dire perdu son caractère d'électro-aimant pour devenir *simple bobine.*

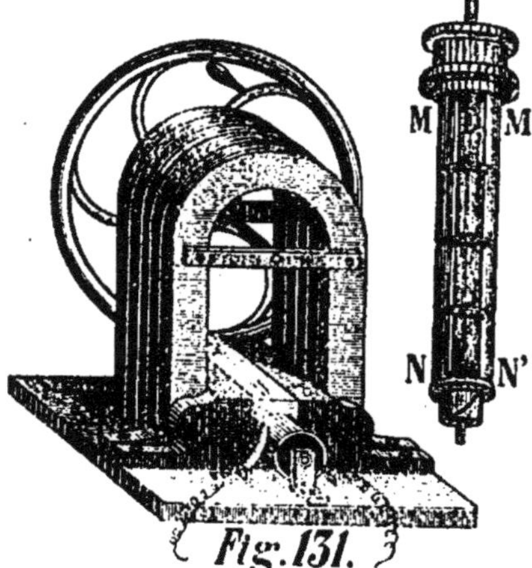

Fig. 131.

Au lieu d'une bobine EF, figure 131, il y en a 8, et par suite les parties polaires MN et M'N' disparaissent complètement sous le fil.

328. — Le noyau en fer complètement cylindrique, figure 132 caché sous ces 8 bobines donnant 16 faisceaux tels que MN, subit sans doute encore l'influence des pôles inducteurs; mais au lieu de former deux aimants, comme l'anneau Gramme, il ne peut en former qu'un seul.

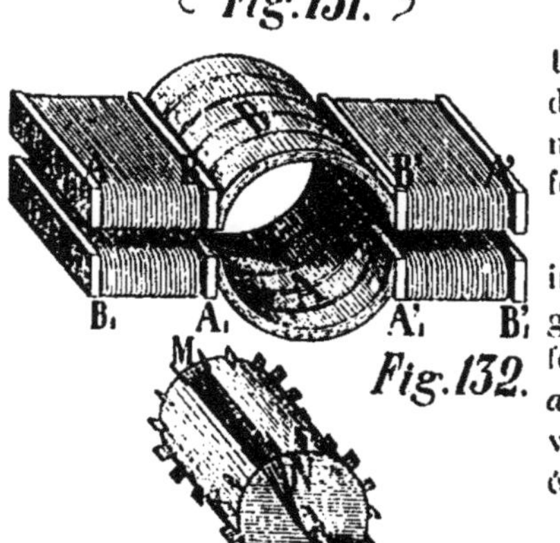

Fig. 132.

Cet aimant transversal est immobile dans l'espace ; malgré la rotation du noyau de fer qui le forme, ses deux pôles *a* et *b* sont toujours tournés vers les pôles B et A des électro-aimants inducteurs.

329. — Dans la machine *Hafner-Altenek*, figure 132, l'électro-aimant inducteur est dédoublé.

Au lieu de deux branches agissant au milieu des arcs en fer polaires BB' et $A_1A'_1$, on a mis deux bobines AB et A'B' d'une part ; — et $A_1 B_1$, $A'_1B'_1$ de l'autre, agissant aux deux extrémités des plaques polaires, dans le but de mieux partager l'action du champ magnétique.

330. — Les analyses des figures 69, 94 et 96 et la remarque que je viens de faire au numéro 324 me permettent de donner encore la théorie *complète* de la machine Siémens.

Soit la figure schématique 133, dans laquelle les plaques A et B représentent les pôles arqués de la figure 132, sans leurs électro-aimants.

Le tambour en fer doux est transformé par les pôles inducteurs, comme je l'ai dit, en un seul aimant transversal *ab*, ayant sa ligne neutre dans le plan MNPR, parallèle aux plans des pôles inducteurs.

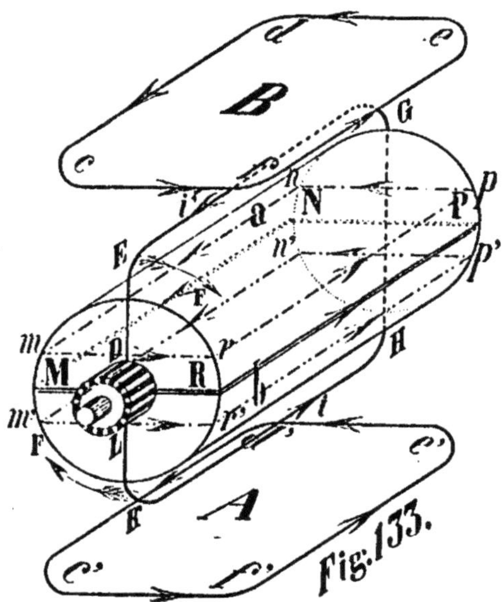

Fig. 133.

Cet aimant induit reste immobile dans l'espace malgré la rotation du cylindre; — absolument comme les deux aimants induits dans l'anneau Gramme.

Soit le fil DEGHKL représentant une bobine dont les extrémités viennent se relier à deux lames opposées du collecteur.

On voit qu'en tournant dans le sens F, les parties longitudinales EG et HK de ce fil passent successivement entre les deux pôles supérieurs B et *a*, et les deux pôles inférieurs A et *b*.

Comme on le voit aussi, en examinant les 5 plans B, *mp*, MP, *m'p'* et A, tous les courants d'Ampère *dc*, *nm*, NM, *n'm'* et *d'c'* viennent vers l'*avant* de la figure à gauche; tandis qu'à droite, tous les courants *fe*, *rp*, RP, *r'p'* et *f'e'* vont vers l'*arrière*.

Donc quand le fil EH coïncide avec le plan horizontal MNPR, il subit le *maximum* d'induction de ces deux catégories de courants; — et quand il est vertical, comme l'indique la figure, il est dans le *minimum* d'induction de la part de ces mêmes courants. La partie EG, par exemple, quitte actuellement le joug des courants de gauche qui viennent vers l'avant, pour entrer sous le joug des courants de droite qui vont vers l'arrière.

Donc en venant de MN à sa position actuelle, le fil EG sera le siège d'un courant *i'* de *même sens* que les inducteurs, c'est-à-dire venant vers l'avant. Et en allant de PR à sa position actuelle, le fil HK sera le siège d'un courant *i* de *même sens* aussi que les inducteurs, c'est-à-dire dirigé vers l'arrière.

Or ces deux courants *i* et *i'* se font suite l'un à l'autre dans le fil; donc les deux inductions des pôles primaires A et B et des pôle secondaires *ba* s'accordent pour donner un courant unique dans la machine Siemens.

Les nouveaux modèles de la machine Siemens, au lieu d'avoir leurs électro-aimants inducteurs horizontaux, comme dans la figure 132, les ont verticaux. Le tableau suivant en indique les principaux types.

DÉSIGNATION DE LA MACHINE	NOMBRE DE TOURS PAR MINUTE	Puissance Motrice nécessaire en Chevaux	AMPÈRES	VOLTS
D_2	600.	4.	40.	»
SD_2	1100.	7.	40.	110.
SD_5	1550.	1 1/2.	16.	50.

ARTICLE VI

Machine Édison.

331. — La machine Edison n'est autre que l'induit à tambour de Siemens soumis à l'action des deux pôles d'un électro-aimant vertical placé au-dessus de l'induit, au lieu d'être au-dessous, comme dans la machine Gramme.

Ce qu'il y a de particulier dans cette machine, c'est l'enroulement du fil qui, au lieu de former un nombre *pair* de faisceaux, — 8 par exemple comme dans le tambour Siemens, — n'en forme que 7, comme l'indique la figure 134. En suivant les chiffres on comprend comment toutes les bobines forment un circuit unique.

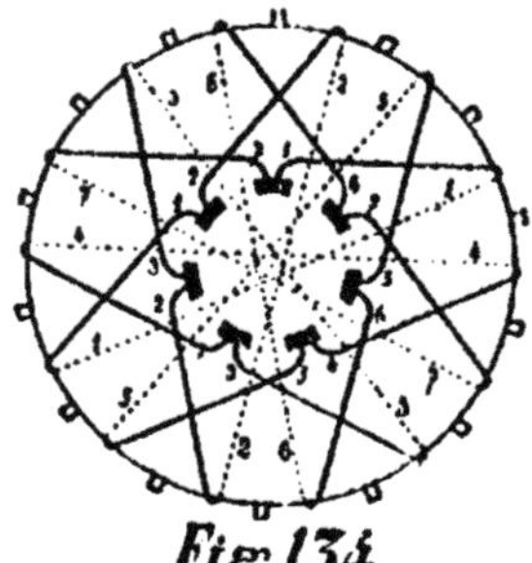

Fig. 134.

La raison de cette disposition est la suivante.

332. — Si nous considérons un anneau Gramme à 8 bobines, figure 135, chacune de ces bobines est absolument assimilable à un élément de pile, ayant son pôle positif et son pôle négatif.

Ainsi la lame 2 du collecteur est, comme on le voit par les flèches qui indiquent les courants induits, le pôle *positif* de la bobine *m*, et la lame 1 est son pôle *négatif*.

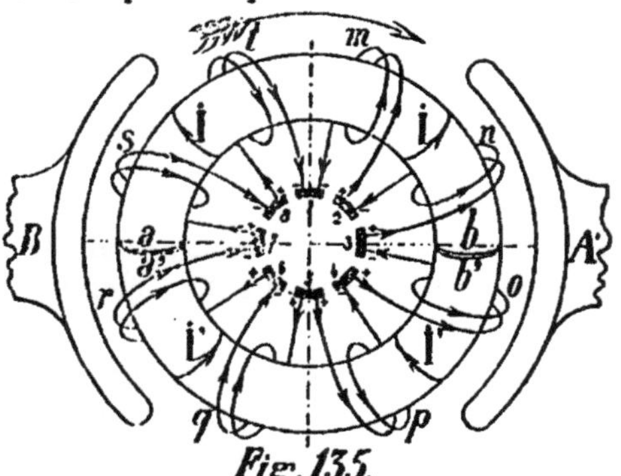

Fig. 135.

Toutes les bobines sont donc couplées en tension.

N'oublions pas que les flèches ne nous indiquent que la direction du courant des monades électriques positives, et que les monades négatives circulent en sens inverse. Ainsi les monades négatives vont par la droite et par la gauche, de la lame 1 du collecteur à la lame 5; tandis que les monades positives vont par la droite et par la gauche de la lame 5 à la lame 1.

C'est donc par la lame 1 que l'électricité positive sortira de la machine, et par la lame 5 que sortira la négative.

Cela bien compris, on voit que si l'on touche à la fois les deux lames 1 et 2, *on ferme la bobine* m *sur elle-même* : c'est ce que l'on exprime en disant qu'on la met en court-circuit.

Or si le nombre des bobines est pair, les contacts des balais étant diamétralement opposés et ces balais se calant toujours tous les deux d'une pièce, si l'on touche à la fois les lames 1 et 2, l'autre touchera aussi à la fois les deux autres lames opposées 5 et 6. Il y aura donc *deux bobines*, *m* et *q*, mises en court-circuit à la fois.

Si au contraire le nombre des lames est impair, quand l'un des balais touchera deux lames, l'autre n'en touchera qu'une, parce que celle-ci fait face à l'intervalle des deux premières.

Il n'y aura donc jamais qu'*une bobine* en court-circuit.

C'est le but que s'est proposé Edison.

Machines Edison.

NUMÉRO DE LA MACHINE	TOURS A LA MINUTE	AMPÈRES	VOLTS	PRIX
1.	1400.	40.	55.	825 fr.
«	«	30.	75.	«
2.	1400.	80.	55.	1.250
«	«	40.	110.	«
8.	375.	1600.	55.	7.650
«	«	1200.	75.	«

ARTICLE VII

Machine Rechnewski.

333. — Cette machine, figure 136, est encore un induit à tambour Siemens, tournant entre les deux pôles épanouis d'un électro-aimant semblable à celui de Gramme.

Ce qui la caractérise, c'est que son induit et son inducteur au lieu d'être formés par des pièces massives de fer, sont composés de lames minces de fer doux, isolées les unes des autres.

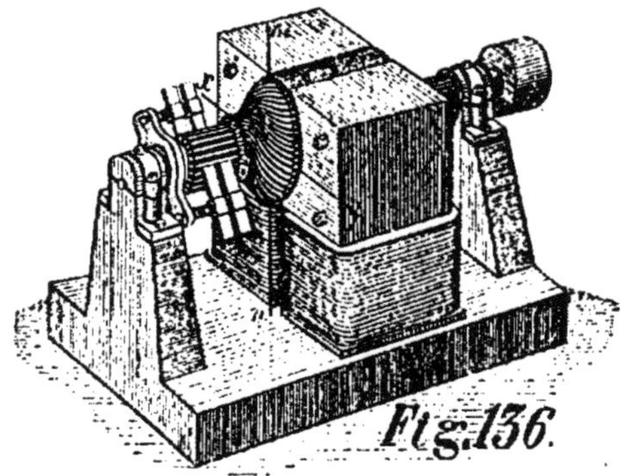
Fig. 136.

Comme on le voit dans la figure, les fils qui viennent des bobines au collecteur, sont tordus de 90°. Cette torsion a pour but de faciliter le réglage des balais. Comme nous l'avons vu dans la théorie, c'est dans la ligne *verticale* mn, que doit se faire la prise du courant qui sort de la machine, mais alors le contact de l'un des balais est caché sous le collecteur et le surveillant ne peut pas voir facilement si les étincelles y sont au minimum nécessaire. C'est pourquoi le constructeur a tordu les fils, afin de pouvoir mettre les contacts des deux balais dans une ligne horizontale xy, ce qui permet de les voir tous les deux à la fois.

INDICATION DE LA MACHINE	PUISSANCE EN WATTS	VITESSE ANGULAIRE en Centimètres par seconde.	FORCE ABSORBÉE EN CHEVAUX
R_9 bipolaire.	600.	880.	1.
R_{10} «	10.000.	1120.	15.
R_{11} «	20 000.	1300.	29.
R_{20} multipolaire.	110.000.	1900.	160.
R_{21} «	200.000.	1700.	290.

ARTICLE VIII

Machine Desroziers, de la maison Bréguet.

---

334. — L'induit de cette machine est à disque plat, formé de fil de cuivre, sans noyau de fer.

Pour simplifier l'examen théorique de l'induit, considérons dans la figure 137, 3 groupes de demi-boucles, formant par leurs deux branches 6 faisceaux de fils radiants se rejoignant par des arcs de cercle.

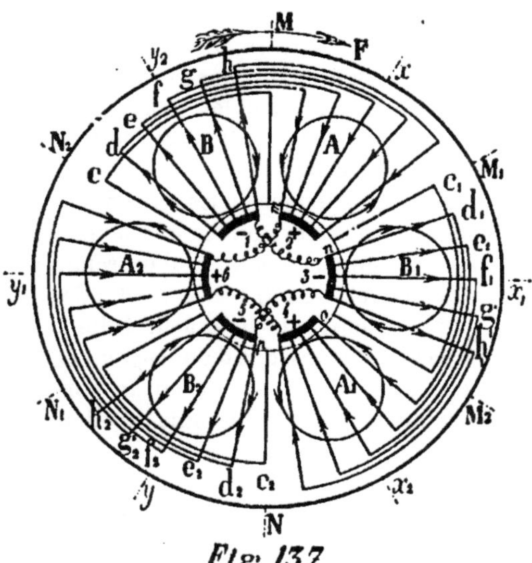

Fig. 137.

Ce sont les parties radiantes qui, par leur passage devant les pôles alternants de 3 électro aimants sont l'induit réel; les parties formant arcs de cercle ne comptent pas.

Or nous savons qu'un fil qui passe devant un pôle d'aimant est, pendant tout le parcours, le siège d'un courant induit *de même sens que le courant d'Ampère situé du côté du pôle par lequel le fil l'aborde.*

La rotation de l'induit ayant lieu dans le sens F, nous voyons :

1° Que les boucles e, e_1, e_2, ayant leur rayon à égale distance des pôles inducteurs dans les lignes neutres ou de maximum d'induction, ne sont le siège d'aucun courant.

2° Que les branches centrifuges d, e, f, g, h ; $d_1 \ldots h_1$; $d_2 \ldots h_2$; ayant abordé les pôles B, B_1, B_2 par le côté où les courants d'Ampère sont centrifuges, sont le siège de courants induits allant du centre à la circonférence.

3° Que les branches centripètes de ces mêmes boucles, ayant

abordé les pôles A, A_1, A_2 par le côté où les courants d'Ampère sont centripètes, sont le siège de courants induits allant de la circonférence au centre.

4° Que par suite toutes ces boucles sont à ce moment parcourues par des courants qui s'ajoutent l'un à l'autre.

5° Que les 3 faisceaux se présentent comme trois éléments de pile ayant un pôle positif et un pôle négatif.

6° Que l'on peut coupler ces trois faisceaux en quantité, comme l'indique la figure, en réunissant les pôles négatifs 1 et 5 à 3 ; — et les pôles positifs 2 et 4 à 6, ce qui mettrait les balais à 180° l'un de l'autre ; — ou les pôles positifs 6 et 4 à 2, ce qui mettrait les balais à 60° l'un de l'autre.

7° Que quel que soit l'arrangement des fils, quand les rayons passeront dans la position représentée dans la figure, ils seront parcourus par les courants indiqués, si la rotation se fait dans le sens F ; mais qu'une rotation inverse de F, changerait le sens de tous les courants induits ; car ce serait par les courants centrifuges des pôles A et par les courants centripètes des pôles B que les fils aborderaient les pôles inducteurs.

8° Remarquons enfin que si au lieu d'isoler les extrémités des boucles sur les six plaques du collecteur, on les reliait les unes aux autres pour faire un circuit unique continu, si on reliait par exemple l'extrémité *m* de *d* au bout *n* de d_1 ; et le bout *o* de d_1 à l'extrémité *p* de d_2 etc..., tous les courants se feraient suite l'un à l'autre dans tout le circuit pendant le passage d'un rayon devant un pôle ; mais changerait de sens en passant devant le pôle suivant. Il y aurait donc 6 changements de courants pendant un tour complet de l'induit.

Cette machine deviendrait alors *identique* avec l'alternateur Thompson que nous verrons à la figure 147.

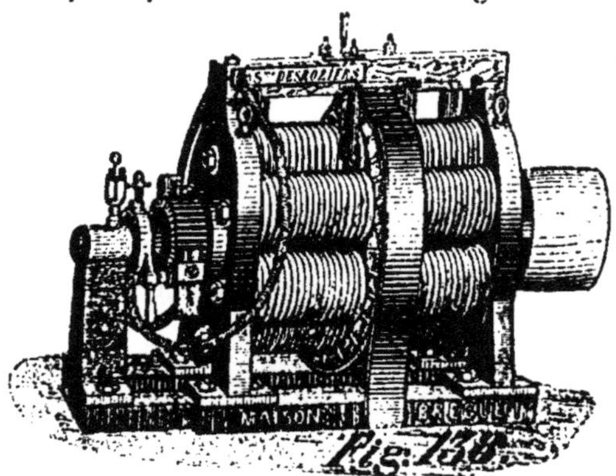

Ces indications suffisent pour faire comprendre la théorie de cette machine dont la figure 138 donne l'idée générale.

335 — Comme on le voit, l'induit tourne entre deux séries d'électro-aimants, dont les pôles de noms contraires se font face l'un à l'autre.

Comme l'indique la figure 139, les courants I et I' sont tous les deux ascendants dans les deux pôles, du côté par lequel l'induit CD les aborde ; tous les deux s'accordent donc pour y faire naître un courant ascendant i.

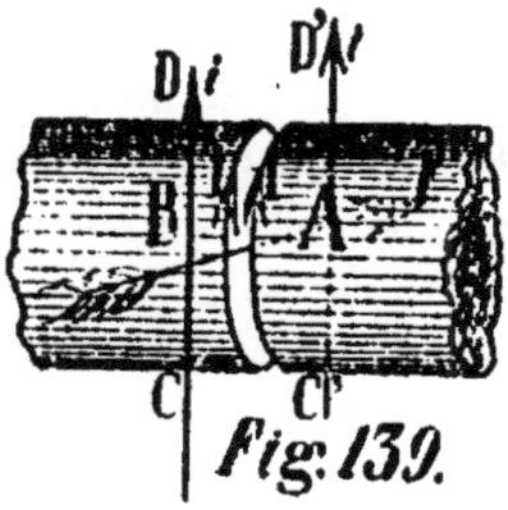

Fig. 139.

336. — Le disque induit ayant peu d'épaisseur, toute la puissance magnétique des deux pôles peut concentrer son action sur l'orientation des molécules de l'induit. L'induction s'y produit avec une intensité remarquable.

L'absence de fer dans l'induit prive sans doute la machine d'une seconde source d'induction qui est comme nous l'avons vu, la source principale du courant induit dans l'anneau Gramme ; à savoir : l'induction produite par les changements de polarité du fer doux sur l'hélice enveloppante. Mais en y réfléchissant, on comprend qu'après tout cette seconde induction n'est qu'un travail de *seconde main* demandé aux pôles inducteurs. On dirige leur puissance sur le fer doux pour la faire passer de là sur le fil des bobines. Il y a donc là un agent intermédiaire entre la force première et le travail qu'on exige d'elle. Il y a double transmission de force et par suite il y a lieu de se demander si la force y est aussi bien utilisée que lorsqu'on applique directement l'activité des pôles inducteurs aux fils induits.

Toujours est-il que la machine Desroziers donne d'excellents résultats.

L'absence de fer supprime les courants dits de Foucault, analysés dans la figure 89, qui, n'ayant jamais aucune issue pour sortir des noyaux des électro-aimants, y produisent, en s'y neutralisant, une chaleur tout à fait nuisible. Cette chaleur se communique au fil de l'hélice et plus le mouvement vibratoire calorique des molécules du cuivre s'accentue, plus elles sont disposées à absorber les monades électriques qui leur arrivent, pour augmenter encore le nombre de leurs vibrations, c'est-à-dire leur degré calorique.

De plus, comme nous l'avons vu, le temps nécessaire à l'orientation des molécules du fer et surtout l'hystérésis, c'est-à-dire le temps que les molécules emploient pour revenir d'elles-mêmes à leur orientation naturelle, sont un obstacle à la vitesse de rotation de laquelle dépend la force électromotrice. Comme on peut le voir dans le tableau des machines Gramme à galvanoplastie, l'augmentation de la vitesse fait croître le voltage sans changer l'intensité du courant.

L'induit à disque, sans fer, est exempt de ces inconvénients.

De plus, la ventilation des fils de l'induit y est bien ménagée, de sorte que la chaleur produite par la Self-induction et par l'imperfection de la conductibilité est dispersée autant que possible par le rayonnement. Le refroidissement y est tel que le fil induit peut transmettre jusqu'à 12 ampères par millimètre carré de section.

Or à un fil nu tendu en l'air, on ne peut demander en moyenne que le transport de 6 ampères par millimètre carré.

Quand le fil est couvert de coton, il ne peut en transporter que 4 ; et quand il est revêtu de caoutchouc, il ne peut laisser passer que 2 ampères 1/2 seulement.

Le défaut qui reste inhérent à cette machine est la partie de l'induit qui est repliée *en arc de cercle.*

Machines Desroziers.

TYPES DES MACHINES	TOURS A LA MINUTE	AMPÈRES	VOLTS	PRIX
T. $\frac{450}{135}$	800	125	110	3200
T. $\frac{650}{240}$	500	500	110	8000 fr.
T. $\frac{1200}{260}$	300	2300	70	23000

CHAPITRE V

EXCITATION des DYNAMOS

337. — Dans l'étude du cerceau de Delezenne, figures 116, 117, 118 et 119, nous avons vu que les courants électriques terrestres peuvent induire les molécules d'un fil et d'un morceau de fer doux quand on les fait mouvoir n'importe comment dans l'espace, pourvu que ce ne soit pas autour d'un axe parallèle à la direction de l'aiguille d'inclinaison.

D'autre part, nous savons que le fer doux n'est jamais tellement pur et parfait, que ses molécules orientées par une forte aimantation reviennent toutes immédiatement à leur état normal : il y a toujours quelque portion d'aimantation rémanente.

Cela étant, on conçoit qu'en faisant tourner une dynamo, on a toutes les chances de rencontrer l'une ou l'autre de ces deux causes et même les deux.

Les courants induits par la terre dans les bobines qui tournent, produisent un commencement d'aimantation dans les noyaux ; — ces noyaux eux-mêmes, figure 118, sont aimantés par la terre et produisent des courants induits dans les bobines ; — à cette aimantation par la terre vient se joindre l'aimantation rémanente.

On conçoit donc que la somme *algébrique* de toutes ces causes agissent en définitive, comme un *levain*, pour augmenter les courants induits. Puis, cette réciprocité de réaction se continuant, la machine atteint bientôt son régime parfait.

Cependant on le conçoit aussi, ces causes primordiales d'excitation des Dynamos peuvent, ou ne pas exister ; ou être trop faibles ; ou même agir à contre-sens.

L'induction des bobines et des noyaux par la terre peut produire dans ces noyaux une aimantation inverse de l'aimantation rémanente. Le refus d'amorçage des Dynamos est donc un cas très possible.

Mais avant de voir quel peut être le remède à ce défaut, voyons les différents modes d'excitation employés dans la construction de ces machines.

338. - Soit un induit *i*, figure 140, avec son électro-aimant inducteur I.

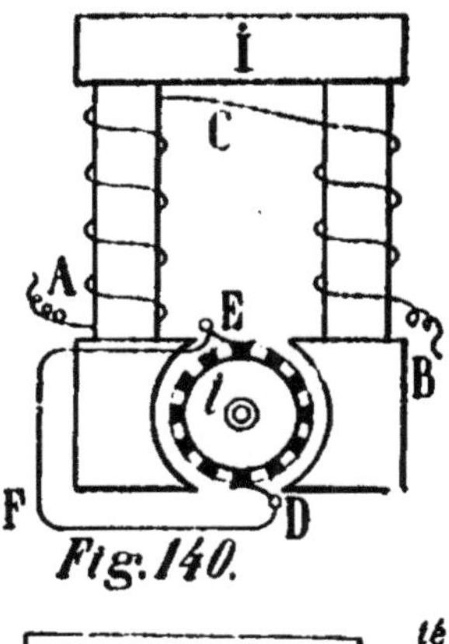

Fig. 140.

Le courant peut être alimenté par une source extérieure à la Dynamo, pile ou autre dynamo, d'une façon absolument indépendante du courant induit qui circule dans le fil EFD du balai.

La machine est alors à *excitation indépendante.*

Avec ce système, qui est indispensable pour les dynamos à courants alternatifs non redressés, — que nous verrons bientôt, — on peut *régler à volonté l'intensité des électro-aimants inducteurs.*

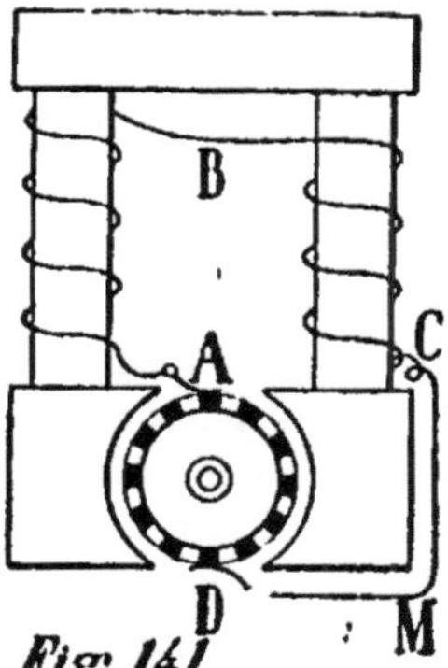

339. — Dans les dynamos à courant continu, ou à courants alternatifs redressés, le fil de l'un des balais A, figure 141, va s'enrouler autour de l'électro-aimant inducteur avant de revenir par le circuit extérieur M rejoindre l'autre balai D.

La machine est dite alors *auto-excitatrice.*

Fig. 141.

340. — Dans le système de la figure 141, l'induit et l'inducteur constituent un circuit unique : il n'y a qu'un seul fil continu. L'excitation est dite *simple* ou *en série.*

Si la résistance extérieure en M augmente, tout le courant est affaibli en ABC, comme ailleurs ; et par suite, l'aimantation de l'électro-aimant inducteur faiblit précisément quand un surcroît de travail exige qu'elle devienne plus forte.

Si la résistance extérieure diminue, l'intensité du courant non utilisée ailleurs, s'emploie à activer l'aimantation des inducteurs et par suite le courant induit va en grandissant. La machine s'emballe et il se peut que l'induit soit brûlé.

Il faut donc éviter de mettre ces machines en court-circuit, c'est-à-dire en résistance extérieure presque nulle.

341. — Si l'on emploie ces machines à excitation directe à

charger des accumulateurs, il pourra arriver qu'à un moment donné, la force électromotrice des accumulateurs fasse équilibre à la force électromotrice de la Dynamo. Celle-ci se ralentit donc et, pour tel ralentissement, les accumulateurs, l'emportant sur celle de la machine par leur force électromotrice, changent la polarité de ses inducteurs et de son induit et s'y déchargent.

342. — Nous verrons plus loin que lorsqu'un courant électrique rencontre une bifurcation de route, l'intensité du courant se subdivise en deux parts inversement proportionnelles aux résistances des deux voies qui lui sont ouvertes.

Si donc, figure 142, on attache aux deux balais A et D deux fils ABCD et AENMD, on pourra, par un choix convenable de leur grosseur respective, diriger dans la bobine ABC des électro-aimants la fraction que l'on voudra du courant induit qui sort de la bobine de l'anneau.

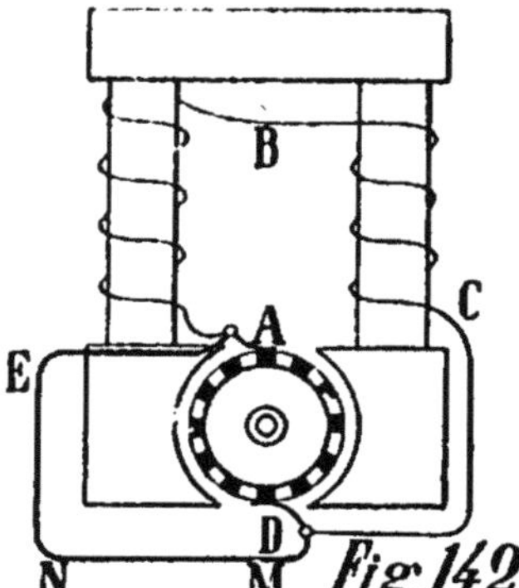

Fig. 142.

343. — Cette proportion établie par le fait du rapport choisi entre les diamètres des deux fils, variera d'ailleurs avec les variations de résistance qui surviendront en MN.

Quand la résistance grandira en MN, elle réagira jusque dans les bifurcations A et D. Un flux électrique plus intense va donc passer dans la bobine ABC. L'aimantation des pôles inducteurs va donc augmenter, et par suite le courant induit va lui-même grandir.

Quand la résistance diminuera en MN, le flux électrique grandira dans le circuit extérieur, et diminuera par là même dans la bobine ABC. L'aimantation des inducteurs va donc décroître et par suite le courant induit lui-même va faiblir.

Il peut même arriver, si la résistance extérieure devient trop faible, que la presque totalité du courant qui sort de l'induit vienne à l'extérieur et que la portion qui passe dans l'inducteur soit trop faible pour entretenir le régime. La machine alors se *désamorce*.

La mise en court-circuit ne peut donc produire ici d'autre effet fâcheux que l'arrêt de la machine.

Cette excitation s'appelle l'excitation en *dérivation*.

344. — Un troisième système consiste à réunir les deux premiers dans une même machine.

Un fil fin A*bcd*E, figure 143, prend en dérivation une partie du courant qui sort de l'induit, pour aimanter les pôles inducteurs.

Un second fil plus gros, ABCDMNE, au lieu d'aller directement des balais au circuit extérieur, va s'enrouler lui aussi autour des électro-aimants.

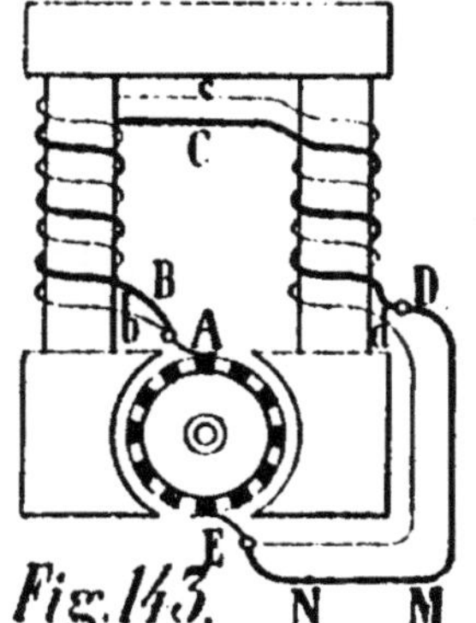

Fig. 143.

Ce second fil ABDM n'est autre chose que l'excitation *directe* ou *en série* de la figure 141. Et le premier fil A*bcd*E, constitue l'excitation en *dérivation* de la figure 142.

Or l'analyse de ces deux systèmes nous a montré d'un côté, que si la résistance extérieure en MN diminue, autrement dit si le courant a moins de travail à réaliser, le courant se renforce dans le circuit ABCD et tend par conséquent à augmenter la puissance de la machine *à contre-temps*.

L'analyse nous a montré d'un autre côté que dans ce cas l'intensité du courant *diminue* dans le fil de dérivation A*bcd*E, et tend par conséquent à *affaiblir* la puissance de la machine.

Il s'en suit une régularisation *automatique* de la machine pour la maintenir au même degré de force électromotrice.

C'est pourquoi ce système d'excitation a reçu le nom de *Compound*.

345. — Revenons maintenant à l'amorçage de ces différents systèmes.

Si la machine est à excitation simple, figure 141, et qu'elle ne s'amorce pas, parce que le commencement de courant qu'elle produit n'est pas assez fort, on lui évite la peine de parcourir tout le circuit extérieur, en établissant un contact direct entre le point C et le balai D, c'est-à-dire en la mettant en court-circuit.

Mais il faut se garder de prolonger ce contact, car, comme nous l'avons vu, ce court circuit peut brûler le fil de l'induit.

346. — Si la machine est à excitation en dérivation, figure 142, il suffit pour la mettre dans les conditions favorables à l'amorçage de détacher un instant l'extrémité A ou D du circuit extérieur AENMD. Le courant qui sort de l'induit pénètre alors tout entier dans la dérivation ABCD.

Cette opération ne doit encore durer qu'un instant pour la même raison que précédemment.

CHAPITRE VI

Dynamos à courants alternatifs

ou

ALTERNATEURS

347. — Soit, figure 144, un électro-aimant mobile *ab*, passant

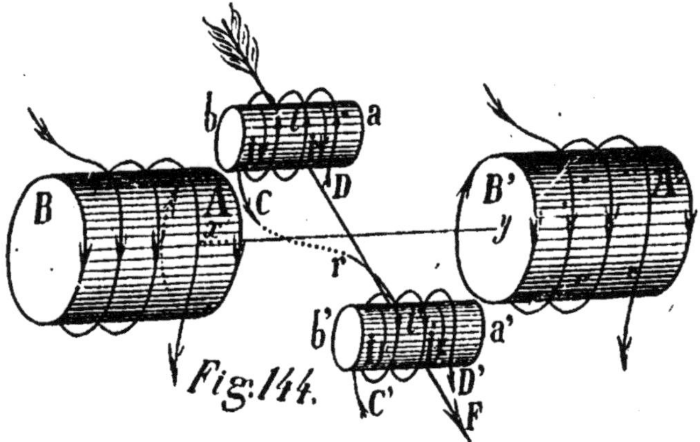

Fig. 144.

entre les deux pôles contraires de deux électro-aimants fixes; le mouvement se faisant dans le sens de la flèche F.

Depuis l'instant où le fer doux va sentir l'influence magnétique des pôles inducteurs A et B' jusqu'au moment où il arrivera sur la ligne axiale *xy*, l'aimantation de *ab* va aller en *grandissant*; donc jusque là, le fil CD sera parcouru par un courant induit *i* *inverse* des courants d'Ampère I formés par les pôles A et B' dans le fer doux.

Après le passage devant l'axe des pôles, l'aimantation du fer doux ira en *diminuant*, donc le fil C'D' sera le siège d'un courant *i* de *même sens* que les courants d'Ampère I de *a'b'*. Le courant induit change donc de sens en passant devant l'axe des pôles inducteurs.

348. — Soit, figure 145, l'induit *a'b'* de la figure 144 passant du joug des inducteurs A et B sous celui des inducteurs suivants A', B', disposés en *sens inverse* des précédents.

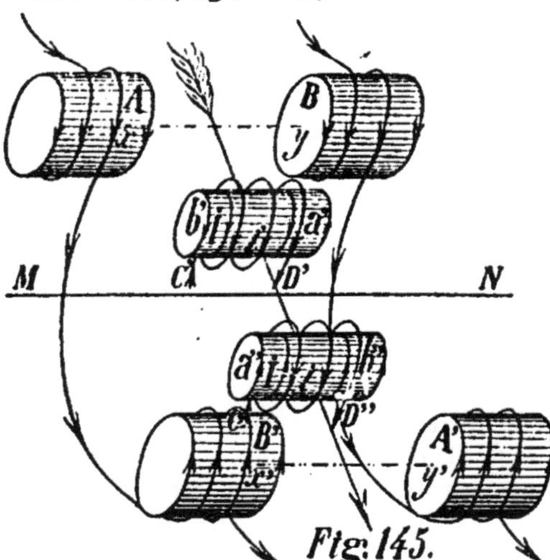

Fig. 145.

Arrivé à égale distance des deux inducteurs, sa polarité change de sens et sa nouvelle aimantation *a''b''* va aller en *augmentant* depuis la ligne MN jusqu'à l'axe des pôles *x' y'*.

Donc le courant induit *i* y sera de *sens contraire* des nouveaux courants d'Ampère créés dans le noyau. Ce courant *i* est donc de même sens que celui qui existait depuis *xy* jusque MN.

Donc l'induit, dans cette combinaison sera de *même sens entre les axes polaires des différentes paires d'inducteurs.*

349. — Revenons à la figure 144, et supposons que *ab* et *a'b'*, au lieu d'être deux positions successives d'un même induit, soient deux induits distincts. Comme nous le voyons, leurs courants sont inverses; mais il est évident que si on relie ces deux bobines, comme l'indique le raccordement Cr, leurs courants s'ajouteront l'un à l'autre.

ARTICLE Ier

Machine de l'abbé Nollet dite de l'Alliance.

350. — Les explications précédentes suffisent pour comprendre la théorie de la machine de l'Alliance, laquelle n'est elle-même que l'application en grand de l'appareil de Clarke.

Cette machine ayant pour inducteur des aimants permanents, est une *magnéto*, et ne présente désormais aucun intérêt.

ARTICLE II

Alternateurs Siemens.

---

351. — Dans cette machine les bobines qui passent entre les deux séries de pôles inducteurs, n'ont pas de noyau en fer doux.

Les courants induits dans ces bobines sont cependant les mêmes que lorsque le fer y est.

352. — Nous savons qu'un simple fil, figure 94, passant devant un pôle donne un courant induit bien net, dirigé pendant tout le trajet dans le sens du courant d'Ampère situé du côté par lequel le fil aborde le pôle.

Dans le cas d'une bobine, ou simplement d'une boucle passant devant un pôle, en ayant son plan *parallèle au front du pôle*, le courant induit perd de sa netteté, car le principe d'induction ne s'applique plus à un seul fil, mais à deux fils réunis par leurs extrémités; — ce qui n'a pas lieu dans la machine Desroziers, figure 137, dans laquelle les deux extrémités de la boucle sont reliées à deux lames isolées l'une de l'autre.

L'analyse suivante montre que les courants induits dans ces deux fils solidaires, enroulés en boucle, se nuisent l'un à l'autre.

353. — Soit, figure 146, la boucle CD passant devant les pôles

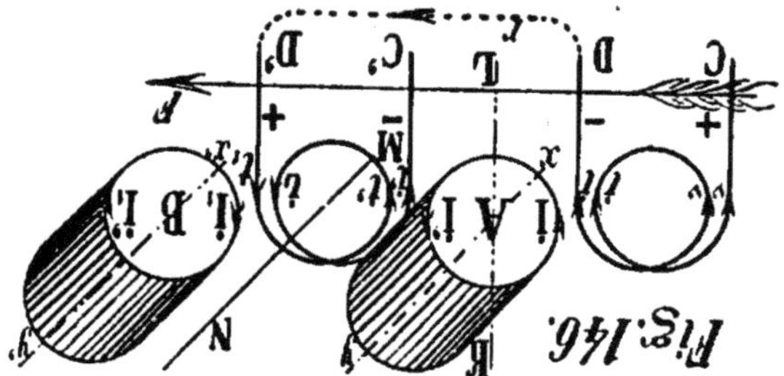

inducteurs A, B, dans le sens F.

Le côté D de la boucle qui est en avant va arriver le premier à la ligne KL qui est, comme nous l'avons vu, la ligne où l'action inductrice des courants descendants de gauche I cesse pour faire place à l'action inductrice des courants ascendants de droite I'.

Le côté C qui passe par le même champ magnétique décroissant, subira nécessairement la même induction, mais avec un *retard de phase*.

Ainsi dans la position de la figure, les courants descendants i, induits dans le côté D, sont plus intenses que les courants v induits dans le côté C.

L'excédent des i sur les v donne donc un courant différentiel allant de C à D.

Au contraire quand la boucle a passé à droite de KL, c'est le tour du côté C′ d'avoir le courant induit le plus intense.

Ce courant induit i', étant inverse de I′, est encore descendant, c'est-à-dire de même sens que le courant i qui existait à gauche de KL; mais comme il est dans la branche C′ au lieu d'être dans la branche D′, la direction générale du courant a changé dans la boucle : il va maintenant de D′ en C′.

354. — Quand la boucle est à moitié dans le champ magnétique de A et à moitié dans celui de B, l'induction de ce dernier donne un nouveau courant induit $i_{\prime}$, ascendant comme $I_{\prime}$, et qui s'ajoute par conséquent au courant descendant i' produit par le pôle A.

355. — A mesure que C′D′ pénètrera plus avant dans le champ de B, le courant i' disparaîtra pour faire place à un courant ascendant comme $i_{\prime}$; mais ce dernier étant plus intense, — comme i par rapport à v dans la position CD, — le courant différentiel va encore de D′ à C′.

356. — Donc dans une boucle, ou une bobine, dont le plan passe parallèlement au front d'un pôle, les courants varient absolument comme si elle avait un noyau de fer doux.

Mais on le voit, les courants recueillis sont presque continuellement des courants *différentiels*, parce que l'induction doit nécessairement produire des effets contraires dans ces deux faisceaux de fils solidaires qui constituent les deux côtés de la boucle.

357. — Toutes les bobines étant réunies en un circuit continu, comme l'indique le raccordement r, tout le fil induit est parcouru par un courant de même sens pendant que les bobines vont d'un pôle inducteur à l'autre ; mais pendant qu'elles parcourent l'intervalle des deux pôles suivants, le courant change de sens.

L'inducteur étant formé de deux couronnes de 16 branches d'électro-aimants opposés deux à deux par leurs pôles contraires, il y a donc 16 courants alternatifs émis par la machine, pour chaque tour du disque qui porte les bobines induites.

Ce courant alternatif ne pouvant alimenter les inducteurs, il faut une machine pour fournir le courant excitateur.

ARTICLE III

Alternateur Ferranti-Thompson.

358. — Dans cette machine l'induit, au lieu de former des boucles formées en bobines, — ce qui est le défaut de l'alternateur Siemens, — se replie en serpentant comme l'indique la figure 147.

Cet induit serpentant est formé d'un seul ruban de cuivre de 36 mètres de long, 12 mm. de large et 2 mm. d'épaisseur. Au lieu de ne former que 6 boucles comme dans la figure il est replié en 12 boucles. Le métal est à nu, mais les plis sont isolés. Les deux extrémités du ruban sont soudées à deux bagues isolées l'une de l'autre sur l'axe de rotation et sur lesquelles s'appliquent les balais, comme l'indique le croquis supplémentaire de la figure 147.

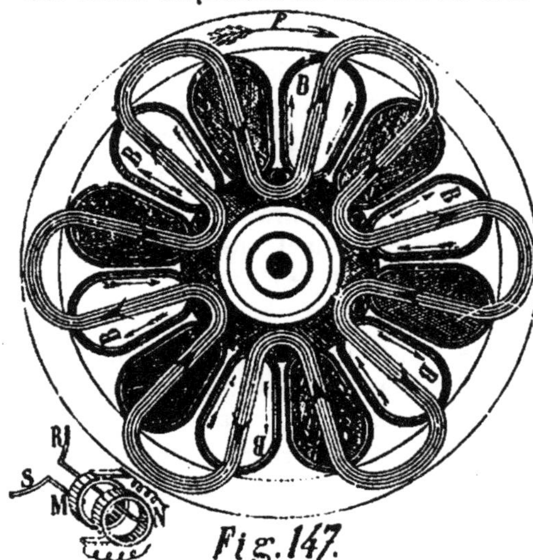

Fig. 147.

L'écartement des rayons de l'induit est combiné avec la largeur et le nombre des électro-aimants inducteurs de telle sorte que tous les rayons soient en même temps dans la même position par rapport au champ magnétique de leurs inducteurs.

Il s'en suit, comme dans la machine Desroziers, figure 137, une grande netteté dans la production des courants induits.

359. — La théorie de cette machine est exactement a même que celle de la machine Desroziers.

La rotation de l'induit se faisant dans le sens F; nous voyons que les parties radiantes des boucles abordent les pôles inducteurs A par le côté où les courants moléculaires sont centripètes, et les pôles inducteurs B, par le côté où ces courants sont centrifuges.

Donc pendant tout le temps de leur passage devant ces pôles ils sont parcourus par les courants indiqués dans la figure.

Si la rotation se faisait en sens inverse, les courants induits changeraient de sens, parce que les premiers courants abordés par les rayons seraient alors centrifuges dans les pôles A et centripètes dans les pôles B.

Comme dans la machine Desroziers, l'induit tourne entre deux séries d'inducteurs ayant leurs pôles contraires en face l'un de l'autre; ce qui double l'énergie inductrice, comme le montre la figure 139.

360. — Remarquons que si on fractionnait cet induit en 6 boucles, en le coupant dans les 6 coudes du centre, et si on reliait les 12 extrémités ainsi produites, à 12 lames isolées sur le collecteur, on en ferait une machine identique à la machine Desroziers à courants continus, 6 de ces lames étant toujours négatives et les six autres étant toujours positives, dans telle position, il serait facile de les réunir en deux pôles pour deux balais collecteurs.

361. — L'absence de fer dans l'induit lui donne une grande légèreté; ce qui permet de lui imprimer une grande vitesse de rotation; 1900 tours à la minute.

La machine employée à l'usine des Halles à Paris produit 52 ampères à la tension de 2400 volts.

CHAPITRE VII

MOTEURS ÉLECTRIQUES

ou

Transmission de l'énergie électrique.

ARTICLE Ier

Transmission par courants continus
Moteurs sans point mort.

362. — Soit l'anneau Gramme, figre 148, *recevant* un courant

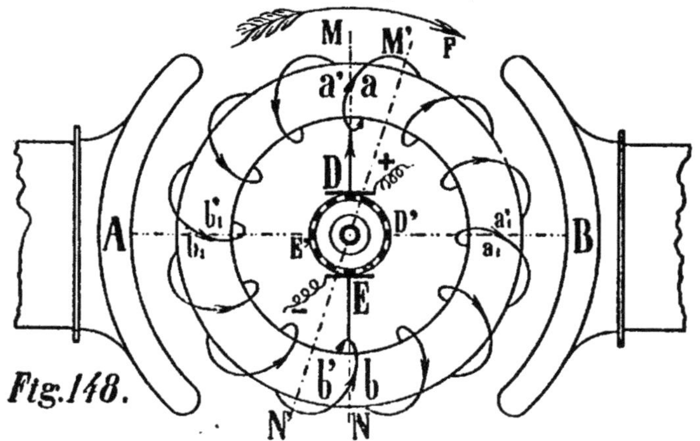

Fig. 148.

électrique, entrant par son balai D et sortant par le balai E.

Il se forme dans l'anneau deux aimants *ab* et *a'b'*, dans une position qui diffère de 90° de celle que ces aimants occupent quand la machine sert de source électrique, comme nous l'avons vu dans les figures 122 et 124.

Les deux pôles aa', au lieu d'être sur xy, du côté de B, sont sur la ligne MN. Les deux pôles bb' sont également sur cette ligne MN au lieu d'être en face de A.

Cela étant, il y a évidement attraction entre les pôles aa' et le pôle B d'une part; — et de l'autre répulsion, entre les pôles bb' et B. — De même il y a de l'autre côté attraction entre bb' et A; et répulsion entre A et aa'.

L'anneau va donc tourner dans le sens F.

363. — Or ce mouvement de rotation est complètement *tel que les forces magnétiques en jeu l'exigent.*

Pas un angle d'une seconde n'y est décrit en contrariant l'attraction ou la répulsion du moindre élément de force.

DONC AUCUN COURANT INDUIT NE PEUT S'Y PRODUIRE PAR LE SEUL FAIT DE LA ROTATION DE L'ANNEAU.

364. — Que l'on mette les balais introducteurs du courant sur l'axe des pôles en E'D', on aura les deux cas suivants :

1° Si le courant entre par D', les deux aimants induits par lui dans l'anneau auront précisément leurs pôles austraux a_1 et a_1' en face du pôle B, et leurs pôles boréaux b_1 et b'_1 en face du pôle A.

Donc non seulement l'anneau ne tournera pas; mais il faudra, pour le mouvoir, pour l'arracher à l'attraction de A et de B, une force supérieure à celle qui fournit le courant en jeu.

2° Si le courant entre par E', les pôles a_1 et a'_1 se feront vis-à-vis de A et les pôles b_1 et b_1' se feront vis-à-vis de B.

Dans ce cas, si ces pôles induits sont exactement sur la ligne axiale AB, rien ne bougera encore, car la machine sera en plein point mort.

Il faudra donc caler les balais de manière que les pôles a_1b_1 se forment un peu en dehors de la ligne xy, dans un sens ou dans l'autre.

365. — Ici se présente la même question que pour la bielle et la manivelle dans la machine à vapeur.

Les balais calés sur la ligne AB, donnent le cas où la bielle et la manivelle sont en ligne droite AM figure 149, c'est-à-dire le *point mort.*

Leur calage en dehors de la ligne AB, donne plus ou moins le cas A'M', où la poussée de la vapeur agit avec un levier *plus ou moins réduit.*

Fig. 149.

Et leur calage perpendiculairement à xy donne le cas AM' où la poussée de la vapeur agit avec son bras de levier *maximum.*

C'est donc là logiquement qu'il faut placer les balais.

366. — Cette condition étant remplie, nous voyons que le travail des pôles A et B consiste à attirer les pôles bb' et aa' sur la ligne AB; mais que le courant moteur, entrant toujours par les points D et E, maintient constamment ces pôles dans la position du maximum de levier, à angle droit sur la ligne des pôles.

Ce maintient des pôles aa' et bb' dans la normale MN suppose une aimantation énergique de l anneau par le courant moteur, et un équilibre d'action et de réaction bien ménagé par le constructeur entre cette aimantation de l'anneau et l'aimantation de l'électro-aimant AB.

Une petite aiguille de boussole présentée à un fort aimant, perd immédiatement son aimantation propre pour prendre celle que lui impose ce fort aimant. De même ici, si la puissance magnétisante de la bobine qui entoure l'anneau est plus faible que la puissance magnétisante de la bobine de l'électro-aimant, l'influence des pôles A et B pourra imposer plus ou moins au fer de l'anneau une aimantation différente de celle que sa bobine lui communique; et cette aimantation intempestive sera évidemment telle que les pôles a_1a_1' soient en face du pôle B et les pôles b_1b_1' en face de A.

Les pôles A, B vont donc alors agir, par leur attraction sur ces nouveaux pôles parasites, à la façon d'un frein.

Ils agissent sur les pôles aa', bb', formés par la bobine de l'anneau pour les attirer ou les repousser en faisant ainsi tourner l'anneau; — et ils agissent sur les pôles a_1a_1' b_1b_1', formés par leur influence propre, pour les retenir en immobilisant l'anneau.

Mais l'on conçoit que l'on peut établir entre la masse du fer de l'anneau et celle de l'électro-aimant; — entre la bobine de l'anneau et celle de l'électro-aimant, un rapport tel, que chacune des deux aimantations produites se fasse équilibre; c'est-à-dire qu'aucun des aimants n'ait la puissance de désorienter les molécules de l'autre.

367. — Remarquons d'ailleurs que cette action d'un aimant plus puissant sur un autre plus faible ne se réalise que lorsque l'aimant le plus faible est immobilisé par rapport au plus puissant dans une position qui contrarie leurs attractions.

Que l'on présente un électro-aimant aussi puissant que l'on voudra à la plus petite aiguille aimantée, complètement libre de se mouvoir dans l'espace, et au lieu de changer son aimantation propre, elle se retournera et ira se coller à l'électro-aimant par son pôle contraire. Ce n'est que si une force extérieure la présente par son pôle de même nom à son puissant adversaire que toutes ses molécules changeant d'orientation vont renverser ses pôles

Or ici les deux aimants de l'anneau sont libres de tourner dans l'espace, non en ce sens que les pôles *aa'* obéiront au pôle B jusqu'à venir en face de lui, sur la ligne *xy*; mais en ce sens que l'attraction de B a pu *commencer* à l'attirer.

368. — Pour nous rendre bien compte de cette action mécanique, imaginons d'abord des actions succesives indépendantes.

L'hélice de l'anneau ayant formé les pôles *aa'* figure 150, admettons que le pôle B attire ces pôles en $a_1a'_1$; et qu'à ce moment, $a_1a'_1$, *s'évanouissant sous son attraction*, reparait encore en *aa'*.

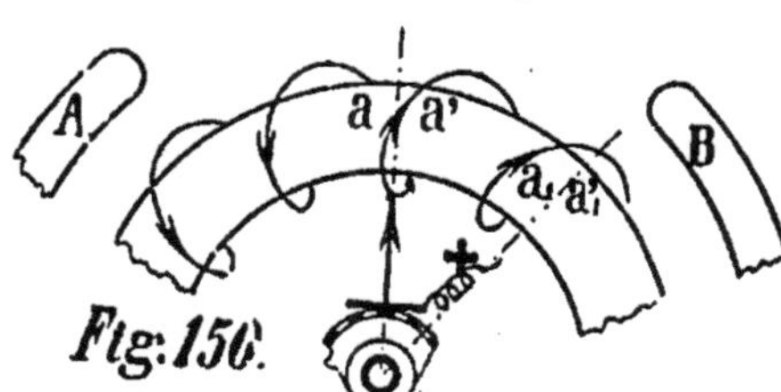

Fig: 150.

L'attraction de B, retournant prendre les nouveaux pôles *aa'* pour les amener à leur tour en a_1a_1', va agir à l'instar des mains qui prennent successivement les leviers d'un treuil à chevilles.

Imaginons maintenant que les intervalles de temps qui séparent *aa'* et a_1a_1' deviennent de plus en plus courts; — qu'au lieu de se faire par saccades, comme dans le treuil à chevilles ou comme avec les dents d'un engrenage, — le renouvellement des pôles se fasse d'une manière continue, comme le renouvellement du point de prise d'une courroie sur une poulie, et nous aurons l'idée vraie du mode d'action de ce moteur électrique.

369. — Je ne puis me faire à l'idée acceptée cependant par les électriciens, que la rotation de l'anneau y développe un *contre-courant*, une force *contre-électromotrice*.

Si aucun courant ne circule dans la bobine de l'anneau, le fer doux de cet anneau subit, suivant AB, figure 148, une polarité définie a_1a_1', $b_1b'_1$, tendant à l'immobiliser. Et alors je comprends qu'une force motrice va d'une part, en arrachant les molécules du fer à l'action des pôles inducteurs A et B, forcer ces molécules à *modifier continuellement leur orientation* ; et de l'autre, en faisant passer les différentes bobines de l'induit sur ces deux aimants fixes, *modifier aussi continuellement l'orientation* des molécules du fil de cuivre.

Donc il y aura là deux travaux mécaniques qui pourront devenir sources d'électrité.

Mais lorsque renversant les rôles, j'envoie un courant électrique dans les bobines de l'anneau, je ne vois plus où serait le travail mécanique qui pourrait fournir un courant contraire à ce courant moteur ; du moins, si, comme je le suppose, la machine est construite de façon à éviter les polarités parasites dont j'ai parlé au numéro 366.

« Lorsqu'on relie une dynamo à courant continu, (une machine Gramme) à un générateur électrique produisant une différence de potentiel constante, on constate que la dynamo prend un mouvement de rotation qui s'accélère jusqu'à ce que l'effort moteur soit égal au couple résistant. En même temps le courant qui traverse l'appareil *diminue graduellement* à mesure que la *vitesse augmente*, ce qui cause dans la dynamo le développement d'une force *contre-électromotrice*, croissant *dans certaines limites avec le travail effectué.* » (*Eric Gérard, t. 2, p. 143*).

Tel est le raisonnement reçu.

Or il me semble qu'il y a là une contradiction manifeste.

En effet le courant qui traverse l'appareil étant la force motrice qui fait tourner la dynamo, comment se peut-il faire que cette force motrice *diminue* quand la vitesse de rotation *augmente ?*

N'est-ce pas comme si l'on disait que la vitesse du volant augmente quand la force de la vapeur diminue ; c'est-à-dire que l'effet augmente quand la cause diminue ?

Si la force *contre-électromotrice* est une réalité, elle doit affaiblir le courant moteur.

Donc la vitesse de rotation produite par le courant moteur doit décroître.

Or, si la vitesse décroît, la force *contre-électromotrice* qui dépend de cette vitesse doit diminuer aussi par là même.

Donc le courant moteur va grandir.

Donc la vitesse va augmenter.

Donc la force *contre-électromotrice* va renaître.

Donc encore la force du courant moteur va baisser...

Toutes ces conclusions logiques contradictoires démontrent que la force *contre-électromotrice* ne doit pas pouvoir se manifester *puisqu'elle se tue elle-même en naissant, en détruisant sa cause.*

370. — Pour éviter le contre-sens inhérent à cette force *contre-électromotrice*, il suffit d'admettre que l'affaiblissement que l'on constate dans le courant moteur, en concomitance avec l'accélération du mouvement produit, indique simplement *l'absorption de la force dans le travail.*

Si un ampère-mètre introduit dans le circuit indique un courant plus fort *quand on empêche le moteur de tourner librement*, il me semble que ceci est assimilable aux indications du manomètre qui monte quand on arrête le travail de la machine.

371. — Le travail véritable exécuté par le courant moteur est le renouvellement continu des pôles aa', bb' dans la ligne MN perpendiculaire à AB.

Pendant la rotation, ces pôles sont entraînés vers les pôles B et A de l'électro-aimant. Les molécules du fer de l'anneau orientées par le courant à un instant donné, sont emportées dans l'instant suivant par la rotation, et le courant est obligé, (*en véritable Pénélope*) de refaire perpétuellement cette orientation que les pôles AB lui arrachent à mesure qu'elle la produit.

Et c'est là la véritable raison pour laquelle il faut mettre les balais *en arrière du mouvement produit*, afin que les pôles soient maintenus autant que possible à *angle droit* avec le point mort.

Donc si le moteur est immobilisé, il ne reste d'autre travail à faire au courant moteur que *le maintien* de l'orientation des mêmes molécules de l'anneau, malgré l'influence des pôles A et B.

Si le mouvement est simplement diminué, il y a encore évidemment diminution de travail, puisque dans l'unité de temps il y a moins de molécules à orienter.

C'est donc exactement, à mon avis, le cas du manomètre qui monte quand on cale la machine.

372. — Si un fil de fer introduit dans le circuit rougit quand on arrête le moteur et ne rougit plus quand le moteur tourne, c'est que le travail dans l'orientation des molécules de l'anneau occasionne, en absorbant l'électricité, une sorte de vide de force dans le conducteur, lequel vide facilite la circulation du courant dans le fil de fer.

C'est ainsi que la pression hydromotrice dans un jet d'eau exercera sur les parois, si le jet d'eau ne fonctionne pas, une certaine pression, laquelle pourra devenir nulle quand l'eau sortira librement.

Je crois donc devoir dire que c'est le travail moléculaire grandissant avec la vitesse de rotation, — et non ce que l'on a appelé la force *contre-électromotrice*, qui absorbe la force du courant moteur.

Il est maximum par seconde, comme le dit la Loi de Jacobi, lorsque le moteur tourne avec une vitesse telle que l'intensité du courant est réduite à la *moitié* de ce qu'elle serait si le moteur était maintenu immobile.

Moteurs à courant continu avec point mort

373. — La machine Gramme employée comme moteur n'a pas de point de mort ; nous venons de le voir : mais il est d'autres systèmes qui présentent ce défaut.

Soit par exemple les deux machines identiques AB et A'B', figure 151, dont l'induit est constitué par un électro-aimant *ab*

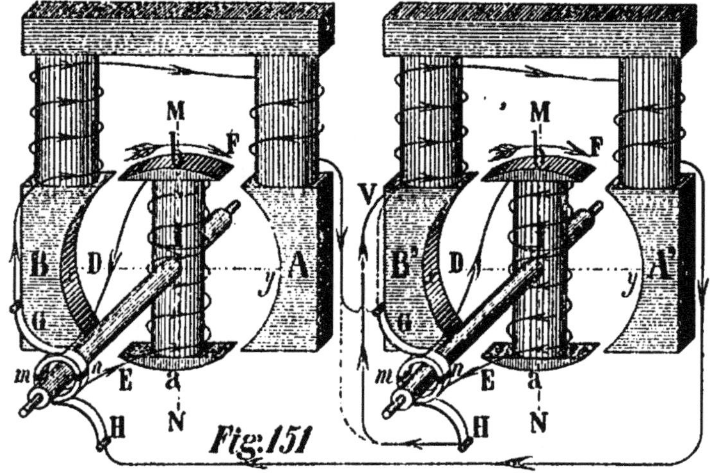

Fig:151

tournant entre les deux pôles d'un fort électro-aimant inducteur.

Employons AB comme *génératrice* et A'B' comme *réceptrice*.

Nous savons que lorsque l'induit est un électro-aimant, c'est sur la ligne *xy* qu'à lieu l'inversion du courant induit de la bobine, tandis que pour l'Anneau Gramme, c'est sur la ligne MN que cette inversion a lieu. Il s'en suit que les balais collecteurs doivent être sur la ligne *xy* des pôles dans les dynamos du 1er système et sur la ligne MN perpendiculaire aux pôles, dans celles du 2e système.

Revoir au besoin les figures 92 et 96.

Les deux extrémités du fil induit DE étant reliées aux deux coquilles isolées du commutateur redresseur, et les deux séparations *m* et *n* de ces coquilles étant à angle droit avec l'axe de l'induit, les contacts des balais G et H doivent être placés dans la verticale, afin qu'à l'instant où le sens du courant induit changera le balai G prenne contact avec la coquille du bout E de l'induit par lequel va venir le courant positif, et que le balais H prenne contact avec la coquille du bout D qui va devenir négatif.

Le courant qui sort de la dynamo est donc continu et la rotation de l'induit se faisant dans le sens F, le courant a le sens indiqué par les flèches.

374. — Voyons maintenant l'effet que ce courant va produire dans la réceptrice.

Dans la position occupée par l'induit dans la figure, nous voyons que le courant qui est *inducteur* partout ici, dans l'électro-aimant mobile comme dans le grand électro-aimant fixe, a pour résultat de créer dans le premier une polarité *ab* telle que l'extrémité *b* est repoussée par B' et attirée par A'. L'extrémité *a* de son côté est repoussée par A' et attirée par B'.

La rotation aura donc lieu dans le sens F, c'est-à-dire dans le même sens que la génératrice.

Mais si le courant entrait par le balai H, et que le fil V fût relié au balai G, les pôles seraient l'inverse de ce qu'ils sont, et alors la rotation se ferait aussi en sens contraire de F.

Si nous supposons que l'électro-aimant *ab* arrive sans vitesse acquise dans la ligne *xy*, les balais seront sur les séparations *m* et *n* des deux commutateurs; le courant sera donc un instant sans direction nettement définie dans la bobine, et il y en aura une; — quand par exemple il aura formé un pôle austral à la place de *b* en face de A' et un pôle boréal à la place de *a* en face de B', l'axe de l'induit coïncidant avec *xy*, *les deux répulsions se trouveront au point mort.*

Si le contact des balais, s'accentuant de l'autre côté des fentes, forme au contraire un pôle *b* en face de A' et un pôle *a* en face de B', l'attraction résultante aura pour effet de maintenir l'induit dans la ligne *xy*.

Lors donc que l'on demandera du travail à ce moteur, il faudra que la résistance qu'on lui donnera à vaincre soit telle qu'il puisse conserver la vitesse suffisante pour passer ce point mort et échapper à l'attraction qui a lieu au delà de ce point mort.

375. — Remarquons que si la machine réceptrice est une Magnéto, l'induit étant toujours aimanté par l'influence des aimants inducteurs permanents, l'électro-aimant mobile se trouve toujours au point mort quand on commence.

ARTICLE II.

Transmission par courants alternatifs.

376. — Longtemps on a cru qu'il était impossible de faire tourner une dynamo en y envoyant des courants *alternatifs*; mais on a trouvé depuis peu des moteurs qui peuvent utiliser ces courants.

Ces nouveaux moteurs sont ou à champ constant; — ou à champ alternatif; — ou à champ tournant.

Moteurs à champ constant. — Moteurs synchroniques

377. — Si nous substituons au commutateur redresseur de la figure 151 le collecteur simple à bagues de la figure 152, on voit que le courant sortant de la génératrice restera tel qu'il est dans l'induit, c'est-à-dire alternatif.

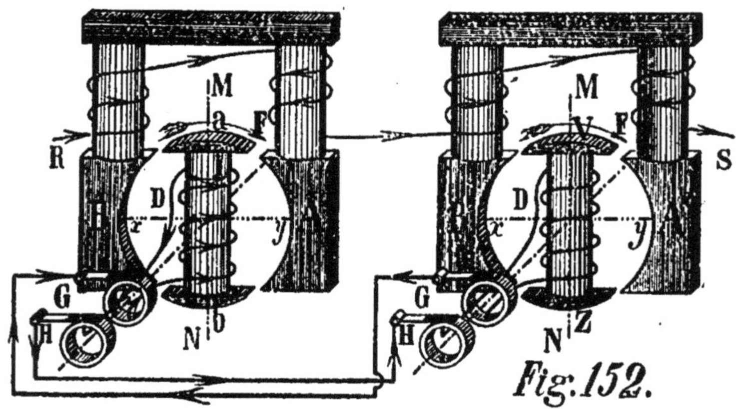

Fig. 152.

La bague H étant reliée à l'extrémité D et la bague G à l'autre extrémité du fil induit, on voit qu'à chaque fois que l'extrémité D sera au dessus de xy, comme actuellement, le courant sortira par le balai H ; et que par contre, à chaque fois que l'autre extrémité sera au-dessus de xy, ce sera par le balai G que le courant sortira.

Il y aura donc deux inversions de courant pour un tour de l'induit de la génératrice AB.

378. — Voyons ce que ces deux courants alternatifs vont produire dans l'électro-aimant mobile de la réceptrice.

Il est entendu que les électro-aimants inducteurs sont actionnés par un courant continu RS, fourni soit par une pile, soit par des accumulateurs, soit par une dynamo indépendante ; le courant alternatif ne pouvant que leur donner une aimantation alternante que nous n'admettons pas dans l'étude du cas présent.

Il s'agit en effet de moteur à champ magnétique *constant*.

Soit A'B' les deux pôles créés dans le moteur par le courant *constant* RS.

Si l'induit VZ est dans la ligne MN comme l'indique la figure, c'est-à-dire dans une position identique à celle de l'induit de la génératrice, nous voyons que le courant qui arrive du balai G de la génératrice et qui entre par le balai G de la réceptrice, va induire un pôle boréal dans le haut et un pôle austral dans le bas.

Donc la machine va tourner dans le sens F comme la génératrice.

379. — Remarquons que les deux rotations étant de *même sens* dans les deux machines, le courant électrique est de sens inverse dans les deux induits. Dans la génératrice. le courant sort par D, tandis qu'il entre par D dans la réceptrice. Cela nous mène à cette conclusion que pour faire tourner une dynamo comme moteur, en lui conservant le même sens de rotation, il faut y faire entrer un courant *inverse* de celui qu'elle émet comme génératrice.

Si la facilité de rotation est plus grande dans la réceptrice que dans la génératrice, l'impulsion imprimée à l'induit pourra lui faire parcourir les 90° qui les séparent de xy plus vite que ne le fera la génératrice ; mais la même polarité lui restant, tant que le pôle b de la génératrice n'a pas atteint xy, si l'extrémité V a, par l'élan acquis, dépasse son xy, le pôle boréal qu'il possède toujours, est *attiré* par le pôle A'.

Ce pôle va donc le retenir pour attendre l'instant où l'induit de la génératrice, ayant lui-même décrit ses 90_0, viendra lui changer son pôle boréal en austral et le mettre ainsi en répulsion avec A'.

Cette modération produite par le pôle A' sur une vitesse trop grande de l'induit, ne doit pas être assez puissante pour l'établir dans son point mort sur xy.

Il s'en suit qu'une véritable harmonie va s'établir nécessairement entre la génératrice et la réceptrice.

D'où le nom de *moteur synchronique* donné à ce moteur, parce que son induit tourne synchroniquement avec celui de la génératrice.

380. — Si nous considérons la machine génératrice figure 153,

dans une position telle que l'induit vient de dépasser la ligne *xy*, la direction du courant induit est déterminée par là même

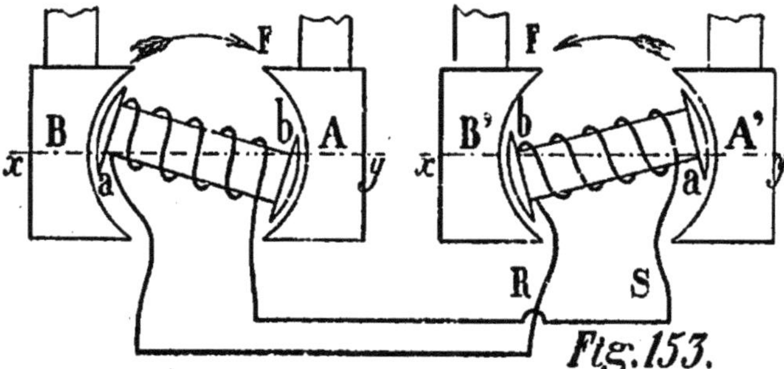

Fig. 153.

pour toute la demi-révolution de *ab*. Donc la polarité de l'induit de la réceptrice est aussi déterminée, *quelle que soit la position qu'il occupe.*

Comme nous venons de le voir, s'il était parallèle à l'induit de la génératrice, il tournerait dans le même sens que lui ; mais s'il est penché suivant *m'n'*, nous voyons que sa rotation aura lieu en sens inverse, dans le sens F.

Donc si on considère un moteur synchronique en son point mort de répulsion, *le sens de sa rotation dépend de l'impulsion qu'on lui donne.*

381. — Si au lieu d'arriver par le fil R, le courant arrive par le fil S, on voit que l'induit va avoir son pôle *a* en face de B' et son pôle *b* en face de A'. Et comme cette polarité va lui rester pendant toute la demi-révolution de la génératrice, il va *rester immobile*, maintenu qu'il est par les attractions des pôles A'B'.

Ce n'est qu'au bout d'un demi-tour de la génératrice que sa polarité étant intervertie avec le courant, il se trouvera dans les conditions du numéro précédent, prêt à tourner dans un sens ou dans l'autre.

382. — Dans les moteurs synchroniques précédents le courant alternatif n'a que deux phases ; considérons le cas où les alternateurs sont multipolaires.

Soit par exemple, figure 154, une génératrice G et une réceptrice R représentées par 3 de leurs éléments.

Les électro-aimants fixes inducteurs B... et B'... sont excités par un courant continu indépendant ST S' T'.

Supposons les induits de la génératrice a, b_1, a_2, en face des pôles inducteurs, pendant leur rotation vers la droite.

Jusqu'à ce que l'induit *ab* vienne prendre la place de a_1b_1, le

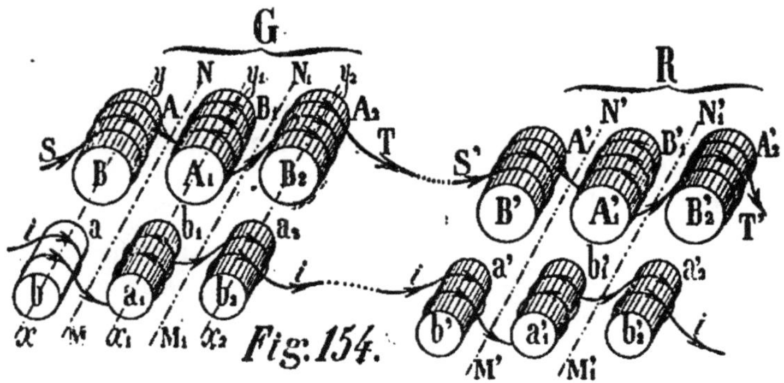

courant induit sera *i*.

Supposons que les induits de la réceptrice soient aussi en face des pôles inducteurs B',... B'_2... quand le courant *i* leur arrive.

On voit que ce courant *i* leur impose une polarité telle qu'ils sont attirés et retenus en place par les pôles B'... B'_2. Et comme cette polarité subsistera pendant que l'induit *ab* de la génératrice se transporte de B vis-à-vis de A_1, *le moteur ne bougera pas pendant toute cette première phase.*

383. — Quand les induits de la génératrice auront parcouru l'arc qui sépare les pôles inducteurs ; — quand *ab* passera en face du pôle A_1, le courant induit *i* va changer partout à la fois.

Par suite la polarité de tous les induits de la réceptrice va changer ; le pôle *a'* va devenir un pôle boréal, etc.

Donc une répulsion vient se substituer à l'attraction qui enchaînait l'induit dans le champ magnétique constant des pôles B'....B'_2.

Mais, comme nous l'avons vu, cette répulsion a un point mort d'où elle peut agir dans un sens ou dans d'autre. La rotation de la réceptrice dépendra donc encore de l'impulsion qu'on lui donnera.

A cause des balais qu'il ne faut pas mettre à rebrousse-poil avec la rotation du distributeur, on choisira le sens indiqué par la direction des balais.

384. — Si l'on désire être libre de lancer le moteur dans les deux sens, il convient d'adopter le porte-balais inverseur de M. Reckenzaun, figure 155.

Le jeu de cet appareil se comprend à la seule inspection de la figure.

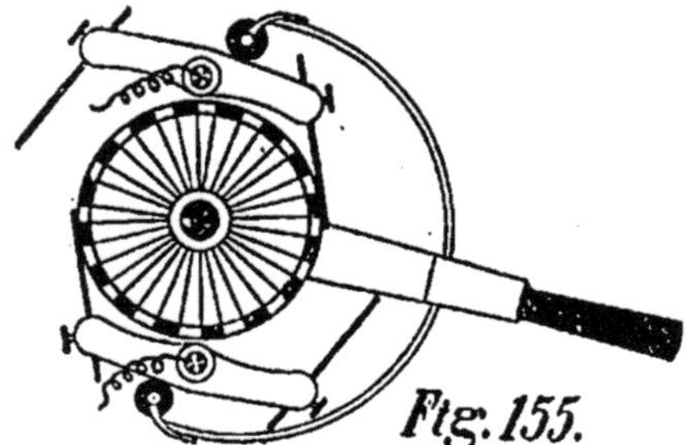

Fig. 155.

385. — Le moteur lancé dans un sens continuera à tourner synchroniquement avec la génératrice, à cause du réglage automatique expliqué au numéro 379.

386. — La marche synchrone étant établie, les induits des deux dynamos sont en même temps sur les lignes polaires xy et sur les lignes moyennes MN.

Le courant induit est de même sens d'une ligne xy à l'autre et constitue une phase ; — et cette phase se compose de deux temps : un de répulsion depuis xy jusque MN et une d'attraction depuis MN jusqu'à la ligne xy suivante.

Entre l'attraction et la répulsion en MN il n'y a pas de point mort, puisque ces deux forces agissent dans le même sens. Ce n'est qu'aux lignes xy qu'il y a point mort, parce que la répulsion constitue de fait deux forces agissant sur l'induit en sens contraire l'une de l'autre.

387. — Soit, figure 156, les différents pôles d'un induit tournant dans le sens R. devant les pôles A, B... de son inducteur.

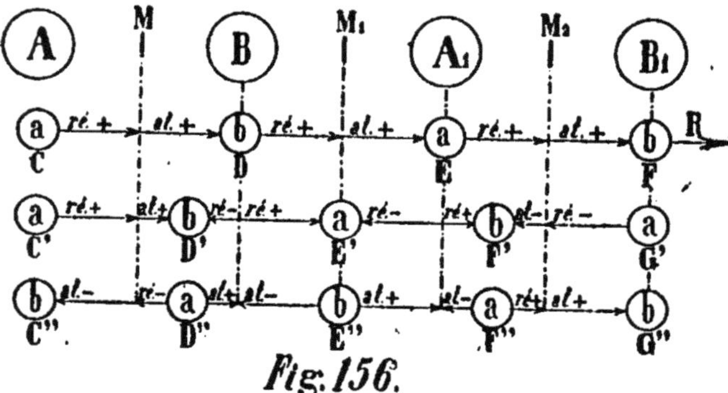

Fig. 156.

Les positions C, D, E, F de l'induit, indiquant que les changements de pôles ont lieu vis-à-vis des inducteurs nous symbolisent le cas du synchronisme de la réceptrice et de la génératrice, non représentée.

C sera austral jusqu'en D qui sera boréal jusqu'en E, etc.

Jusqu'en M, C est dans le champ magnétique de A ; il subit donc une répulsion dans le sens de la marche R.

En M, il passe dans le champ magnétique de B qui l'attire aussi dans le sens R, etc.

On voit que toutes les attractions et répulsions successives concourent à donner une même résultante dirigée vers la droite, *donnons-leur donc le signe* +.

Mais si nous opposons une résistance à la marche de la réceptrice, si nous transformons sa vitesse en travail, la conséquence sera que les changements de polarité de C, D, etc, ne se feront plus vis-à-vis des pôles A,B,C ..

Supposons un ralentissement tel que l'espace parcouru par les pôles induits n'est plus que les trois quarts de l'espace A B que l'induit de la génératrice parcourt pendant une phase du courant.

Les positions C′,D′... etc, nous montrent que par suite du ralentissement de la marche, l'interversion polaire a lieu en D′, au lieu de se faire vis-à-vis de B.

Supposé que cette vitesse se maintienne quelque temps, on voit que D′ est en retard d'un quart, E′ de deux quarts, F′ de trois quarts et G de quatre quarts ou d'une phase complète.

En inscrivant les répulsions et attractions positives et négatives que les nouvelles polarités rencontrent dans les champs magnétiques constants qu'elles traversent, on trouve, en prenant pour unité le quart de phase, que les actions positives vers la droite et les actions négatives vers la gauche se détruisent.

En changeant les polarités dans les mêmes positions C′, D′, etc, tout est renversé mais en somme la résultante est encore nulle.

Donc dès que les phases de la réceptrice cessent d'être synchrones avec celles de la génératrice, le couple résistant doit arrêter le moteur qui reste sans force.

Comment donc ce moteur peut-il fournir un travail quelconque?

388. — Je crois que pour se l'expliquer il faut revenir à ce qui a été dit au numéro 379.

Il est évident que dans la marche à *vide*, l'induit de la réceptrice doit avoir une tendance à marcher plus vite que celui de la génératrice; par suite il a une tendance à parcourir, pendant chaque phase du courant, des espaces plus grands que les distances des pôles inducteurs.

Mais vu que la polarité de l'induit du moteur persiste au delà du pôle de nom contraire de l'inducteur, celui-ci agit comme un frein pour l'arrêter : il y a, comme nous l'avons dit, autorégularisation du moteur; donc *force perdue*.

Si on oppose le couple résistant d'un travail à la rotation du moteur, cette résistance extérieure, ce travail utile, va faire l'office de frein à la place des pôles inducteurs. Et le travail possible sera celui qui aura pour résultat de faire concorder parfaitement, quant à l'espace parcouru, les phases du moteur avec celles de la génératrice. En un mot, c'est l'excès de la vitesse acquise par l'induit récepteur sur la vitesse de l'induit générateur qui seule est transformable en travail.

389. — Si le travail demandé au moteur dépasse cette limite, la machine s'arrête; mais comme le courant continue à traverser toujours le fil du moteur, on se trouve dans le cas d'une machine à vapeur dont on aurait calé le volant.

Pour éviter de détériorer la machine par la série des changements de polarité inutiles qui s'y continuent, il est bon de ménager un débrayage automatique qui dételle la machine quand le travail dépasse une résistance déterminée.

390. — Les moteurs Ganz sont, comme le montre la figure 157, dans ce système; avec ce perfectionnement, que le courant alternatif qui sort de la génératrice est redressé dans une dérivation et réduit par un transformateur à une tension moindre, pour alimenter les inducteurs. La source indépendante donnant le courant continu nécessaire aux fils RT et S'T' de la figure 154 est donc supprimé.

Fig: 157.

Les noyaux des électro-aimants induits mobiles sont formés d'un certain nombre de plaques de tole *m* découpées en forme de V comme l'indique le côté gauche de la figure; et les noyaux des inducteurs disposés en polygone sont formés de plaques *n* en forme de T.

D'après l'expérience faite à Francfort, un moteur Ganz de 25 chevaux nominaux, ayant acquis son régime après avoir été mis en marche à la main, a reçu brusquement un effort équivalent à 26 chevaux, sans s'arrêter.

La charge a pu ensuite être portée progressivement jusqu'à demander à la machine une puissance de 40 chevaux, sans qu'elle ait refusé de travailler.

MOTEURS A CHAMP ALTERNATIF

391. — Soit trois électro aimants inducteurs M, N, P, figure 158,

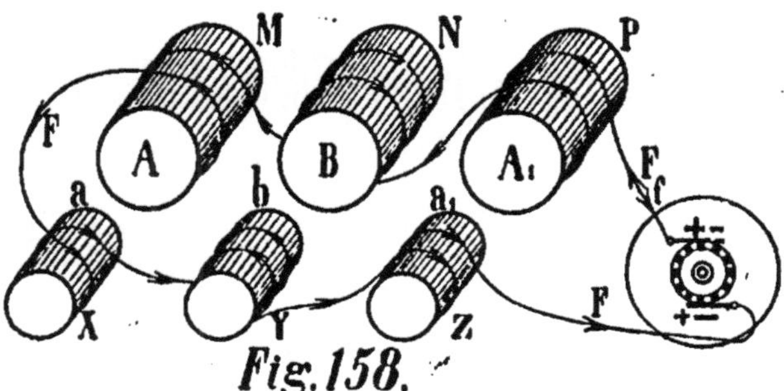

Fig. 158.

et trois bobines induites X, Y, Z, passant devant ces pôles inducteurs.

Supposons qu'un courant alternatif F et *f* soit lancé, à la fois dans les inducteurs et dans l'induit. Le fil F étant enroulé, comme l'indique la figure.

Si le courant F produit des pôles opposés de même nom dans les sytèmes de bobines, le courant *f* le fera aussi.

Or que la répulsion ait lieu entre deux pôles austraux ou entre deux pôles boréaux cela est indifférent.

Le moteur tournera donc avec un courant alternatif passant à la fois dans ses inducteurs et son induit.

Une dynamo à courant continu, Gramme ou autre, tournera également avec un courant alternatif circulant dans ces conditions.

392. — Mais l'hystérésis, les courants de Foucault, et les courants de self-induction rendent le fonctionnement de ces moteurs défectueux, à cause de la multiplication trop fréquente des changements de polarité produits par les alternances du courant.

On ne s'en sert que pour de faibles puissances.

MOTEURS A CHAMP TOURNANT

393. — Soit, figure 159, deux anneaux en fer doux MO, M_1O_1, mmobiles.

Au centre de ces deux anneaux peuvent tourner deux forts

électro-aimants dont les bobines ne sont pas représentées. Un courant continue leur communique une aimantation invariable.

Enroulons sur les anneaux quatre bobines reliées *quatre à*

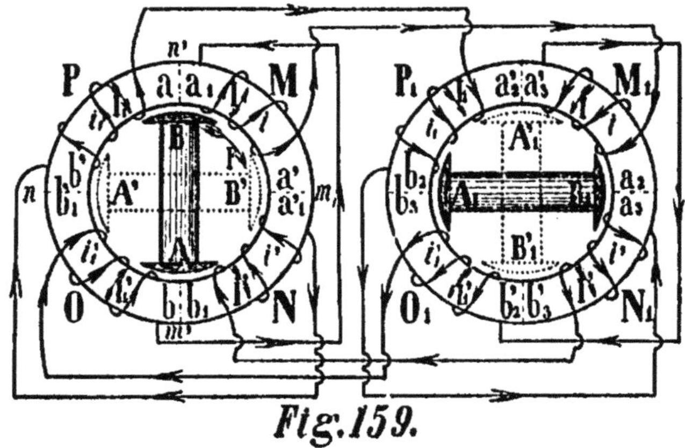

Fig.159.

quatre d'un anneau à l'autre, de manière à former *deux* circuits fermés distincts.

Comme les fils l'indiquent, les 4 bobines M, O, M_1 et O_1 forment un seul circuit et les 4 autres bobines un autre.

Ces deux appareils sont l'inverse de la machine Gramme : l'anneau induit est immobile et les pôles inducteurs tournent à l'intérieur de l'anneau.

Prenons MO comme génératrice et M_1O_1 comme réceptrice.

Cela posé, soit l'électro-aimant inducteur de la génératrice dans la position initiale AB de la figure.

Comme les deux pôles extérieurs de la machine Gramme, ces deux pôles intérieurs font de l'anneau deux aimants ab et a_1b_1, réunis par leurs pôles de même nom.

Et si nous faisons tourner l'inducteur dans le sens F, les pôles aa_1 suivront le pôle B et les pôles bb_1 suivront le pôle A, pendant la rotation, avec un retard d'autant plus grand que la rotation sera plus rapide, — comme dans l'anneau Gramme.

Dans ce dernier, l'anneau tourne et les deux aimants induits dans cet anneau sont immobiles dans l'espace. Ici c'est le contraire : l'anneau est immobile et les deux aimants formés par l'orientation de ses molécules *tournent* en obéissant à l'inducteur.

Le Champ magnétique est tournant.

394. — Considérons simplement un quart de tour de l'inducteur passant de la position BA à la position B'A'.

Les pôles aa_1 vont passer de n' à m, en $a'a'_1$, en passant dans la bobine fixe M. — En même temps les pôles bb_1 vont se rendre dans la position $b'b'_1$, en passant dans la bobine O.

Donc :

1° La moitié $n'm$ de l'aimant $a_1 b_1$ va *sortir* de la bobine M.

2° Et l'autre moitié $m m'$ va *pénétrer* dans la bobine N.

3° La moitié $m'n$ de l'aimant ab va *sortir* de la bobine O.

4° Et l'autre moitié nn' va *pénétrer* dans la bobine P.

Donc d'après les lois de l'induction :

1° Le courant i induit dans la bobine M sera de *même sens* que le courant inducteur I.

2° Le courant i' induit dans la bobine N sera *inverse* de l'inducteur I'.

3° Le courant i' induit dans la bobine O, sera de *même sens* que I''.

4° Et le courant i_1 induit dans la bobine P sera *inverse* de I_1.

Mais la moitié $n'm$ de l'aimant $a_1 b_1$ va être remplacée dans la bobine M par la moitié $n'n$ de l'aimant ab, quand les pôles aa_1 seront venus en $a'a'_1$.

Or le courant I_1 en *pénétrant* dans la bobine M, y produira un courant induit *inverse* de lui-même, c'est-à-dire un second courant de même sens que i.

Il est facile de voir que les deux inductions qu'un quart de tour de l'inducteur vont ainsi produire dans les bobines y donnent deux courants induits de même sens.

Or en suivant la réunion des fils des bobines, on voit que les courants i de M et i'_1 de O se font suite l'un à l'autre ; — et que de même les courants i' de N et i_1 de P donnent un courant unique.

395. — Voyons maintenant ce que ces deux courants lancés dans les bobines M_1O_1 et N_1P_1 de la réceptrice vont y produire.

Avant l'arrivée de ces courants, il est évident que l'électro-aimant inducteur A_1B_1 formait lui-même une double polarité dans l'anneau induit.

Soit A'_1 B'_1 la position quelconque qu'il occupait avant l'arrivée des courants de la génératrice; il formait dans l'anneau les deux aimants a'_2 a'_3 et b'_2 b'_3.

Si on avait fait tourner son inducteur on aurait déterminé des courants dans les bobines, absolument comme on en a produit dans les bobines de la génératrice. Mais vu qu'on le laisse immobile, les bobines sont *libres de tout courant induit*.

La voie est donc ouverte aux deux courants de la génératrice.

En arrivant, ils produisent, eux aussi, une orientation des molécules de l'anneau, telle que les courants d'Ampère, c'est-à-dire les rotations équatoriales des molécules sont de même sens que les courants i, i', et i_1 i'_1 qui deviennent ici inducteurs.

Or l'examen des courants d'Ampère ainsi orientés par les quatre bobines, nous montre que dans la moitié supérieure de l'anneau tous les courants I I_1 tournent vers le centre de l'anneau; tandis que dans la moitié inférieure tous les courants I' I'_1 tournent vers l'extérieur de l'anneau.

Donc il y a à droite deux pôles austraux et à gauche deux pôles boréaux.

Il y a donc là deux forces qui luttent pour orienter les molécules de l'anneau à leur manière : la force de l'inducteur $A'_1B'_1$, et celle des courants envoyés par la génératrice.

Laquelle cèdera à l'autre? Il est facile de voir que ce sera l'électro-aimant $A'_1B'_1$ puisqu'il est mobile et que son adversaire a un point d'appui stable.

Donc A'_1 B'_1 va se transporter en A_1 B_1 pour se mettre en harmonie avec son concurrent.

La puissance avec laquelle les courants de la génératrice imposeront ainsi à l'anneau une double polarité différente de celle que $A'_1B'_1$ tend à lui imposer lui-même, constituera la puissance de ce moteur électrique.

Cette analyse nous montre :

1° Que la double polarité imposée par les courants à l'anneau de la réceptrice reste toujours concordante, pour la direction des pôles, avec la double polarité imposée par l'électro-aimant AB à l'anneau de la génératrice.

Ces deux polarités tournent synchroniquement dans le même sens; c'est ce que l'on appelle: *des champs magnétiques tournants.*

2° On voit également par suite que dans la marche à vide; l'électro-aimant A_1 B_1 du moteur à champ tournant, tournera nécessairement dans le même sens que les pôles de l'anneau ; car ce n'est qu'à cette condition qu il pourra satisfaire l'attraction qui existe entre les pôles contraires.

En tournant en sens inverse, il rencontrerait des pôles pareils aux siens, qui par leur répulsion, le contrarieraient continuellement.

396. — Par suite, il ne peut y avoir ni point mort, — ni désaccord de phase.

Si la résistance du travail demandé au moteur l'oblige à retarder sa marche, l'entraînement du champ magnétique tournant agira toujours pour l'aider à vaincre le couple résistant, tout en lui permettant de rester en retard sur son impulsion — absolument comme la courroie glisse sur la poulie qui ne peut suivre sa vitesse, mais sans cesser de l'actionner.

397. — Au lieu de mettre un aimant ou un électro-aimant au centre de l'anneau à champ magnétique tournant, supposons qu'on y dispose un fil conducteur fermé CDEF, figure 160, pouvant tournan utour de l'axe XY placé au centre de l'anneau.

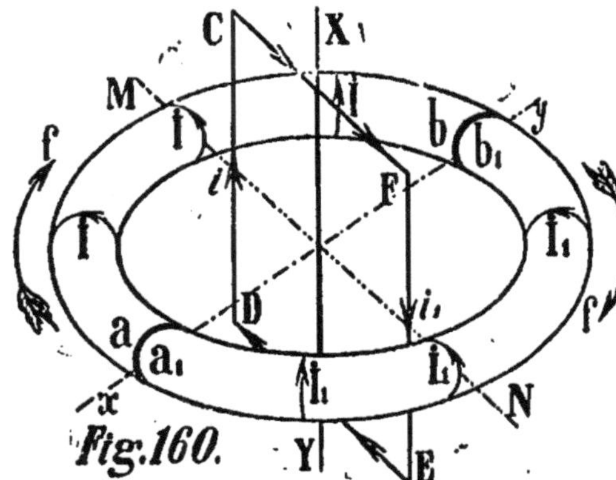

Fig. 160.

Les rotations équatoriales des molécules orientées de l'anneau constituent des courants ampériens qui, considérés *à l'intérieur* de l'anneau, sont *ascendants* pour l'aimant *ab* et *descendants* pour l'aimant a_1b_1.

Admettons que le circuit fermé CDEF est maintenu immobile dans sa position actuelle, pendant que les deux aimants promènent autour de lui, dans le sens F, leurs courants ascendants et descendants.

Actuellement les deux tiges métalliques CD et FE sont sur la ligne MN, c'est-à-dire au *maximum* de l'induction que CD peut subir de la part de tous les courants ascendants I et que FE peut subir de la part de tous les courants descendants I_1. — Revoir, au besoin, la figure 69.

Lors donc que les aimants vont tourner dans le sens *f*, CD va subir une *décroissance* d'induction de la part des courants ascendants ; donc cette tige va être le siège d'un courant ascendant *i* de *même sens* que les inducteurs.

De son côté la tige FE va subir aussi une *décroissance* d'induction de la part des courants descendants ; donc elle va être le siège d'un courant descendant i_1 de *même sens* que les inducteurs.

Comme on le voit ces deux courants se font suite l'un à l'autre dans le cadre fermé.

Or les courants de même sens s'attirent ; donc si nous rendons sa liberté au cadre mobile il va tourner dans le même sens *f* que les pôles ; car le maximum d'attraction pour les courants ascendants et le maximum d'attraction pour les courants descendants seront toujours, comme nous l'avons vu par la figure 69, sur la ligne MN.

Ces deux centres d'attraction maxima tournant dans le sens *f*, le cadre tournera donc aussi dans ce sens.

398. — Arrêtons encore le cadre et continuons à faire tourner les deux champs magnétiques.

Quand la ligne des pôles xy aura pris la place de la ligne MN, dans le plan du cadre, CD en aura fini avec l'induction des courants ascendants I, et entrera sous le joug des courants ascendants I_1.

Or ce joug inducteur ira en *grandissant* jusqu'à ce que le côté N soit arrivé en face de CD, à la place de M ; donc CD sera, pendant ce second quart de tour, le siège d'un courant induit *inverse* des inducteurs I_1 ; donc encore ascendant.

Un raisonnement semblable montrerait que FE sera encore lui aussi, le siège d'un courant ascendant.

Pendant ce second quart de tour ce n'est plus l'attraction entre courants de même sens qui est en jeu, mais la répulsion entre courants contraires.

Or le maximum de répulsion pour i ascendant est précisément en la ligne médiane des courants descendants I_1, laquelle va vers CD dans le sens *f*. Il en sera de même du maximum de répulsion des courants ascendants I sur le courant descendant i_1.

Donc les deux répulsions vont avoir encore pour effet d'emporter le cadre dans le sens *f*.

Que si par suite du retard du cadre, le point N passe au delà de i et M et deça de i_1, *les deux courants induits changent subitement de sens*, de sorte que la répulsion se change subitement ent attraction, comme dans le premier point de notre analyse.

Donc le cadre sera toujours entraîné à tourner dans le même sens que l'anneau.

399. — Mais la raison de cette rotation étant uniquement dans les courants induits i et i_1, ou leurs inverses, il faut donc que les circonstances favorisent la production de ces courants.

Or si le cadre CDEF restait toujours, par exemple, dans la ligne neutre MN, il n'y aurait plus aucune variation d'induction ; les molécules des tiges CD et FE conserveraient leur orientation présente, et par suite il n'y aurait plus de courants induits.

Il ne faut donc pas que le cadre tourne synchroniquement avec le champ magnétique.

— Ce n'est donc que par son retard sur la rotation du champ magnétique que ce système peut acquérir de la force motrice.

L'immobilité est donc la condition la plus favorable, celle qui occasionne le *maximum* de l'induction dans les tiges du cadre.

Il est donc bon pour éviter de brûler l'induit *i* au moment du démarrage, de modérer le courant inducteur en y introduisant une résistance temporaire.

400. — Quand il n'y a que deux aimants tournant dans le champ, comme dans la figure 159, les 4 phases successives d'attraction et de répulsion sont de 90° ; pour diminuer leur durée et concentrer leur énergie, on peut multiplier le nombre des pôles inducteurs dans l'anneau.

401. — Avec ce système on n'a aucun courant à envoyer dans l'induit ou à en faire sortir ; il n'y a donc ni commutateurs, ni balais à mettre à l'induit tournant, ce qui simplifie beaucoup la construction.

402 La machine Brown est construite sur ce principe.

L'induit, figure 161, est formé d'une série de tiges de cuivre C reliées à deux plaques de cuivre A et B. Ces plaques remplacent les tiges CF et DE du cadre de la figure 160.

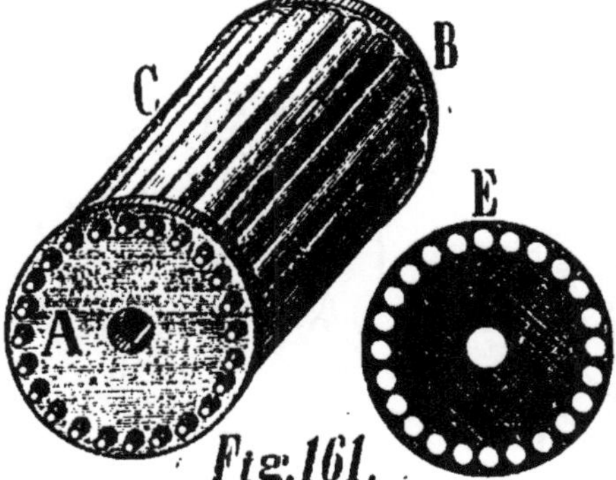

Fig. 161.

Cet enroulement a été appelé *à lanterne*.

Une série de disques de tôle de fer isolés les uns des autres, et percés sur le bord d'autant de trous qu'il y a de tiges, sont enfilés sur les tiges de cuivre qui y disparaissent.

C'est cette machine qui a servi aux expériences de transmission électrique à Cassel, à Lauffen et Heilbrown.

Moteurs à courants Polyphasés.

403. — L'analyse de l'anneau Gramme, figure 124, nous a montré que les bobines sont parcourues par deux courants partant de E'' et venant par les deux côtés de l'anneau au point E'.

Si donc nous considérons une seule bobine M_1 par exemple, partant du point P pour faire un tour complet dans le sens S, nous voyons : que jusqu'à la position diamétralement opposée en R, elle est le siège d'un courant de sens déterminé ; et que depuis le point R jusqu'à son retour en P, elle est le siège d'un courant inverse du premier.

Si l'on appelle *période* l'intervalle de temps pendant lequel une bobine est ainsi parcourue par *deux* séries de forces électromotrices de *signe contraire*, on voit que la période embrasse ici *toute la circonférence* de l'anneau.

Par suite les quatre bobines de la figure 158 sont distancées l'une de l'autre de *un quart de période*

Nous dirons donc que les courants qui circulent dans chaque bobine sont *décalés* l'un par rapport à l'autre de *un quart de période.*

404. — Ces quatre courants se combinant pour ne donner dans les quatre bobines de la réceptrice que *deux* courants inducteurs qui se succèdent dans les bobines *deux à deux*, nous pouvons dire que les courants sont *Diphasés.*

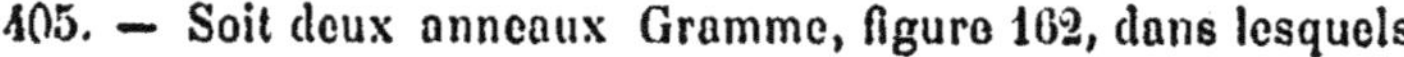

405. — Soit deux anneaux Gramme, figure 162, dans lesquels

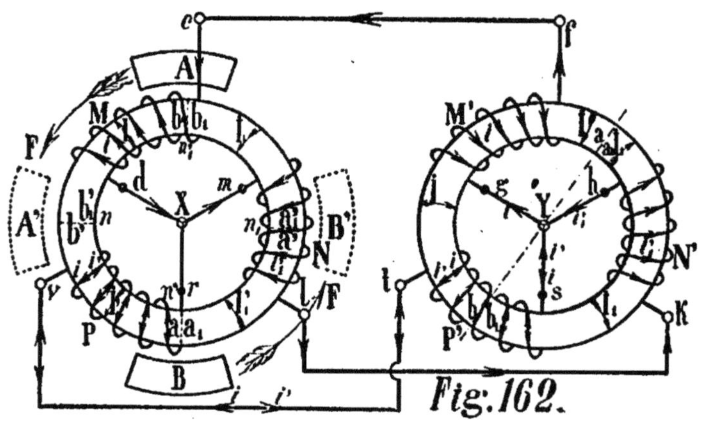

Fig:162.

trois sections de la bobine de l'un sont reliées par trois fils de ligne aux trois sections de l'autre. Supposons, pour le moment, que les autres extrémités des bobines sont fixées aux points *d*, *m*, *r*, et *g*, *h*, *s*.

Afin de pouvoir analyser plus facilement les courants induits des bobines M, N, P de la génératrice, supposons qu'au lieu de faire tourner l'anneau vers la droite, entre les pôles inducteurs

AB immobiles, ce sont ces derniers qui tournent autour de l'anneau dans le sens F, cela reviendra absolument au même.

Soit d'abord, les pôles A et B se transportant de 90° en A'B'.

Les pôles aa_1 et bb_1 induits par eux dans l'anneau les suivront partout et se transporteront en $a'a'_1$ et $b'b'_1$.

Dans ce mouvement des deux aimants *ab* et a_1b_1, nous voyons :

1° Que la moitié *nb* de l'aimant *ab* va *sortir* de la bobine M; et que la moitié n_1 b_1 de l'aimant a_1 b_1 va y *entrer*.

Donc les deux courants induits dans M vont être, l'un de *même sens* que I, et l'autre *inverse* de I_1; ce qui donne un courant unique *i*.

2° La bobine N étant sur la ligne de maximum d'induction n_1, va, au commencement du mouvement, subir dans les 3 spires qui sont au-dessus de N, un courant *inverse* des courants d'Ampère I_1. Mais dès que la ligne n_1, en se transportant en n'_1, aura dépassé la dernière boucle, ce sera la moitié n_1a_1 de l'aimant a_1b_1 qui *sortira* de la boucle; puis ce sera une partie de l'extrémité *a* de l'aimant *ab* qui y *entrera* en *a'*.

Donc la bobine N va en définitive être le siège d'un courant unique i'_1 de *même sens* que I'_1 et *inverse* de I'.

3° Quant à la bobine P, on voit que la moitié *an* de l'aimant *ab*, qui y est déjà engagée, va y *pénétrer* tout-à-fait; puis y être remplacée par l'autre moitié *nb* de ce même aimant.

Donc dans un premier temps elle sera le siège d'un courant *i'* *inverse de* I'_1, puis, dans un second temps, le siège d'un courant *i* de *même sens* que I et par conséquent inverse de *i'*.

Ces deux courants existeront *simultanément* pendant que le point *n* sera dans la bobine pour venir en *n'*. Ce ne sera donc qu'avant que *n* entre dans la bobine qu'il y aura un courant unique *i'*.

Si maintenant nous réunissons les extrémités *d m r* des trois sections de la génératrice en un point commun X; — et les extrémités *g h s* des trois sections de la réceptrice en un seul point Y; et si nous indiquons par des flèches la marche des courants induits; nous voyons qu'arrivés en Y, — les deux courants *i* et i'_1 peuvent entrer à la suite de *i* dans la bobine M' ; puis de là dans le fil de ligne *fe* pour revenir par la bobine M au point X; — ou que le courant i'_1 peut, en Y, se partager entre les conduits *s* et *g* à la suite de *i*. Donc il est inutile de rejoindre par 3 autres fils de ligne les extrémités *d* et *g*, *m* et *h*, *r* et *s*, comme nous l'avons fait pour les quatre bobines de la figure 150.

406. — Les courants triphasés de la génératrice vont donc produire deux champs magnétiques tournants dans la réceptrice avec trois fils de ligne seulement.

Les courants de la bobine P′ étant confondus et détruits l'un par l'autre, les deux bobines M′ et N′ restent seules efficaces pour l'aimantation de l'anneau.

Or les courants d'Ampère déterminés par le courant d'une bobine sont de même sens que l'inducteur; il s'en suit que la bobine M′, induisant les courants I, forme un pôle austral en a; et que la bobine N′, induisant les courants $I_{\prime}$, forme aussi un pôle austral en $a_{\prime}$.

Ces deux pôles seront plus ou moins rapprochés de l'une ou l'autre des deux bobines qui les forment, suivant que la résultante des courants embrouillés de la bobine P′ agira dans le sens de M′ ou dans le sens de N′.

La figure 163, nous montre que le champ magnétique a tourné;

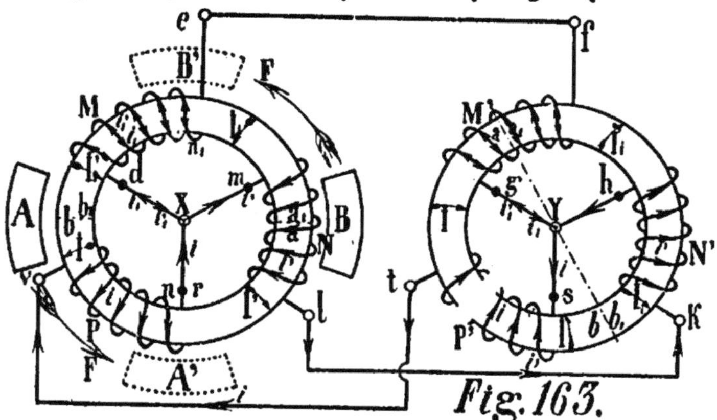

Fig. 163.

la bobine M′ étant devenue la bobine neutre et les deux autres les bobines efficaces.

407. — Cette analyse nous montre que l'aimantation de l'anneau de la réceptrice est assez variable et incomplète. Le calcul établit que les forces magnéto-motrices des deux aimants induits dans l'anneau peuvent varier dans le rapport de 1 à 0,866.

408. — Les courants triphasés obtenus avec l'alternateur, système Brown, construit par la maison d'Oerlikon, ont été expérimentés en 1891 dans les expériences faites entre Lauffen et Francfort pour la transmission d'une force de 3300 chevaux à une distance de 175 kilomètres.

Voyons plus en détail cette importante machine.

403. — L'inducteur I, figure 164, est une poulie dont les deux joues forment les pôles A et B.

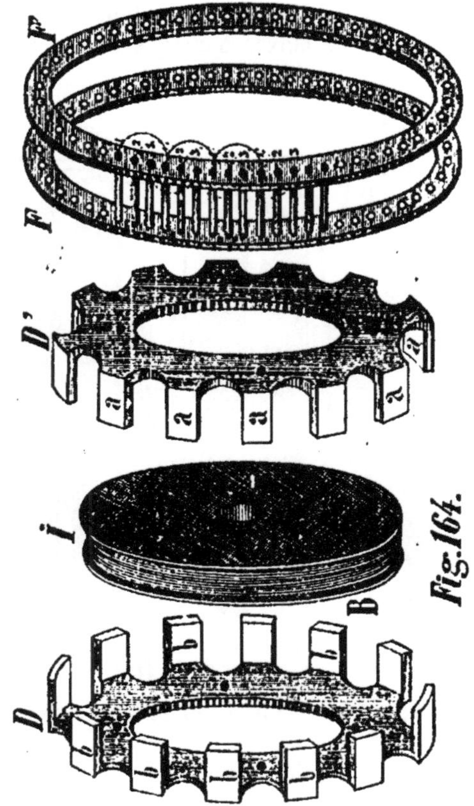

Fig. 164.

Deux couronnes d'acier D et D', portant des dents perpendiculaires à leur plan sont boulonnées sur les deux joues de la poulie et constituent les armatures des pôles inducteurs.

La couronne D' appliquée sur le pôle A, a pour effet d'épanouir le champ magnétique de ce pôle dans toutes ces dents *a* : la couronne D joue le même rôle pour le pôle B.

Il s'en suit que lorsque ces deux couronnes ont enchevêtré leurs dents, le contour de la poulie présente des pôles alternants *a* et *b*:

Cet inducteur tourne dans l'intérieur de l'induit FF' formé de deux flasques reliées par des tringles de cuivre 1, 2, 3, 1, 2, 3...

Ces tringles de cuivre formant l'induit à lanterne, ont 29 millimètres de diamètre et sont isolées des anneaux qui les portent par de l'amiante.

Elles sont au nombre de 96 et réunies de 3 en 3 de manière à former 3 circuits ou enroulements complets indépendants l'un de l'autre, comme l'indique la figure.

L'inducteur a 32 pôles, de sorte que l'induit présente en même temps trois tringles de cuivre à chaque pôle *a* et *b* de l'inducteur.

410. — Considérons, figure 165, les tringles de cuivre 1, 2, 3,

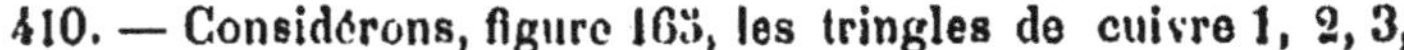

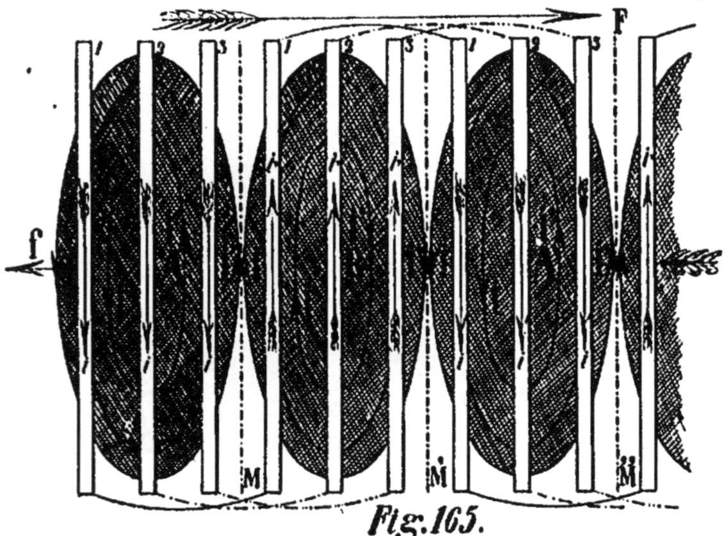

Fig. 165.

1, 2, 3... etc de l'induit Oerlikon en présence des pôles alternés A, B, A'...

Les pôles inducteurs se déplaçant dans le sens *f* devant les tringles fixes, c'est comme si les tringles mobiles passaient dans le sens F devant les pôles fixes.

Or nous savons qu'un conducteur qui passe devant un pôle d'aimant émet pendant tout le trajet un courant induit de même sens que le courant d'Ampère situé du côté par lequel le pôle est abordé.

Donc les courants induits sont descendants dans les tringles qui passent devant A, et ascendants dans celles qui passent devant B, etc.

Cela étant, on voit que si on relie les extrémités des barreaux de cuivre, comme l'indique la figure, les courants induits, dans les barreaux de même rang se feront suite l'un à l'autre en tension.

Vu que d'ailleurs les barreaux de même chiffre sont écartés, l'un de l'autre d'une distance égale à la largeur d'un champ magnétique, ils auront toujours des courants induits qui se feront suite l'un à l'autre.

Passant tous en même temps aux lignes M, M', M'..... le courant induit est inversé dans tous à la fois. Et puisqu'il y a 32 pôles ou champs magnétiques, chaque tour donne 32 courants alternatifs.

Les 150 tours par minutes de la machine représentent donc 4800 alternances par minute ou 80 alternances par seconde.

Mais une période comprenant *deux* alternances successives de signes contraires, cela donne 40 périodes par seconde.

La figure 165 nous montre que les deux champs magnétiques de B et de A, qui constituent la période MM', sont occupés par 6 tringles induites. Mais ces 6 tringles étant reliées deux à deux, il n'y a de fait que 3 induits dans l'intervalle de la période; et par suite l'on peut dire que ces trois induits sont décalés d'un *tiers* de période et donnent par là même *trois courants distincts triphasés*; c'est-à-dire trois courants qui sont émis par la machine avec un retard de un tiers de période de l'un sur l'autre.

La figure 166 donne la vue d'ensemble de la machine Oerlikon.

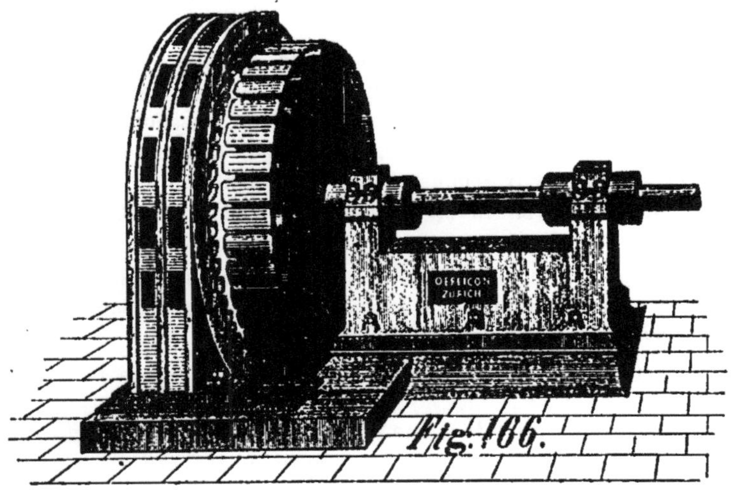

Fig. 166.

L'induit immobile est mobile dans des coulisses, ce qui permet de l'écarter pour examiner l'inducteur.

411. — Quant à admettre que le courant induit est dans une phase de croissance dans les tringles 1 ; — dans une phase de maximum dans les tringles 2 ; — et dans une phase de décroissance dans les tringles 3 ; — je n'y vois aucune raison.

Je crois que c'est là une convention pour permettre de soumettre le fait au calcul.

L'analyse de la figure 69 en effet, nous a démontré que c'est aux lignes M que le maximum d'induction a lieu et que cette force va en diminuant jusqu'à l'axe des pôles où elle passe par deux minimum : le minimum des courants ascendants d'un côté du pôle et le minimum des courants descendants de l'autre côté.

C'est donc en face des pôles que le minimum de l'énergie inductrice a lieu ; et dans la ligne moyenne M de la distance des pôles que se trouve son maximum.

Faut-il en conclure que l'intensité maxima du courant induit a lieu aux lignes M et son intensité minima en face des pôles ? Je ne le crois pas non plus.

412. — En effet si, rappelant l'idée que nous nous sommes faite de l'induction, nous analysons les phases en question, nous verrons qu'à l'instant où la tige de cuivre se trouve sur une ligne moyenne M, elle subit également l'influence des courants inducteurs qu'elle quitte et des nouveaux courants qu'elle aborde. Bien que ces courants soient à leur maximum d'énergie, leurs actions contraires doivent à cet instant laisser la tige dans un état neutre.

413. — Mais dès qu'elle s'éloigne des premiers pour entrer sous le joug des seconds, on conçoit que toutes ses molécules, — en supposant que les inducteurs sont assez puissants pour l'induire à saturation, — sont orientées dans un sens déterminé.

— Il doit donc y avoir dans cet instant d'orientation totale, un flux maximum de courant induit instantané, INVERSE des courants du pôle abordé.

Ce jet subit de courant induit d'aimantation, est de même sens que le courant induit qui a subsisté pendant le passage de la tige devant le pôle précédent.

Ceci nous invite à compléter ici l'analyse de la figure 94.

414. — Soit, figure 167, une tige de cuivre RS venant faire le tour de l'aimant AB suivant la trajectoire ouverte *cfk*.

Comme nous l'avons dit, ce n'est que lorsqu'elle sera en *e*, vis-à-vis du milieu de l'aimant, qu'elle sera au maximum de l'induction que les courants ascendants de l'aimant exercent sur elle.

Dans l'analyse de la figure 94, j'ai pris la tige dans cette position initiale ; mais il est évident que quel que soit le point de l'espace d'où elle sera transportée en ce point de maximum d'induction, elle *commencera* quelque part à subir cette induction.

Soit *d* le point où l'influence inductrice des courants ascendants I commence à se faire sentir aux molécules de la tige RS.

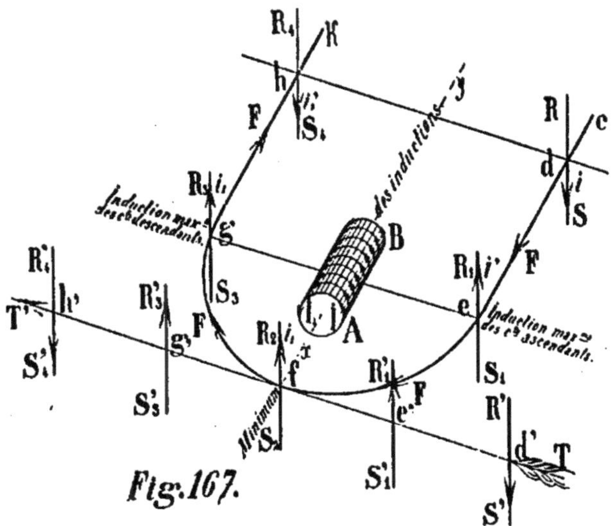

Fig. 167.

Pendant qu'elle se transportera de là vers le point maximum *e*, elle émettra donc un courant *i* *inverse* des inducteurs I.

A partir de *e*, l'induction diminuant le courant induit sera *i'*, comme nous l'avons dit à la figure 94.

De même, si la tige dépasse la position R_3 S_3, vers R_1 S_1, le courant induit i'_1 devient de *même sens* que les inducteurs I', puisqu'elle *échappe* à leur induction.

Remarquons d'ailleurs, pour confirmer la logique de cette analyse, que si au lieu de mouvoir RS suivant la droite *gk*, nous la ramenons au point *e* en contournant soit le pôle B, soit le pôle A, le courant induit sera aussi descendant comme i'_1, conformément à la conclusion de l'analyse de la figure 94.

La conclusion nouvelle à mettre ici en évidence, est précisément celle à laquelle nous a conduits l'analyse de la figure 165; à savoir que :

— Quand une tige de cuivre passe devant deux pôles d'aimants contigus, elle doit, au moment précis où elle subit l'induction maxima du nouveau pôle qu'elle aborde, émettre un courant INVERSE des courants d'abordage ; et que ce courant inverse est comme la continuation du courant produit par l'induction du pôle précédent.

La juxtaposition intime des deux champs magnétiques a pour

résultat de donner une grande force électromotrice à ce courant induit d'aimantation.

En effet, vu que les deux maximum d'induction contraire des deux pôles se touchent, la tige passe instantanément du joug de l'une sous le joug de l'autre. La nouvelle orientation des molécules de l'induit se fait donc instantanément, au moment précis ou cet induit passe *au point* qui sépare les deux champs magnétiques. Leur désorientation, au contraire, se fera en un temps beaucoup plus long, puisqu'elle se prolongera pendant tout le trajet de la tige depuis ce point jusqu'à l'axe du pôle.

Or, comme nous l'avons vu dans l'étude de l'induction, figure 90, si la quantité des monades électriques libérées dans les deux phases corrélatives est la même, la force électromotrice de la première sera beaucoup plus grande que celle de la seconde puisqu'elle se fait beaucoup plus rapidement.

415. — Revenons maintenant à la figure 165.

Comme nous venons de le voir, le courant induit doit présenter un maximum sur les lignes M', M, M''; — faut-il admettre par contre, qu'il doit présenter un minimum en face des pôles? Je ne le crois pas davantage.

C'est sans doute là qu'a lieu le minimum d'induction, mais ne faut-il pas dire qu'à ce minimum de force inductrice correspond précisément le maximum de la désorientation des molécules de l'induit, leur désaimantation complète, et par là même le courant induit *direct* le plus intense?

Je crois donc que l'on ne peut guère représenter graphiquement par une sinusoïde les variations du courant induit pendant une période.

416. — La dynamo construite d'après ce système pour les expériences de Lauffen-Francfort, figure 166, donnait dans chacun de ses trois circuits 1400 ampères avec une force électro-motrice de 50 volts, soit 50 $v \times 1.400\,a = 70.000$ watts ; ce qui produisait en tout une somme de 200.000 watts ou 200 kilowatts.

Comme nous l'avons vu au nº 405, trois fils de ligne suffisent pour la transmission de ces trois courants.

L'inducteur de cette machine est excité par un courant continu fourni par une dynamo indépendante.

CHAPITRE IX

Mesure des courants électriques.

417. — Maintenant que nous savons en quoi consiste un courant électrique, voyons par quels moyens nous pouvons arriver à déterminer sa puissance.

N'oublions pas que ce n'est pas seulement l'électricité qui est en jeu dans un courant ; — que les monades électriques isolées ne peuvent que tourner à l'état neutre dans le mouvement girosphérique des sphérules de l'éther ; — et que ce sont *les molécules pondérables* des corps conducteurs qui, en se transmettant les monades électriques l'une à l'autre, dans le passage d'un de leurs pôles à l'autre, constituent le courant.

418. — Ces molécules électrisées sont pour ainsi dire dans un état contre nature.

En vertu des lois naturelles qui les gouvernent, elles étaient nanties de monades électriques pour réaliser leur mouvement girosphérique, leur pondérabilité et leur cohésion. Maintenant voici que des monades électriques de surérogation leur sont imposées, en dehors de toute exigence des lois de leur nature ; qu'en feront-elles ?

Elles en feront ce que fait l'outil auquel afflue plus de force motrice que de raison ; — ce que fait le volant de nos machines quand il s'emballe.

Elles feront un travail quelconque ; car un corps électrisé ne peut rester inactif. Il a de la force à son service, et il réalisera avec cette force, — *ou des travaux désordonnés, comme l'air électrisé dans la foudre, — ou des travaux réguliers si nous savons le maîtriser et le diriger*.

Dans tous les cas ce sera en exerçant autour d'elles, en raison directe de leur masse et en raison inverse du carré de la distance des attractions proportionnées au nombre des monades électriques qui leur arrivent, que les molécules pondérables électrisées travailleront.

419. — Dans l'analyse des réactions chimiques de la pile, nous avons vu que la force électromotrice dépendait de l'énergie *finale* des différentes affinités en lutte, les unes positives, à savoir : l'affinité de l'acide sulfurique pour l'oxyde de zinc et l'affinité de l'hydrogène pour l'oxygène du dépolarisant; — les autres négatives, à savoir : l'affinité de l'hydrogène pour l'oxygène qui doit le quitter pour brûler le zinc et l'affinité du radical du dépolarisant pour l'oxygène qui le quitte pour brûler l'hydrogène.

Nous avons vu que cette énergie résultante correspond nécessairement à une quantité nettement définie des monades électriques; que par exemple si nous avons 3 forces électromotrices différentes $e = 1$, $e' = 2$, $e'' = 3$, les quantités d'électricités afférentes à ces 3 forces seront aussi entre elles dans le rapport 1, 2, 3. Si e se manifeste par 100 forces électriques λ ou μ ; e' sera l'effet de 200 forces et e'' l'effet de 300.

Mais on le conçoit facilement : ces différents nombres d'unités électriques et la force électromotrice ont une liaison tellement intimes de cause à effet, qu'elles sont inséparables.

C'est exactement, sans figure aucune, la liaison d'énergie d'entraînement qui existe entre 3 attelages comptant l'un 10 chevaux, l'autre 20 et l'autre 30.

L'on conçoit par là même que telle force électromotrice possède telle quantité nettement définie d'électricité, laquelle forme un tout solidaire, une unité de force électrique spéciale, un essaim, un attelage complet, comme je l'ai déjà dit.

Par suite, la quantité d'électricité qui sort d'une source se présente à nous sous un double rapport :

1° Sous le rapport de *l'unité de force électromotrice.*

La force électromotrice dépend du nombre des monades électriques émises dans chaque unité des réactions chimiques de la source. Le rapport entre deux forces électromotrices nous révèle donc le rapport qui existe entre les deux essaims électriques mis en liberté.

2° Sous le rapport *des nombres des réactions élémentaires* qui se réalisent dans la source.

La quantité des monades électriques sortant d'une source est un *multiple* du nombre des monades électriques émises dans chaque réaction élémentaire. Cent, deux cents, mille réactions élémentaires émettent cent, deux cents, mille essaims électriques.

Nous avons donc deux éléments à mesurer : La quantité d'électricité et la force électromotrice.

1° Mesure de la quantité.

420. — Il est évident que pour mesurer la quantité d'électricité qui sort d'une source il faut entraver le moins possible le débit intégral du courant. Il faut donc adapter à la source des conducteurs de grand diamètre.

Là toutes les unités électromotrices peuvent passer parallèlement sans se gêner l'une l'autre suivant les files de molécules élémentaires dont le faisceau relié par la cohésion constitue le conducteur.

Sans doute ces files de molécules, dont chacune constitue un conducteur véritable sont en très grand nombre dans un conducteur ; mais leur nombre est limité; ainsi, si l'on suppose le diamètre des molécules égal à un millionième de millimètre, un fil de un millimètre carré de section en contient un trillion.

On conçoit donc que ce trillion de files moléculaires conductrices puisse, avec telle source d'électricité être complètement occupé.

Et ce qui est vrai pour un conducteur de 1 millimètre carré de section peut l'être avec telle autre source plus abondante pour n'importe quel autre conducteur.

Or si toutes les files moléculaires d'un conducteur sont chargées à saturation, si elles véhiculent la quantité d'électricité qui répond à leur maximum de conductibilité, et qu'à un moment donné un étranglement, un contact imparfait viennent diminuer le nombre de ces canaux électriques, les monades qui ne trouveront plus passage produiront, en leur point d'arrêt un travail mécanique consistant en vibrations caloriques, ou en vibrations lumineuses par étincelles.

Il est donc indispensable de se servir de conducteurs de grand diamètre aussi courts que possible, et d'éviter les étranglements et les mauvais contacts.

421. — Fabre et Silberman ont constaté que les deux combustions du zinc par l'oxygène, puis de l'oxyde de zinc par l'acide sulfurique produisent 18796 petites calories ou quantités de chaleur nécessaire pour élever de 1 degré centigrade la température de 1 gramme d'eau pure.

Cette chaleur nous révèle l'intensité du travail réalisé par l'affinité chimique dans la pile; mais il est évident que ce n'est point cette chaleur elle-même, en tant que chaleur, qui chemine dans le circuit, — restant *latente* si la résistance est nulle ou négligeable — et devenant *sensible* proportionnellement aux résistances qu'elle rencontre. Nous avons vu aux nos 90 et suivants ce qu'il faut penser du non-sens inhérent à cette chaleur latente.

La vérité est que les deux quantités d'électricités dégagées par les réactions chimiques dans la pile sont les *inverses* mais les *égales* de celles qui ont travaillé dans ces réactions, et sont par conséquent capables de produire de leur côté la *même quantité* de chaleur.

Tant que ces monades passent de molécule à molécule dans un conducteur assez spacieux, elles se conservent à l'état de *force en disponibilité, absolument comme la force motrice dans un volant*; (1), mais dès qu'elles rencontrent un obstacle à leur circulation, elles produisent un travail mécanique en mettant les molécules, en état de vibrations caloriques et lumineuses qui luttent contre la cohésion. Mais, comme ces Physiciens l'ont constaté, que ce travail de l'électricité se produise dans toute la longueur d'un circuit ou dans un point déterminé de ce circuit, il ne dégagera ni plus ni moins de 18706 calories.

422. Prenons donc des conducteurs gros et courts pour perdre en route le moins possible de monades électriques et menons-les à un travail mécanique facile à contrôler, par exemple à la dissociation d'un composé chimique.

Terminons ces conducteurs par deux lames d'argent A et B, figure 168, et plongeons-les dans une solution d'azotate de ce même métal.

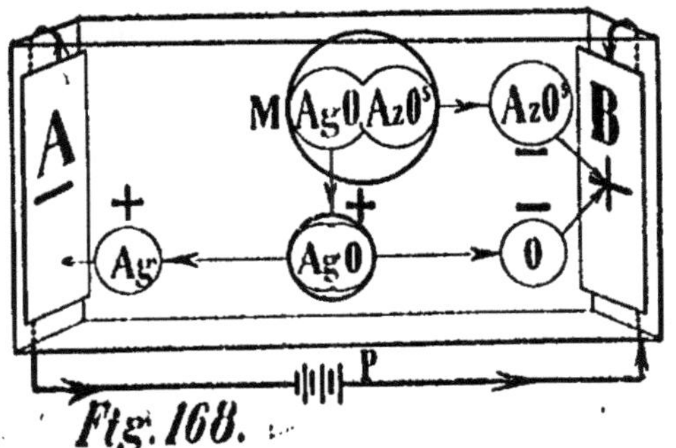

Fig. 168.

Quand les monades électriques venant de la pile P avec la force électromotrice suffisante, auront imprimé à la molécule M de l'azotate d'argent un état vibratoire, un degré

(1) Voir plus haut les deux travaux moléculaires qui existent toujours dans un courant électrique, même avec les corps les meilleurs conducteurs.

de chaleur égal à celui qu'elle a produit quand l'acide azotique s'est combiné avec l'oxyde d'argent, ces deux molécules se trouveront dégagées de leur lien mutuel, et alors l'attraction physique qui existe entre les deux lames polaires A et B et chacune d'elles, l'emportant sur leur attraction d'affinité, elles se sépareront.

La molécule du comburant AZO^5, étant électrisée négativement, sera attirée au pôle positif B; et la molécule du combustible AgO, étant électrisée positivement se rendra au pôle négatif A.

Cette dernière molécule AgO à son tour, se dissociera de la même manière, quand le travail mécanique des monades qui affluent toujours de la source, lui aura imposé un mouvement vibratoire ou un degré calorique égal à celui qui a été produit quand l'oxygène a brûlé Ag.

Le comburant O négatif, à l'état naissant, ira rejoindre AzO^5 au pôle positif et le combustible positif Ag, seul se trouvera au pôle négatif.

Cependant comme tout ceci se passe dans un bain d'eau, l'acide AzO^5 s'égare plus ou moins en route, en restant combiné avec l'eau, et il ne se forme pas, aux dépens de la plaque positive B, un nombre de molécules d'azotate d'argent exactement égal à celles qui ont été décomposées. Le bain s'appauvrit.

Aussi est-ce à l'argent déposé sur la lame négative A que l'on demande la mesure de la *quantité* des monades électriques, de l'*intensité* du courant; — ou, comme on est convenu de le dire, la mesure des *ampères* et des *coulombs*.

Pour cela on pèse exactement la lame d'argent négative A (ou *cathode*) avant de l'introduire dans le voltamètre à sel d'argent. On note exactement le temps pendant lequel le courant a travaillé. Puis, retirant la lame A du bain, on la lave à l'eau pure, on la sèche au papier buvard sans la frotter, et on la pèse de nouveau.

L'unité pratique de quantité pour mesurer l'intensité d'un courant électrique est celle qui *en une seconde* dépose sur la lame négative :

1,121472 milligramme d'argent.

Cette unité de mesure s'appelle l'AMPÈRE.

423. — L'expérience démontre que si l'on fait passer un courant à travers plusieurs voltamètres renfermant de l'eau acidulée ou *sulfate d'hydrogène*, — de l'azotate d'argent, du sulfate de cuivre, et de l'acétate de plomb, les poids d'hydrogène, d'argent, de cuivre, et de plomb isolés, sont entre eux comme les équiva-

lents chimiques de ces corps. C'est-à-dire que les équivalents étant 1 pour H, 108 pour *Ag*, 31,8 pour le cuivre et 103,5 pour *Pb*, s'il y a un milligramme d'hydrogène dans le premier voltamètre, il y aura 108 mmg. d'argent, 31,8 mmg. de cuivre et 103,5 mmg. de plomb dans les autres.

Comme on le voit, la quantité d'argent déposée par un courant d'un ampère, en une seconde, n'est pas indiquée par un équivalent 108. Par suite la quantité d'hydrogène libérée par un ampère, en une seconde, n'est pas non plus 1 milligramme. Elle est seulement égale à :

0, 010384 milligramme.

L'équivalent de l'hydrogène étant 1, il suffira de multiplier ce nombre par l'équivalent d'un corps pour savoir, en milligrammes, le poids de ce corps qui sera déposé par un ampère-seconde. On trouve ainsi :

Pour l'argent : $p = 0,010384 \times 108 = 1,121472.$
Pour le cuivre : $p = 0,010384 \times 31,8 = 0,33021.$
Pour le plomb : $p = 0,010384 \times 103,5 = 1,07474.$
etc, ...

Ces nombres s'appellent les équivalents *électrochimiques* des corps et peuvent tous servir à la mesure de l'intensité d'un courant électrique.

Soit par exemple un courant qui ayant traversé une dissolution de sulfate de cuivre pendant 2 heures y a précipité 10 grammes de cuivre; quelle était l'intensité de ce courant ?

En divisant ces 10 000 milligrammes par le poids de cuivre correspondant à un ampère, c'est-à-dire par 0, 33021, on trouve :

$$\frac{10\,000}{0,33021} = 30\,302.$$

Mais au lieu de donner à ce nombre, qui indique la *quantité* d'électricité dépensée, le nom d'*ampères*, on lui donne le nom de COULOMBS. L'intensité du courant en question a donc débité en deux heures :

30 302 Coulombs.

En ramenant ce résultat à la seconde, on trouve :

$$\frac{30\,302 \text{ Coulombs}}{7\,200 \text{ Secondes}} = 4,2 \text{ Ampères.}$$

424. — Mais cette méthode *électrolytique* est longue et l'on peut avoir besoin de mesurer rapidement l'intensité d'un courant; c'est pour répondre à ce besoin que l'on a imaginé les *galvanomètres*.

Le galvanomètre ordinaire, constitué par une aiguille aimantée orientée plus ou moins énergiquement par la terre et déviée par un courant traversant le fil enroulé autour d'elle, dans un plan vertical, est lui-même d'un emploi très ennuyeux : ses oscillations sont interminables.

On lui préfère par suite le nouveau galvanomètre suivant dit *apériodique*.

425. — Soit, figure 169, un axe en cuivre placé dans l'intérieur d'un aimant en fer à cheval, parallèlement aux branches de l'aimant.

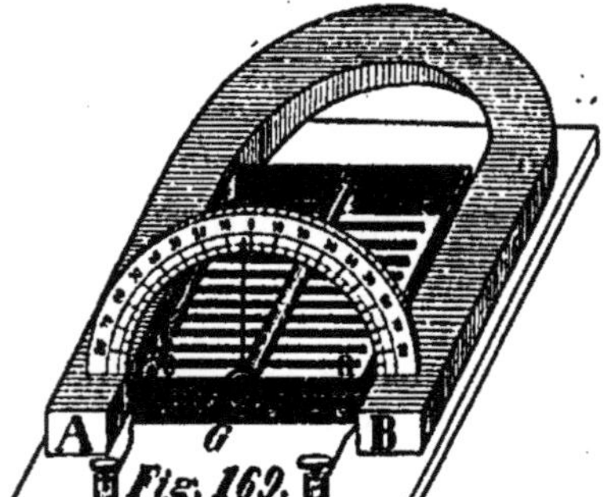

Fig. 169.

Cet axe est traversé par de petites tiges en fer doux *ab* qui deviennent autant de petits aimants sous l'influence de l'aimant directeur AB.

Autour de ces aimants en *arête de poisson*, est disposé horizontalement un cadre galvanométrique G placé entre l'aimant permanent et les petits aimants par influence *ab*.

La cause de la déviation de ces petits aimants est encore ici, comme dans le galvanomètre ordinaire, *l'attraction de la matière pondérable en mouvement, qui se traduit par la tendance à diriger les courants parallèlement et dans le même sens.*

En effet, les courants d'Ampère I et le courant DD', étant dans les conditions de la figure 170, on voit de suite que l'aimant *ab* doit osciller en *a'b'*, de manière que la partie supérieure du pôle *a'* soit *au-dessous* du courant D; — et que la partie inférieure du pôle *b* soit *au-dessus* du courant D'; car alors, les courants d'Ampère du petit aimant et le courant de la bobine sont *parallèles* et de *même sens*.

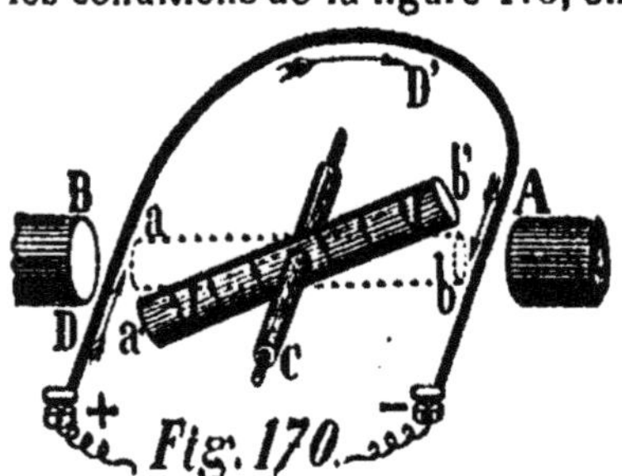

Fig. 170.

L'examen *empirique* du bonhomme d'Ampère donne évidemment le même résultat. Qu'on le suppose dans le circuit DD', le courant entrant par ses pieds et sa figure étant tournée vers l'aimant *ab*, on voit qu'il aura toujours sa droite en haut et sa gauche en bas. Or le pôle austral dévie à sa gauche et le pôle boréal à sa droite; donc l'aimant *ab* doit tourner dans le sens *a'b'*.

Mais il est évident qu'il vaut mieux recourir au raisonnement direct qu'à ce moyen empirique.

426. — C'est sur ce principe qu'est construit l'*ampèremètre* Deprez et Carpentier, avec certains détails de perfectionnement dont le plus important est la position *oblique* donnée à la bobine galvanométrique.

Au lieu d'avoir ses fils parallèles à l'axe des pôles AB de l'aimant directeur, figure 171, ils sont inclinés d'environ 45° sur cet axe et sur la direction du petit aimant par influence *ab*.

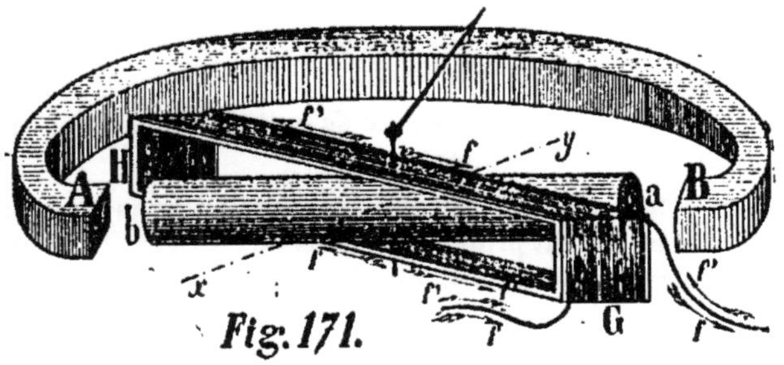

Fig. 171.

Dans ces conditions, si on lance le courant dans le sens *f*, on voit que l'aiguille *ab* se trouve déjà déviée dans le sens que la bobine veut lui imposer. Les courants d'Ampère et les courants de tous les fils du cadre galvanométrique sont en effet en voie de devenir parallèles. La puissance de déviation du courant sera donc très faible dans ce sens.

Au contraire si le courant est lancé dans le sens *f'*, on voit que les courants d'Ampère de *ab* sont en opposition avec tous les courants du fil, et que pour rendre tous ces courants parallèles et de même sens, le pôle *a* devrait venir en *x* et le pôle *b* en *y*, perpendiculairement à l'axe de la bobine GH; c'est-à-dire parcourir un angle égal à 90° plus l'angle que fait la bobine avec l'axe des pôles AB.

La puissance de l'aimant directeur se combinant avec la force déviatrice du courant donne une résultante précise à laquelle se fixe très rapidement l'aiguille.

Conformément à ce qui a été dit aux numéros 420, 422, le circuit de cet ampèremètre est formé de fil gros et court, ou même d'une seule lame de cuivre rouge, afin de ne donner, autant que possible, d'autre travail à faire aux monades électriques que celui de l'orientation des molécules du petit aimant *ab*.

427. — Pour graduer cet ampèremètre, on se sert d'un courant dont l'intensité est mesurée à l'aide d'un voltmètre soit à sel d'argent, soit à sel de cuivre, soit à eau, comme il a été indiqué ci-dessus.

II. — Mesure de la force électromotrice.

428 — Comme nous l'avons établi, la force électromotrice dépend du nombre des monades électriques qui constituant une sorte d'essaim, passent d'un pôle à l'autre des molécules d'un conducteur, toutes ensemble, en un seul jet.

C'est uniquement dans ce sens restreint que l'on peut dire que la force électromotrice *e* est proportionnelle à l'intensité *i*; l'intensité i étant le nombre des monades électriques de l'essaim.

Il est évident en effet que l'intensité générale qui sort d'une source est simplement un multiple de cette intensité *i* et n'influe en rien sur la force électromotrice.

Comme nous l'avons vu encore, les accélérations imprimées à une même masse étant proportionnelles aux forces, il est évident que les différents essaims étant des unités de force nettement distinctes doivent imprimer des accélérations différentes aux molécules pondérables auxquelles elles s'attèlent transitoirement pendant leur trajet d'un pôle à l'autre.

Nous pouvons donc préciser la force électromotrice en disant qu'elle est la force vive que les molécules pondérables acquèrent sous l'impulsion des différents essaims de monades électriques émis par différentes sources.

429. — Cette notion bien établie, il est évident que le véritable moyen de mesurer la force électromotrice est de ménager les choses de telle sorte *que l'on n'ait plus qu'un essaim unique en jeu au moment de la mesure.*

Pour cela il faut avoir un conducteur très long et très étroit.

Par sa résistance il forcera la plus grande partie des monades électriques à disparaître le long du circuit dans le travail mécanique des vibrations caloriques des molécules, si bien qu'au terme du parcours on conçoit qu'il ne restera plus qu'un essaim unique de monades électriques.

Admettons que cette élimination ait été faite pour différents courants et, pour fixer nos idées, prêtons des chiffres aux essaims de ces courants. Admettons par exemple 3 essaims comptant le premier 100 monades électriques, le second 200 et le troisième 300.

A l'extrémité du fil où parviennent seuls ces 3 essaims, on conçoit qu'ils pourront produire 3 travaux dont les intensités seront entre elles comme 1, 2 et 3; mais que ces forces étant réduites à leur plus simple expression il ne faudra leur demander que des travaux très faibles.

La mesure de la force électromotrice *e* se fera ainsi par la mesure de la quantité d'électricité *i* afférente à chaque essaim.

L'unité de force électromotrice a été appelée le VOLT. C'est la force du courant qui après avoir traversé un fil donnant l'unité de résistance dont nous allons parler, conserve une intensité égale à un ampère, c'est-à-dire la puissance de déposer 1,12147 milligramme d'argent en une seconde.

La mesure de la force électromotrice se ramenant à une mesure d'intensité, l'appareil pour la mesurer ou le *voltmètre* sera analogue à l'mpèremètre décrit dans la figure 171, avec cette différence qu'au lieu d'un circuit galvanométrique court et gros, le circuit sera cette fois *très long* et *très mince*.

430. — Imaginons un conducteur *parfait* recueillant le courant d'une pile. Si la surface du zinc a donné lieu à un million de réactions chimiques, nous trouverons dans notre conducteur parfait un million d'essaims électriques.

Tous ces essaims comptent chacun le même nombre de monades et ont par conséquent la même intensité absolue *i*, et par suite la même force électromotrice *e*.

Ces forces électromotrices individuelles ne s'ajoutent pas entre elles parce que les essaims voyagent successivement, de molécule à molécule; mais si nous prenons un conducteur assez gros pour que sa section présente un million de files de molécules, on conçoit que le million d'essaims sortant de la pile pourra voyager de front dans toutes ces files parallèles avec leur force électromotrice égale.

Nous sommes ainsi en présence d'une puissance capable d'un travail, et cette puissance est évidemment égale à la puissance élémentaire d'un essaim multipliée par un million, nombre des essaims.

Et vu que l'essaim caractérise la force électromotrice par le nombre de ses monades, nous pouvons dire que c'est lui le *volt*, — et que le nombre des essaims est l'ampère.

Soit donc P la puissance d'un courant, E sa force électromotrice et I son intensité, précisées de cette façon, nous avons :

$$P = EI.$$

« C'est-à-dire que la puissance d'un courant électrique est égale au produit de sa force électromotrice par son intensité.

L'unité de cette puissance électrique est appelée le WATT. C'est la puissance d'un courant qui émet un ampère avec la force électromotrice d'un volt.

C'est cette puissance qui va être à notre service pour la réalisasation des merveilleux travaux électriques.

431. — Il n'y a pas de conducteurs parfaits, comme nous venons de le supposer. Leur résistance est inversement proportionnelle à leur section, mais elle n'est jamais nulle.

Comme nous le savons, la résistance d'un conducteur se manifeste par l'absorption d'une partie de la puissance d'un courant en un travail intempestif et nuisible en dehors de l'endroit précis où nous désirons que le travail utile se produise.

Ce travail intempestif est toujours la mise en vibrations calori-ques des molécules.

La constatation du degré de chaleur produit dans le conducteur sera donc pour nous un moyen de mesurer ce travail nuisible, et de mesurer par là même ce qui n'en est que l'*occasion*, à savoir la *résistance* opposée par le conducteur au passage de l'électricité.

Pour nous rendre bien compte de ceci, précisons la valeur de la *Dyne*, de l'*Erg*, et du *Watt* des Electriciens, en comparaison avec les unités déjà adoptées en mécanique, le *kilogrammètre* et la *Calorie*.

Désirant que ce traité délectricité soit compréhensible à tous, même à ceux qui n'ont pas étudié assez sérieusement la physique et la mécanique, je vais entrer dans tous les détails que je crois nécessaires pour rendre cette difficile question des mesures électriques abordable à tous les lecteurs.

La force.

432. — Soit à comparer la force F d'un homme avec la force f d'un enfant. Trois cas se présentent dans cette comparaison.

1er Cas.

L'homme F lance une boule M = 5 kilos avec une vitesse V = 10 mètres par seconde.
L'enfant f lance la même boule M = 5 kilos — v = 2 mètres —

Donc $\frac{F}{f} = \frac{10}{2}$; d'où $F = \frac{10\,f}{2} = 5\,f$; donc $\frac{F}{f} = \frac{V}{v}$ c'est-à-dire que :

Deux forces qui communiquent des vitesses différentes à un même mobile sont entre elles comme ces vitesses.

2e cas.

L'homme F lance une boule M = 12 kilos avec une vitesse V = 5 mètres par seconde.
L'enfant f — m = 3 kilos — V = 6 mètres —

Donc $\frac{F}{f} = \frac{12}{3}$; d'où F = 4 f. Donc $\frac{F}{f} = \frac{M}{m}$; c'est-à-dire que :

Deux forces qui communiquent la même vitesse à des mobiles différents sont entre elles comme les masses de ces mobiles.

3e Cas.

L'homme F lance une boule M = 12 kilos avec une vitesse V = 6 mètres par seconde.
Un adolescent F' — m = 4 kilos — V = 6 mètres —
L'enfant f — m = 4 kilos — v = 2 mètres —

$$\text{Donc}\left\{\begin{array}{l} 1^{\circ}\ \frac{F}{F'} = \frac{12}{4} = \frac{M}{m} \\ 2^{\circ}\ \frac{F'}{f} = \frac{6}{2} = \frac{V}{v} \end{array}\right\} \text{Donc } \frac{F \times F'}{F' \times f} = \frac{MV}{mv}; \text{ d'où } \frac{F}{f} = \frac{MV}{mv};$$

c'est-à-dire que :

Deux forces qui communiquent des vitesses différentes à des masses différentes sont entre elles comme les produits des masses par les vitesses.

433. — Soit maintenant un nombre nettement défini de molécules pondérables, par exemple les molécules du petit bloc de cuivre que nous appelons le gramme à notre latitude, soumis à l'action de la pesanteur à l'*Équateur*, à *Paris* et au *Pôle*.

D'abord cette masse qui pèse un gramme à Paris ne pèsera plus un gramme à l'équateur et pèsera plus d'un gramme au pôle. A l'équateur la force centrifuge résultant de la rotation de la terre et un plus grand éloignement du centre de la terre affaiblissent l'intensité de la pesanteur. Au pôle au contraire, l'absence de force centrifuge et un plus grand rapprochement du centre de la terre augmentent son intensité.

434. — Le dynamomètre qui sert à constater ces différences de poids est dans les conditions où il serait si on l'appliquait à la main de l'homme et de l'enfant dans le 1er cas, quand ils *commencent* à produire leur effort sur la masse M. Le dynamomètre accuserait deux *tractions* différentes qui seraient la mesure *directe* des intensités de la force de l'homme et de celle de l'enfant.

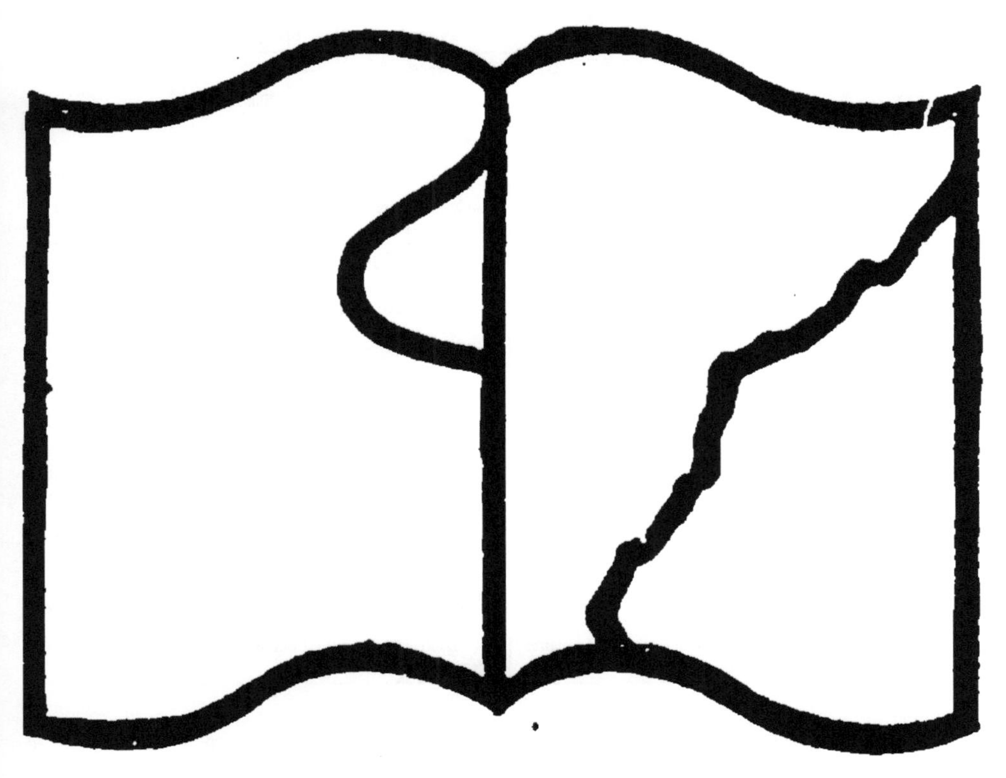

Texte détérioré — reliure défectueuse

NF Z 43-120-11

Tableau Synoptique des Unités Électriques

Unités électriques dites Système C.G.S. **Centimètre, Gramme, Seconde**	*Unités connues* **avec lesquelles on peut les comparer**	
I. — Unité de Force		
LA DYNE $= \frac{1}{981}$ du Gramme........................	$= \frac{1}{1000}$ du Gramme = 1 Milligramme.	
II. — Unité de Travail absolu		
L'ERG $= \frac{1^{gr}}{981} \times 1$ centimètre $= \frac{1^{c.gr}}{981}$................	$= \frac{1}{1000}$ de Centigrammètre ; c'est-à-dire de 1 centigramme soulevé à 1 mètre ; travail qui égale 1 gramme soulevé à 1 centimètre.	
III. — Unité de Travail pratique		Nota : si le Système C.G.S. avait permis de multiplier l'Erg par 10s, on aurait eu :
Le WATT = 10 000 000 Ergs $= \frac{1^{c.gr.}}{981} \times 10^7$......	= 10000 Centigrammètres	= 100 000 Centigrammètres.
Le WATT = $\frac{100^{kgm}}{981} = \frac{1^{kgm}}{9,81}$..................	$= \frac{1}{10}$ de Kilogrammètre..	= 1 Kilogrammètre.
Le Décawatt $= \frac{10^{kgm}}{9,81}$..................................	= 1 Kilogrammètre......	= 10 Kgm.
L'Hectowatt $= \frac{100^{kgm}}{9,81}$................................	= 10 Kgm.............	= 100 Kgm.
1 kgm. = 9.81 watts ; donc 75 kgm. ou Chev.-Vap. $= 9,81 \times 75 = 736$ watts	75 Kgm = 750 watts..	75 watts auraient été le Ch.-Élect
Le Kilowatt $= \frac{1000^{kgm}}{9.81} = 102$ kgm = 1,36 Chev.-Vap.	= 100 Kgm............	= 1000 Kgm.
IV. — Unité de Force Electromotrice		
... l'unité de travail, le Watt.	... Clark.	
V. — Unité d'Intensité		
L'AMPÈRE = la quantité de monades électriques nécessaires pour précipiter en 1″ 1,$^{millig.}$121472 d'argent.	= L'intensité du courant qui précipite 1 milligramme d'argent en 1″.	

VI. — Unité de Quantité

Le COULOMB = l'Ampère. Il sert à évaluer le débit d'un courant pendant un temps donné.

Au lieu de dire qu'un courant de 1 Ampère débite 3600 ampères en 1 heure, on dit qu'il débite 3600 Coulombs.

3600 Coulombs sont la valeur de l'AMPÈRE-HEURE.

VII. — Unité de Chaleur

Le JOULE est le résultat de la transformation de 1 watt en chaleur, en 1 seconde.

Or : 1 erg représente $\frac{1^{cal}}{425 \times 10^8} = \frac{0^c,0024}{10^8} = \frac{24^c}{10^{12}}$; 1 watt représente $\frac{1^c}{425 \times 10} = 0^c,00024$	Car : 425 Kgm représentent 1 calorie ; 1 Kgm — $\frac{1}{425}$ de cal. $= 0^c,0024$; 1 Centigram^{tre}. — $\frac{1^{cal}}{425 \times 10^5}$
Donc le Joule représente $0^c,00024$ en 1″.	= La transformation de $\frac{1}{10}$ de Kgm en $0^c,00024$ en 1″.

VIII. — Unité de Resistance

L'OHM = la résistance qui, en 1″, occasionne la transformation d'un Watt en 1 Joule.	= la transformation de $\frac{1}{10}$ de kgm en $0^c,00024$ en 1″.

IX. — Unité de Puissance

Le WATT égalant

1 Volt-Ampère, donne la formule $P = EI$; et pour t'', $P = EIt'' = \frac{1^{kgm}}{9,81} t''$. $= \frac{1}{10}$ Kgm par seconde.

1 Volt-Coulomb, — — $P = EQ$; — $P = EQt'' = \frac{1^{kgm}}{9,81}$ $= \frac{1}{10}$ Kgm par seconde.

1 Ampère²-Ohm, — — $P = I^2R$; — $P = I^2Rt'' = \frac{1^{kgm}}{9,81} t''$. = 1 Joule par seconde.

De même les trois poids p, à Paris, p' à l'équateur et p'' au pôles qui nous indiquent l'énergie des *attractions* différentes exercées par la terre sur la masse m de notre gramme, peuvent servir à désigner les 3 variations de l'intensité de la Pesanteur en ces 3 stations.

435. — Mais de même que l'homme et l'enfant dans le 1_{er} cas ont communiqué des vitesses différentes à la même masse M, de même aussi les 3 forces p, p' et p'' impriment des vitesses différentes g, g' et g'' à la masse constante de notre gramme.

A Paris, la pesanteur p lui imprime une vitesse $g=9^m,8088$ ou $9^m,81$.

A l'Equateur, la vitesse g' imprimée par p' sera moindre ; et au pôle la vitesse g'' imprimée par p'' sera plus grande.

Mais comme dans le 1_{er} cas de l'homme et de l'enfant agissant sur une même masse, il est vrai de dire que les forces sont proportionnelles aux vitesses ; que :

$$\frac{p}{p'}=\frac{g}{g'} \text{ ou } \frac{p}{g}=\frac{p'}{g'}=\frac{p''}{g''}=\text{m}.$$

Ce quotient constant m du poids p d'un corps divisé par l'accélération g qui correspond à ce poids, sert à désigner la *masse* invariable, c'est-à-dire le nombre délimité des molécules pondérables qui sont réunies dans le corps en question.

436. — Maintenant que nous avons l'idée nette de la masse, maintenant que nous savons que cette masse peut, ou n'avoir aucun poids, comme cela arriverait si elle était au centre de la terre, également attirée dans tous les sens ; — ou peser plus ou moins *suivant la force qui la sollicite*, soumettons-la à la force imaginée par les Electriciens et nommée par eux la *Dyne*.

D'après eux cette force n'est capable d'imprimer à la masse m de notre gramme qu'une vitesse ou accélération v de 1 centimètre par seconde.

Or la pesanteur p, à notre latitude, est capable d'imprimer à cette même masse m une vitesse g de $9^m,81$ ou 981 centimètres.

Donc d'après le principe du 1er cas, nous avons :

$$\frac{\text{La Pesanteur } p}{\text{la Dyne}}=\frac{g}{v}=\frac{981_c}{1^c} \quad (1)$$

Mais nous avons dit que p peut être représenté par le *gramme* qui indique l'intensité de la force p de la pesanteur à notre latitude. Nous connaissons donc trois termes dans l'équation (1) et par suite nous pouvons en tirer l'intensité de la Dyne des Electriciens.

$\frac{\text{Gramme}}{\text{Dyne}} = \frac{981^c}{1^c}$; d'où La Dyne égale $\frac{1}{981}$ de gramme, ou un peu plus de 1 milligramme.

Cela signifie que si la masse m de notre gramme était soumise à la seule action de la Dyne, cette masse ne pèserait que $\frac{1}{981}$ de gramme ou 1 milligramme : $\frac{1}{981}$ de gramme serait donc le poids de la masse de notre gramme sollicitée par la Dyne.

Travail.

437. — Si au lieu d'observer les accélérations imprimées par deux forces à une même masse pour les comparer entre elles, nous demandons au travail qu'elles peuvent réaliser le rapport qui existe entre elles, nous les appliquerons tout naturellement au transport d'un fardeau. Et pour apprécier ce transport il nous faudra nécessairement une unité de *distance* et une unité de *fardeau*.

Ainsi pour mesurer les travaux exécutés verticalement soit par la force de la pesanteur elle-même, soit contre la pesanteur par d'autres forces, les mécaniciens ont pris pour unité le déplacement vertical de 1 kilogramme à 1 mètre de hauteur.

Cette unité de travail s'appelle le *kilogrammètre*.

438. — Les électriciens ont adopté pour unité de travail le déplacement de 1 centimètre effectué par leur force la Dyne sur son point d'application, dans sa propre direction. C'est le travail réalisé par une Dyne quand elle déplace son point d'application de la longueur de 1 centimètre.

Or l'intensité de la dyne est $\frac{1}{981}$ de gramme ;

Donc l'unité de force des électriciens, appelée par eux l'Erg, est égale au transport de $\frac{1}{981}$ de gramme à 1 centimètre de distance.

439. — Pour pouvoir comparer cette unité lilliputienne au kilogrammètre, remarquons que 1 gramme soulevé à 1 centimètre est une petite unité de travail que l'on pourrait appeler *gramme centimètre* ou *centigrammètre* ; car le travail de l'élévation de un

centigramme à un mètre est équivalent au travail de l'élévation de 1 gramme à 1 centimètre.

L'Erg valant $\frac{1}{981}$ de gramme déplacé de 1 centimètre, vaut :

$$\frac{1}{981} \text{ de centigrammètre.}$$

Le kilogrammètre valant 1000 grammes soulevés à 100 centimètres vaut de son côté :

100 000 centigramètres.

$$\text{Donc } \frac{\text{Erg}}{\text{kgm}} = \frac{\frac{1}{981}}{100\,000} = \frac{1}{98100000}$$

$$\text{Donc 1 Erg} = \frac{1 \text{ kgm}}{98\,100\,000}; \text{ et 1 kgm.} = 98\,100\,000 \text{ Ergs.}$$

440. — L'Erg étant une unité de travail trop petite, on l'a multipliée par dix millions ou 10^7, et l'on a donné à cette nouvelle unité le nom de Watt.

Le Watt vaut donc $\frac{1 \text{ kgm}}{98\,100\,000} \times 10^7 = \frac{1 \text{ kgm}}{9,81}$; soit $\frac{1}{10}$ de kgm.

Le Décawatt $= \frac{10 \text{ kgm}}{9,81}$; soit 1 kgm.

L'Hectowatt $= \frac{100 \text{ kgm}}{9,81}$; soit 10 kgm.

Le Kilowatt $= \frac{100 \text{ kgm}}{9,81}$; soit 101 kgm = 1,36 chev.-vap.

1 kgm = 9,81 watts, donc :

75 kgm ou le chev.-vap. = 75 × 9,81 = 736 watts.

441. — Revenons à la résistance des conducteurs électriques.

Les deux unités de travail des Electriciens étant :

L'erg ou cent millionième de kilogrammètre ;

et le watt ou dixième de kilogrammètre ;

voyons laquelle de ces deux unités se prêtera le mieux à l'usage.

Une calorie pouvant produire 425 kilogrammètres, 1 kgm. ne correspond qu'à $\frac{1}{425}$ de calorie.

Donc l'erg qui n'est que $\frac{1}{98100000}$ de kgm. ne correspond qu'à

$\frac{1}{98100000}$ de $\frac{1^{\text{cal}}}{425}$ soit à $\frac{1^{\text{cal}}}{41692500000} = 0,^{\text{cal}}000000000024$.

Or quand on observe combien de fois l'unité de résistance qui occasionne cette chaleur infinitésimale est contenue dans les conducteurs ordinaires, on trouve qu'elle y est contenue des millions de fois. Cette unité est donc trop petite.

Adressons-nous donc au watt qui étant 10 millions de fois plu grand que l'erg, correspond à

$$0,^{\text{cal}}\ 000000000024 \times 10^7 = 0,^{\text{cal}}\ 00024.$$

442. — La résistance qui occasionne la production de 0,^{cal}00024. par l'absorption du travail d'un watt s'appelle l'OHM.

Cette unité de résistance se rencontre :

— Dans une colonne de mercure de 1 millimètre carré de section et de 106 centimètres de longueur.

— Dans 48 mètres de fil de cuivre de 1 millimètre de diamètre.

— Et dans 100 mètres de fil de fer de 4 millimètres de diamètre.

443. — La quantité de chaleur 0,^{cal} 00024 produite en 1 seconde s'appelle le JOULE.

Le Joule ou 24 cent millièmes de calorie par seconde, est donc la transformation en travail de 1 watt, c'est-à-dire de 1 ampère et de 1 volt; transformation provoquée par la résistance de 1 ohm.

L'unité de travail, le *Watt*, sera donc le produit des *Ampères* par les *volts* ; c'est-à-dire le produit de la *quantité* des monades électriques en circulation par leur *vitesse* de propagation ou *Force électromotrice* C'est ainsi que l'unité de travail des Mécaniciens est le produit de deux facteurs : la masse, le *kilogramme* ; et le chemin parcouru par la masse, le *mètre*.

N'oublions pas que la force électromotrice dépend du nombre des monades groupées dans un seul *essaim* formant comme une seule monade électrique dont l'énergie totale est égale à la somme de toutes les énergies des monades individuelles qui y sont associées ; — et que ces essaims voyagent comme le fait une seule monade.

Si donc nous imaginons que d'une part mille monades électriques sont groupées en un seul essaim, — et que d'autre part 1000 autres monades sont groupées en 10 essaims de 100 monades, nous concevons que les premières pourront voyager plus loin que les secondes, et nous verrons au chapitre des Transformateurs que théoriquement les distances auxquelles ces deux essaims de 1000 et de 100 monades pourront se propager seront entre elles comme les *carrés* de 1000 et de 100, c'est-à-dire que le premier essaim se propagera 100 fois plus loin que le second. Et puisque les essaims voyagent *successivement*, 1000 essaims de 100 monades n'iront pas plus loin qu'un seul; il arrivera donc ainsi qu'un seul essaim de 1000 monades ira 100 fois plus loin que 1000 essaims de 100 monades.

Nous avons donc ici quelque chose d'analogue à deux pompes à incendie, dont l'une peut envoyer un filet d'eau de 1 centimètre carré de section à 15 mètres de hauteur, et l'autre un jet d'eau de 3 centimètres carrés de section à 5 mètres de hauteur seulement. Le travail des deux pompes peut être regardé comme égal. La différence consiste en ce que la première pourra éteindre un incendie à une hauteur d'étage 3 fois plus grande que ne le pourra la seconde : mais en revanche la seconde enverra 3 fois plus d'eau à son étage inférieur que la seconde n'en enverra à son étage supérieur.

Ainsi en sera-t-il de deux Dynamos dont l'une donnera 30 ampères avec 120 volts, et l'autre 120 ampères avec 30 volts. Les deux donnent un travail disponible de 3600 watts ; mais la première pourra aller produire de la lumière 16 fois plus loin que la seconde.

414. — Si on double, triple et quadruple la *Longueur* d'un conducteur avec du fil de même nature et de même diamètre, l'énergie du courant devient 2, 3, 4 fois plus faible.

— Donc la résistance R que présente un circuit homogène est proportionnelle à la longueur l de ce circuit.

415. — Si l'on remplace un conducteur par d'autres de même nature, et de même longueur, mais d'une *section* qui soit la moitié, le tiers, le quart de celle du premier, l'intensité du courant devient 2, 3, 4 fois plus faible.

— Donc les résistances R de plusieurs circuits de même longueur et de même nature, sont inversement proportionnelles à leurs sections S, S'... ou aux carrés de leurs diamètres d, d',.. exprimés en millimètres.

416. — En remplaçant les uns par les autres des fils de même longueur et de même section, mais de *nature différente*, on trouve qu'ils ont des résistances différentes, ou, autrement dit, que les différents métaux ont des conductibilités différentes ; la résistance n'étant que le défaut de conductibilité.

L'expérience a donné pour des fils d'un mètre de longueur et de 1 millimètre de diamètre, à 0°.

Pour l'argent recuit.	0,01937	ohms.
Pour le cuivre recuit.	0,02057	»
Pour le fer recuit	0,1251	»
Pour le mercure.	1,2247	»
etc.		

La formule pour calculer la résistance d'un conducteur est donc, en désignant par r le coefficient de résistance pour l'unité de longueur et l'unité de diamètre :

$R = \frac{r.l}{d^2}$ ou $R = \frac{r.l}{s}$ si l'on donne la surface de section s au lieu du simple diamètre d.

Exemple. — *Quelle est à 0° la résistance d'un fil de fer recuit de 3 kilomètres de longueur et de 4 millimètres de diamètre?*

$$R = \frac{r\,l}{d_2} = \frac{0^{\text{ohm}},1251 \times 3000 \text{ m.}}{4 \text{ m/m}^2} = \frac{375,3}{16} = 23,45 \text{ ohms.}$$

447. — Quand les molécules d'un conducteur ont commencé à employer ainsi la force des monades électriques à se mettre en vibrations caloriques, il s'en suit une sorte d'entraînement qui accentue de plus en plus ce fâcheux gaspillage de force.

Aussi chaque substance a-t elle un coefficient plus ou moins net d'augmentation dans l'absorption de l'énergie électrique avec le degré de chaleur déjà acquis.

Cette augmentation du travail nuisible se traduit pour nous par une augmentation de la résistance qui a été observée à 0°.

Pratiquement on peut dire que pour chaque degré centigrade la résistance augmente dans le rapport donné par la formule :

$$R_t = R_0(1+Kt).$$

C'est-à-dire que la résistance à 0°, R_0, ayant été calculée comme précédemment, on obtient la résistance à $t°$, R_t, en la multipliant par $1+Kt$; K étant pour tous les métaux purs :

0,00384.

448. Revenons au Joule, c'est-à-dire à la chaleur produite dans un conducteur à l'occasion de la résistance de ce conducteur au passage des monades électriques.

Puisque nous connaissons maintenant les lois de la résistance des conducteurs, nous savons par là même comment la chaleur produite par un courant déterminé variera dans ces conducteurs, puisque cette chaleur est proportionnée à sa cause occasionnelle, la résistance.

Mais comment variera cette chaleur dans un conducteur de résistance R déterminée, avec des courants d'intensités différentes.

Pour nous en rendre compte, remarquons que l'énergie dynamique du mouvement vibratoire calorique est un travail *dispo-*

nible qui sera proportionnel au *carré de la vitesse de vibration.*

Or, comme je l'ai expliqué au sujet de la chaleur, la vitesse de vibration, on le nombre des vibrations à la seconde, c'est-à-dire le degré de chaleur, dépend du nombre des monades électriques qui, au lieu de circuler de molécule à molécule par le mouvement girosphérique, s'appliquent aux deux pôles de chaque molécule pour les mettre en vibration.

Si 100 monades ou unités de force électrique produisent telle vitesse de mouvement vibratoire, on conçoit que 200 monades produiront une vitesse double.

La vitesse de vibration calorique est donc l'effet direct de ce que nous avons appelé l'*intensité* d'un courant.

Donc la force vive des molécules pondérables animées de ces vitesses proportionnelles à l'intensité i d'un courant, est proportionnelle au *carré* de cette intensité i; car la force vive d'une masse en mouvement est mv^2.

Nous pouvons donc dire que la puissance en watts, c'est-à-dire en voltampères, $P = EI$, n° 430, quand elle est transformée en chaleur, est proportionnelle à sa cause *occasionnelle*, la résistance R du conducteur, — et au *carré* de la cause *directe* de la chaleur, qui est l'intensité du courant.

$$P = RI^2.$$

Il faut bien comprendre que le facteur R n'est pas lui-même le facteur m de la masse dans la force vive. Il ne représente la masse qu'*indirectement*, en ce sens que l'on peut dire que dans un conducteur dont la résistance est 2, 3, 4 fois plus grande que celle d'un autre, le nombre des molécules pondérables qui absorbent la force électrique est 2, 3, 4 fois plus considérable que dans cet autre.

449. — La formule $P = RI^2$ s'appliquant au travail d'une seconde, le travail T pour un temps déterminé t'', sera :

$$T = RI^2 t''.$$

Si l'on n'a en vue que la puissance absorbée sans détermination du travail effectué par cette puissance, on se sert de la formule :

$$P = e\, i\, t''.$$

Exemple. — *Quelle est la puissance électrique absorbée par* *une lampe à incandescence exigeant 0,35 ampères avec une force électromotrice de 110 volts, pendant 8 heures?*

— La formule $P = e.\ i.\ t''$ nous donne:

$$P = 110^{v} \times 0^{a},35 \times 8^{h} \times 3600'' = 1\ 108\ 800 \text{ watts.}$$

Mais nous savons que le watt est $\frac{1 \text{ kgm}}{9,81}$; donc :

$$\frac{1108800^{w}}{9.81} = 113026 \text{ kilogrammètres.}$$

Le cheval-heure valant $75^{kgm} \times 3600'' = 270000$ kgm, la puissance absorbée vaut :

$$\frac{113026 \text{ kgm}}{270000 \text{ kgm}} = 0,42 \text{ cheval-heure.}$$

450. — Si au contraire l'on a en vue la chaleur produite par le travail de la puissance absorbée, on se sert de la formule du Joule $T = RI^{2}\ t''$.

Exemple. — *Quel est le travail absorbé pendant 5 heures par un conducteur opposant une résistance de 0,35 ohms et parcouru par un courant de 25 ampères?*

La formule du Joule donne :

$T = RI^{2}\ t'' = 0,35 \times 25^{2} \times 5^{h} \times 3600'' = 338062500$ watts.

Divisant par 9, 81, cela donne 34461009 kilogrammètres.

Et divisant par 270000 kgm, valeur du cheval-heure, l'on a :

127 chevaux-heure.

451. — Indiquons encore deux points très importants au double point de vue de la mesure des résistances des conducteurs et de la distribution de l'électricité :

Le Pont de Wheatstone, et le Shunt.

Pont de Wheatstone.

Représentons par 100 le nombre des files élémentaires de molécules dont le faisceau forme un conducteur A, figure 172.

Supposons que ce conducteur A se bifurque en deux autres BC et DE, formés, — le premier de 90 files de molécules, — et le second de 10 seulement. Il est évident que si le courant est à saturation en A, il suivra les files de molécules qu'il occupe et partagera son intensité $I = 100$ en deux courants d'intensités $i = 90$ dans BC et $i' = 10$ dans DE.

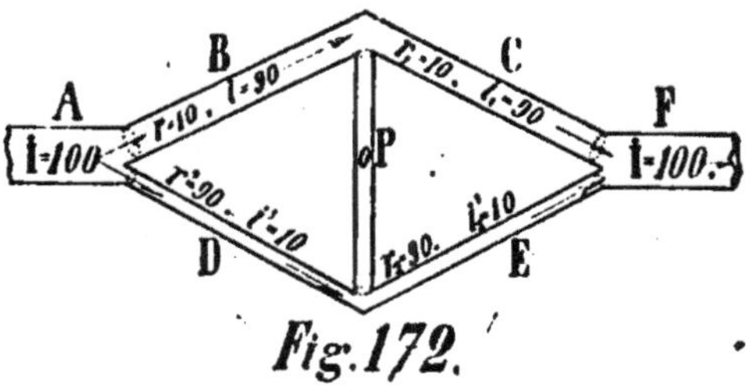

Fig. 172.

Dans ces conditions, si l'on rejoint la diagonale du losange BCDE par un conducteur P, dit *Pont de Wheatstone*, on ne voit aucune raison pour que le courant de B y passe pour venir chercher passage en E; — ni pour que le courant de D y passe pour aller chercher passage en C.

452. — Si au lieu de trouver à la bifurcation deux conducteurs dont les conductibilités sont en *somme* égales à celle du conducteur A, le courant trouve là deux résistances différentes r et r', il s'y partagera en deux intensités i et i' inversement proportionnelles à ces résistances.

Dans la figure 172 la différence des résistances est due à la différence des sections; elles sont inverses des sections $r = 10$ pour B, et $r' = 90$ pour D : mais l'on conçoit que quelle que soit la cause de la différence des résistances, le résultat sera le même.

On a ici, figure 172 : $\frac{r}{r'} = \frac{r_1}{r_2}$; d'où $r.r_2 = r'.r_1$.

On peut donc dire que lorsque les produits des résistances des côtés opposés du losange sont *égaux, aucun courant ne passe dans le pont.*

453. — Ceci sera encore vrai au cas où les côtés C et E du losange, figure 173, sont plus étroits que les côtés B et D, *mais dans le même rapport*; au cas par exemple où les sections devenant 2 fois moindres, la résistance de C devient 20 et celle de E 180.

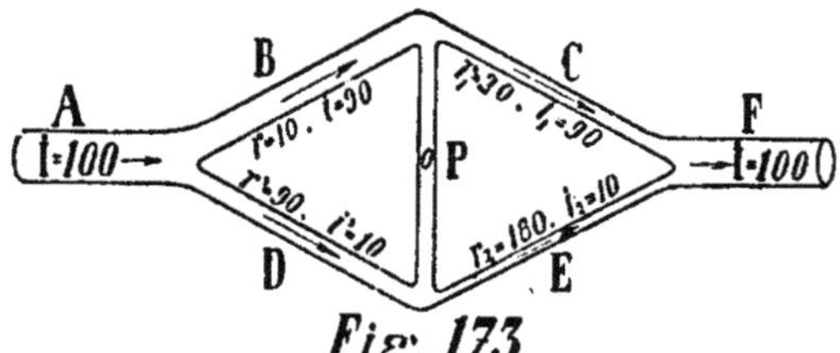

Fig. 173.

On voit en effet qu'aucun partage nouveau des intensités i et i' entre les conducteurs C et E ne peut *faciliter le passage* des monades électriques en F.

Aucun courant ne s'établira donc encore dans le pont P.

Or on a encore $r. r_2 = r'.r_1$.

Il en serait ainsi dans tous les cas qui donneraient l'égalité des produits des résistances des côtés opposés du losange.

454. — Soit maintenant, figure 174, un losange tel que les sections des quatre côtés soient.

B = 90 millimètres carrés ;
D = 10 $^{m}/_{m^2}$;
C = 20 $^{m}/_{m^2}$;
et E = 80 $^{m}/_{m^2}$;

Il est évident que le courant i, arrivant au conduit C et ne pou-

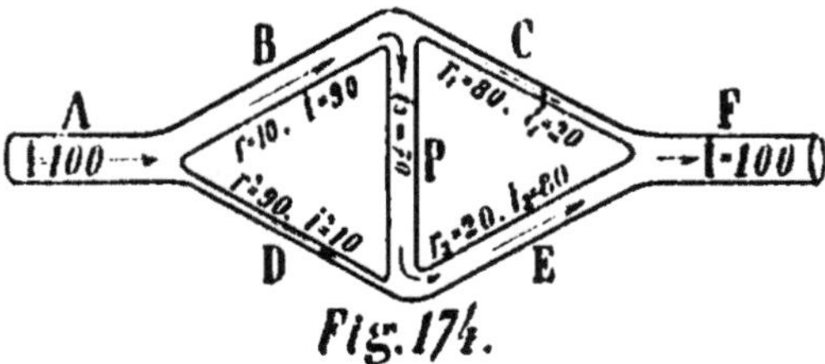

Fig. 174.

vant y passer va chercher passage dans le pont P et se partager comme l'indique la figure. Une *dérivation* $i_3 = 70$ va venir se joindre à $i' = 10$ pour passer en E où la résistance est telle qu'elle laisse le passage libre pour $i_2 = 80$.

Ceci aura lieu à chaque fois que le rapport entre les résistances de C et de E ne sera pas la même qu'entre celles de B et de D.

Ici on n'a plus en effet $r\,r_2 = r'.r_1$.

455. — La conclusion de cette analyse est que l'*absence* de courant dans le pont P indique que les 4 résistances des quatre côtés du losange sont en *proportion géométrique*.

Si donc on connaît les résistances de 3 des côtés celle du quatrième sera facile à calculer.

Introduisons donc un galvanomètre dans le pont P, figure 175, et gardons un des côtés du losange ouvert pour y introduire les différents conducteurs dont nous voulons connaître la résistance.

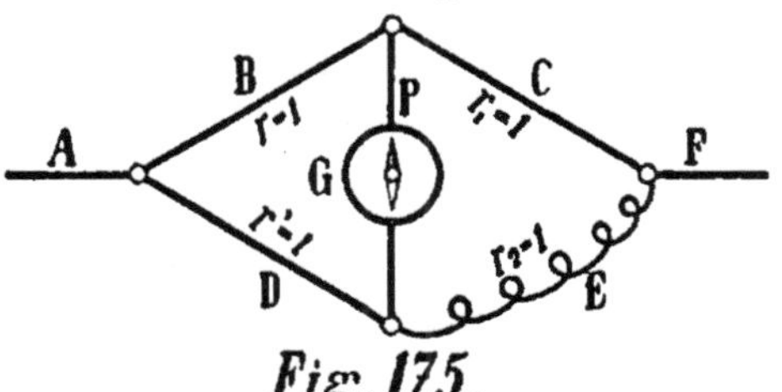

Fig. 175.

En faisant varier la longueur du conducteur E jusqu'à obtenir l'immobilité de l'aiguille du galvanomètre G, c'est-à-dire jusqu'à ce que le courant dérivé dans le pont P soit nul, on est sûr que la résistance r_2 de ce conducteur est *égale* à celle des 3 autres conducteurs B, C et D, que l'on peut prendre égales à une unité de mesure déterminée.

456. — Comme nous venons de le voir, les monades électriques en présence de *deux voies* s'y partagent en quantités inversement proportionnelles aux résistances que ces voies présentent à leur passage.

Soit donc, figure 176 des plaques épaisses de laiton A, A_1, ... A_4 en relation les unes avec les autres par des clefs C, C_1, C_2 ..

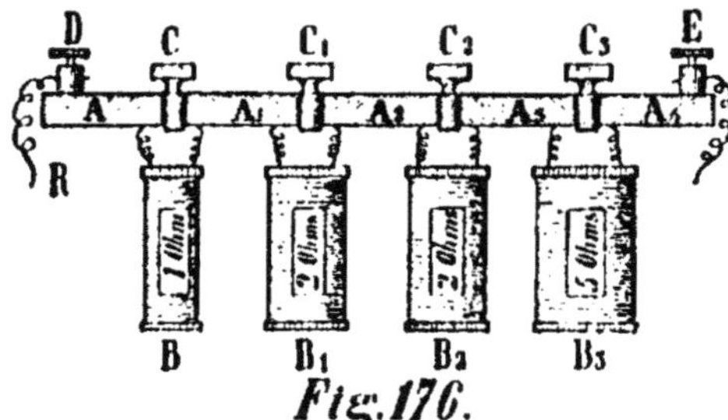

Fig. 176.

Des bobines B .. B_3 sur lesquelles sont enroulés des fils dont la résistance est connue en ohms, d'après leur nature, leur diamètre et leur longueur, soit par exemple 1, 2, 3 et 5 ohms, sont reliées aux plaques de laiton.

Si les clefs sont toutes en place, le courant R traversant toute la masse des plaques de cuivre presque sans résisance, va directement de la borne D à borne E.

Mais si l'on débouche les clefs, on le force à passer, à volonté, à travers les résistances variant de 1 à 10 ohms.

C'est ce que l'on appelle une *Boîte de résistance.*

Elle peut être faite pour l'épreuve de toutes les résistances que l'on veut étudier.

SHUNT

457. — Ces bobines de dérivation, au lieu de jouer le rôle d'obstacles qu'on leur demande dans la boîte de résistance, peuvent au contraire jouer le rôle accommodant des plaques de laiton A de la figure 176.

Soit en effet à étudier, à l'aide d'un galvanomètre à fil très fin, un courant tellement intense qu'il pourrait le brûler, bifurquons le courant, avant son arrivée dans le galvanomètre et présentons-lui une voie qui soit par exemple 9 fois plus accessible, ou moins résistante que celle que lui présente le fil fin du galvanomètre; le courant va se partager en 10 files de monades dont 9 passeront dans la bobine de dérivation et 1 seule dans le fil fin du galvanomètre.

Le galvanomètre ne recevra donc que la dixième partie du courant.

Si le fil de la bobine est 99 fois, 999 fois moins résistant que le fil du galvanomètre, celui-ci ne recevra que la centième ou la millième partie du courant à étudier.

C'est ce qu'on appelle le *Shunt*, terme anglais qui signifie *garrage, évitement.*

Fig. 177.

La figure 177 indique une boite de Shunt.

458.— Pour compléter l'étude des mesures électriques, il nous reste à indiquer deux appareils très importants :

La *Boussole des Tangentes.*

Et le *Galvanomètre différentiel.*

Boussole des Tangentes

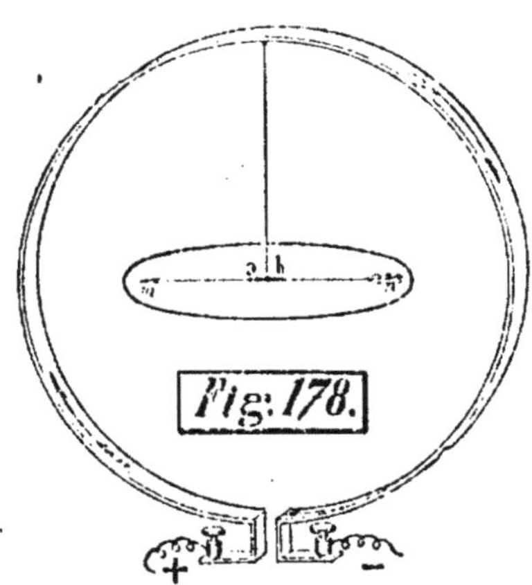

Fig. 178.

459. — La Boussole des tangentes, figure 178, se compose, non d'un fil de cuivre, mais d'un large ruban de cuivre ; car, étant destiné à mesurer l'intensité des courants, il faut opposer la plus petite résistance possible au passage du courant, afin de réduire au minimum le travail nuisible des vibrations caloriques.

Ce ruban est enroulé en *cercle* et non disposé en circuit rectangulaire comme dans le galvanomètre ordinaire, afin que l'influence de tous les éléments du courant sur les pôles du petit aimant central puisse être regardée comme sensiblement la même de tous les points du cercle ; c'est-à-dire inversement proportionnelle au carré du rayon *r* du cercle.

Pour le même motif, l'aiguille aimantée est très petite, assez petite pour que ses pôles ne s'écartent jamais beaucoup du centre du cadre.

Afin de faciliter la lecture de ses dérivations, on lui adjoint une longue aiguille de cuivre *mn* qui parcourt les divisions du limbe gradué.

Soit AB, figure 179, l'aiguille aimantée quand elle est dirigée avec le cadre dans le plan du méridien magnétique.

Les forces T et —T représentant l'attraction du magnétisme

terrestre sur les deux pôles de l'aiguille, se font équilibre dans cette position.

Dès que le courant passe, le couple C et $-C$ entre en jeu et fait dévier l'aiguille en A'B'.

Or voici comment l'équilibre finit par s'établir entre ces deux couples.

Dès que la force C du courant écarte l'aimant AB de la direction du méridien magnétique, la force magnétique terrestre acquiert un bras de levier B'G qui grandit avec l'angle de déviation *a*.

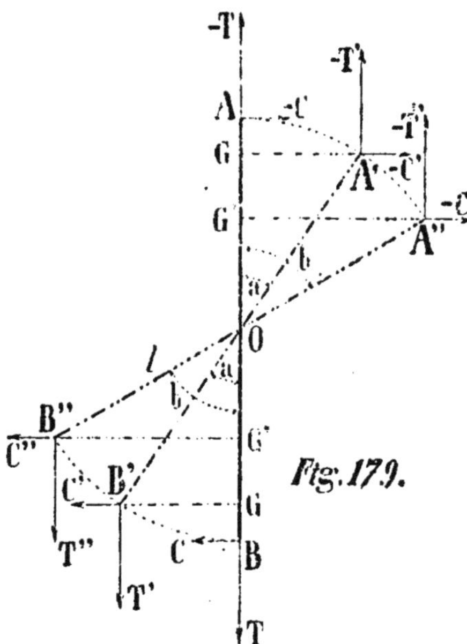

Fig. 179.

De son côté la force C du courant, que l'on peut, grâce à la petitesse de l'aiguille regarder comme étant toujours perpendiculaire au plan du cadre, voit son bras de levier diminuer avec l'amplitude de l'écartement *a* qu'elle produit.

Au premier instant de son action en B elle avait pour bras de levier la longueur totale $OB = l$. Mais, restant normale à cette direction OB, elle est oblique sur OB' et dès lors son véritable bras de levier est non plus $OB' = l$, mais OG normale à sa direction. Plus elle dévie l'aiguille, plus son levier OG' diminue et plus le levier B''G' du magnétisme terrestre grandit.

Donc l'équilibre s'établira.

Soit OB'' cette position d'équilibre. On a l'égalité.

$$C'' \times OG' = T'' \times B''G'$$

C'est-à-dire la puissance C'' multipliée par son bras de levier OG' égale la résistance T'' multipliée par son bras de levier B''G'.

Or dans le triangle rectangle OB''G' on a :

$OG' = l.\cos a$ et $B''G' = l.\sin a$ Donc

$C''\, l.\cos a = T''.\, l.\sin a$. D'où

$$\frac{C}{T} = \frac{l.\sin a}{l.\cos a} = \text{tg}\, a \; ; \text{ et } C = T.\,\text{tg}\, a.$$

Si l'on mesurait l'intensité C′ d'un autre courant, on aurait de même.

$C' = T.\ \mathrm{tg}\ a'$. Donc on aurait :

$$\frac{C}{C'} = \frac{\mathrm{tg}\ a}{\mathrm{tg}\ a'}$$

Mais les forces C et C′ de ces courants sont nécessairement proportionnelles aux intensités I et I′; donc on a :

$$\frac{I}{I'} = \frac{\mathrm{tg}\ a}{\mathrm{tg}\ a'}$$

— Donc les intensités de deux courants sont réellement proportionnelles aux tangentes des angles de déviation qu'ils produisent

L'expérience prouve qu'il en est ainsi.

Deux courants mesurés au voltmètre à azotate d'argent et ayant précipité l'un deux fois plus d'argent que l'autre dans l'unité de temps, donnent aussi dans la boussole des tangentes deux angles dont les tangentes sont doubles l'une de l'autre.

Si donc l'on a sous les yeux une table des tangentes de 0 à 90°, on a dans cet instrument un moyen commode pour mesurer l'intensité d'un courant.

Galvanomètre différentiel

460. — Le galvanomètre différentiel consiste simplement en ce qu'au lieu d'un seul fil, on en enroule deux autour de l'aiguille aimantée ; chacun des fils aboutissant à deux bornes différentes, figure 180.

Soit +A et—A les deux extrémités de l'un des fils; — B et +B

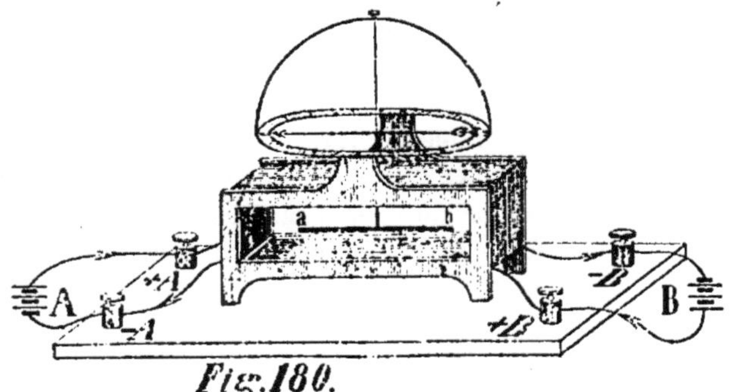

Fig. 180.

les deux extrémités de l'autre.

Pour comparer les courants des deux sources A et B il suffit de les envoyer en sens inverse l'un de l'autre dans les deux fils.

Chacun d'eux sollicitant l'aiguille en sens contraire de l'autre, l'aiguille dira quel est le plus fort.

Soit B le plus fort ; on peut, en intercalant dans son circuit une boîte de résistance, voir de combien ce courant est plus fort que l'autre.

Cet appareil est une véritable *balance électrique*.

401. — Les unités de mesure et les appareils pour les déterminer étant connus, disons un mot du mesurage des piles.

Comme nous l'avons vu, la formule de Pouillet $i = \frac{e}{r}$ n'est vraie que pour *l'unité* de réactions chimiques qui caractérise chaque système de pile.

Dès qu'il y a deux unités de réactions chimiques en jeu, c'est-à-dire deux molécules de zinc attaquées, il n'est plus vrai de dire que la quantité d'électricité i recueillie est directement proportionnelle à la force électromotrice e et inversement proportionnelle à la résistance r. On voit clairement en effet que i devient *double* pour *deux* molécules de zinc attaquées, tandis que la force électromotrice e et la résistance r ne changent pas.

Remarquons bien cependant que cette quantité *double* d'électricité $2i$, est toujours proportionnelle à la force électromotrice e, *par la valeur absolue de* i.

Si par exemple un système de pile a une force électromotrice e, 10 fois plus grande que la force électromotrice e' d'un autre système, l'intensité absolue i du premier sera aussi 10 fois l'intensité i' du second : si l'essaim i comprend 1000 monades électriques, l'essaim i' n'en comprend que 100.

Donc pour deux molécules de zinc attaquées, on recueillera 2000 monades dans le premier système et seulement 200 dans le second.

L'unité absolue i varie donc avec le système de la source chimique ou électrodynamique employé: Mais la surface du zinc est le facteur qui dit combien de fois on prend cette unité absolue.

Cette unité absolue primordiale constituant, comme nous l'avons vu, *l'essence de la force électromotrice*, nous devons la désigner par e, et réserver i pour indiquer la quantité d'électricité totale formée par l'accumulation de cette unité e. Et c'est cette accumulation qui est fonction de la surface du zinc s. La formule vraie de l'intensité est donc.

$$i = e.s.$$

La résistance intérieure r des piles couplées en quantité ne varient pas avec le nombre des éléments, il est inutile de l'introduire dans la formule.

Mais la détermination de la valeur absolue de la quantité d'électricité contenue dans l'essaim e pour $S = 1$, c'est-à-dire pour une *seule molécule de zinc*, étant impossible, nous nous contenterons de déterminer la valeur de i relative, par exemple, à un *centimètre carré* de zinc.

Pour déterminer l'unité d'intensité correspondant à un centimètre carré de surface de zinc, on pourra faire l'expérience avec des zincs de 10, 20, 30, 50, 100 centimètres carrés de surface soumis à la *double dépolarisation*, c'est-à-dire à la *dépolarisation complète*, avec des vases poreux et des liquides identiques.

La *moyenne* des résultats donnera l'intensité i pour un centimètre carré.

Cette unité i relative à $S = 1$ centimètre carré étant connue, la formule $I = i.\ S$, dans laquelle S exprime la surface du zinc en centimètres carrés, permettra de calculer la surface de zinc nécessaire, et par suite le nombre des éléments à coupler en quantité pour obtenir le nombre d'ampères requis pour tel travail.

162. — Quant à la force électromotrice e, nous avons démontré qu'au lieu d'admettre, sur la foi d'un *jeu* de formule, qu'elle est *directement* proportionnelle à la résistance intérieure de la pile, il faut dire au contraire qu'elle est *inversement* proportionnelle à cette résistance.

Nous avons d'ailleurs analysé cette résistance intérieure et montré qu'elle se compose de deux facteurs : la résistance r des liquides et vases poreux que l'on peut appeler la résistance à la *propagation* du courant produit par les réactions chimiques, et la résistance R que nous avons désignée sous le nom de résistance de *charge électrique*, et qui s'oppose à la *production* d'une nouvelle quantité d'électricité, en enrayant les réactions chimiques.

La résistance r subsiste toujours quel que soit le mode de couplage ; mais la résistance R, qui est double dans chaque élément, est détruite par le couplage en tension de telle sorte qu'il ne reste jamais que les deux résistances extrêmes.

Or la suppression d'une résistance R active d'autant l'énergie de la réaction chimique, et renforce par là même la force électromotrice qui dépend de cette énergie.

Comme nous l'avons vu le couplage en tension de 5 éléments ne laisse subsister que deux R sur 10 soit 5 fois moins.

Soit donc n le nombre des éléments, e la force électromotrice de chacun d'eux et E la force électromotrice générale de la pile on a ;

$$E = n.e$$

Formule qui dira le nombre des éléments à coupler en tension pour obtenir la force électromotrice E requise pour tel travail.

403. — L'importance des mesures électriques est telle que nous ne les préciserons jamais trop bien. Revenons donc encore aux volts et aux ampères.

Dans chaque élément hydroélectrique il y a un ensemble de réactions chimiques fondamentales que l'on peut appeler *l'Unité des réactions*.

Cette unité est :

dans Bunzen, $Zn + HO,SO^3 + AzO^5 = ZnO,SO^3 + HO + AzO^4$;

dans Leclanché, $Zn + AzH^4Cl + MnO^2 = ZnCl + AzH^4O + MnO$;

dans Daniel, $Zn + HO,SO^3 + CuO = ZnO,SO^3 + HO + Cu$.

etc.

Cette unité de réactions est une somme algébrique constituant la véritable *source* de l'électricité ; et chacune de ces sources est caractérisée par le *nombre* des monades électriques ou des *unités de Force physique* qu'elle émet en un seul *essaim*.

La force électromotrice E a donc pour expression I qui représente le nombre des unités électriques groupées en essaim ; absolument comme un attelage de chevaux a pour expression de sa puissance F le nombre N des chevaux qui, attelés ensemble, réunissent toutes leurs forces en une seule.

$$F = 3 \text{ chevaux.}$$

Un courant électrique a donc réellement pour expression, dans sa source primordiale.

$$E = I.$$

Remarquons bien que ce n'est que grâce à leur émission *simultanée* que ces unités électriques constituent un seul essaim, un seul *attelage*.

Supposons qu'un essaim soit formé par le groupement de 1000 monades électriques ; si nous les séparons pour les grouper en 100 petits essaims de 10 monades, il est évident que la force de propagation de ces fractions sera 100 fois moindre que celle de l'essaim total ; et d'ailleurs *leur somme ne reproduira point cet essaim total.*

Chacun de ces petits essaims en effet voyageant isolément, successivement, il suffit que l'obstacle soit un peu plus fort que chacun d'eux pour qu'ils viennent tous y échouer les uns après les autres.

En vain voyageront-ils *de front* dans un conducteur de section 100 fois plus grande que celle du conducteur où passait l'essaim unique premier : chacune des files de molécules qu'ils suivent présente à chacun d'eux son osbtacle et ils sont vaincus. Ce n'est donc qu'à condition de réunir toutes leurs forces en une seule dans un seul essaim que leur puissance croîtra avec leur nombre.

La force électromotrice E est donc égale à l'intensité I de la source que nous pourrions appeler *l'intensité de voltage* pour ne pas la confondre avec l'intensité ordinaire qui n'est autre chose que la somme des essaims émis et que l'on pourrait appeler *l'intensité ampérienne*, parce que c'est elle qui constitue les Ampères.

Comme nous l'avons dit, l'intensité ampérienne, est fonction de la *surface* du zinc dans les sources hydroélectriques.

404. — Précisons maintenant l'idée que nous devons nous faire de la résistance des conducteurs.

Cette résistance se présente à nous sous deux points de vue : au point de vue de la *section* du conducteur et au point de vue de sa *longueur*. Et ceci nous indique *deux espèces* de résistances bien distinctes.

La résistance de section n'est pas à proprement parler une résistance ; c'est plutôt une *fin de non recevoir*.

Soit 30 ampères circulant dans un conducteur de 10 millimètres carrés de section à raison de 3 ampères par millimètre carré ; la conductibilité du fil étant *saturée* par ces 30 ampères si ce conducteur présente au courant un étranglement n'ayant plus que 2 millimètres carrés de section, il est évident que 6 ampères seulement pourront trouver passage dans ce défilé et que les 24 autres vont s'arrêter dans un travail mécanique soit calorique soit lumineux.

La question, à ce point de vue est donc de déterminer par l'expérience combien d'ampères l'on peut envoyer par millimètre carré de section sans provoquer une perte d'électricité en échauffement du conducteur.

La résistance de longueur est au contraire très réelle. Comme nous l'avons dit aux numéros 182 et 183, elle provient de la nécessité où est un courant d'orienter les molécules du conducteur pour qu'il puisse y passer.

Cette fois ce n'est plus le nombre des essaims, ce n'est plus l'intensité ampérienne qui va être modifiée, mais l'intensité de chaque essaim: c'est-à-dire l'intensité de voltage.

Chaque essaim en effet devra dépenser une partie de son intensité, c'est-à dire un certain nombre de ses monades électriques, pour orienter la molécule qui doit le transborder.

Cette perte d'intensité de voltage sera évidemment proportionnelle au nombre des molécules à orienter, c'est-à-dire à la longueur. — Elle sera aussi évidemment proportionnelle à l'intensité ampérienne ; c'est-à-dire au nombre des essaims qui voyagent de front dans chaque millimètre carré de section ; car pour 2, 3, 4 ampères par millimètre carré, l'encombrement, et par là même la difficulté d'orientation des molécules sera 2, 3, 4 fois plus grande.

Soit i la portion d'intensité de voltage perdue dans un mètre de longueur l d'un conducteur de résistance r, quand il débite un ampère a par millimètre carré, la perte totale sera donnée par la formule.

$$i = r.l.a.$$

Pour appliquer cette formule servons nous de la table suivante extraite de celle dressée par M. Von Gaisberg.

DIA-MÈTRE	SECTION	RÉSISTANCE par mètre	INTENSITÉ LIMITE			POIDS par mètre
			1 ampère par millim. carré	2 ampères par millim. carré	3 ampères par millim. carré	
1	2	3	4	5	6	7
mm	mm²	ohms	amp.	amp.	amp.	grammes
1,0	0,79	0,0203	0,8	1,6	2,4	6,99
2,0	3,14	0,00508	3,1	6,3	9,4	27,96
3,0	7,07	0,00226	7,1	14,1	21,2	62,92
4,0	12,57	1,00127	12,6	25,1	37,7	111,84
5,0	19,64	0,000814	19,6	39,3	58,9	174,75
6,0	28,27	0,000565	28,3	56,5	84,8	251,64
7,0	38,49	0,000415	38,5	77,0	115,5	342,51
8,0	50,27	0,000318	50,3	100,5	150,8	447,36
9,0	63,62	0,000251	63,6	127,2	190,8	566,49
10,0	78,54	0,000203	78,5	157,1	235,6	699,00

Application

Soit à alimenter, en dérivation, 20 lampes exigeant 0,7 ampères et 110 volts, sur un conducteur de 100 mètres de longueur.

Dans le montage en dérivation il faut fournir autant d'ampères qu'en exigent toutes les lampes réunies et un voltage simplement égal à celui d'une seule lampe.

Il faudra donc fournir ici $0{,}7 \times 20 = 14$ ampères et 110 volts.

D'après le tableau nous voyons que pour débiter ces 14 ampères, il faut prendre un fil de 3 millimètres à raison de 2 ampères par millimètre carré.

Or le tableau nous dit que la résistance de ce fil est de $0,^{\text{ohm}}00226$ par mètre.

Donc la *perte en ampères de voltage* sera :

$i = r.l.a. = 0,^{\text{ohm}}00226 \times 100^{\text{m}} \times 14^{\text{a}} = 3,^{\text{volts}}164.$

Afin de conserver aux lampes les 110 volts qu'elles exigent, il faudra donc que la source fournisse 113 volts.

CHAPITRE X

Piles secondaires ou accumulateurs

465. — Ritter, le premier, observa que lorqu'on relie deux lames de platine qui ont servi à décomposer l'eau acidulée d'un voltmètre, il en sort un courant électrique se rendant du platine oxygéné au platine hydrogéné.

C'est ce que l'on a appelé la *Polarisation électrique*, mot appliqué maintenant, dans les couples hydroélectriques, à des phénomènes tout différents et qui n'ont été ainsi nommés que parce qu'ils sont restés mal définis. (Voir l'étude de la pile).

Précisons l'important phénomène observé par Ritter.

466. — Soit, figure 181, le courant d'une pile P décomposant l'eau du voltmètre V à l'aide des deux lames de platine A et B.

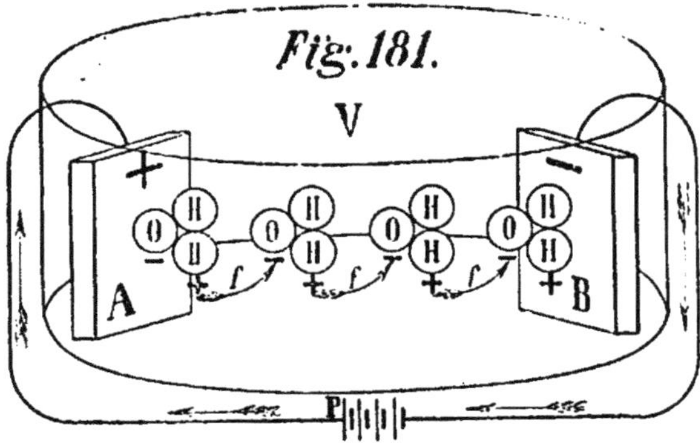

L'oxygène étant électro-négatif comme comburant, se trouve libéré sur la plaque A, attiré par la positive qui s'y trouve accumulée.

Le platine étant inattaquable, l'oxygène ne brûle pas ce métal mais y pénètre plus ou moins, — comme l'eau dans une éponge.

Appelons cette lame A, la lame, — non pas *oxydée*, — mais *oxygénée*.

La dissociation des molécules de l'eau se propageant de molécule à molécule, comme l'explique si raisonnablement Grothus, l'hydrogène électropositif en sa qualité de combustible, se trouve libéré sur la plaque B, attiré par la négative qui s'y trouve accumulée.

A mesure qu'il y arrive, le platine qui a la propriété d'absorber *une immense quantité d'hydrogène*, en dissimule un volume plus ou moins considérable.

C'est sans doute à l'état de mousse et de poussière noire que le platine possède la propriété d'attirer et d'accumuler dans ses pores les gaz et surtout l'hydrogène; mais à l'état solide il la possède aussi.

J'ai vu les fils de platine d'un voltmètre absorber presque tout l'hydrogène de l'éprouvette et le restituer tumultueusement quand le courant de la pile était interrompu.

Il suffit d'ailleurs de plonger pendant quelque temps des lames de platine dans de l'oxygène et dans de l'hydrogène pour qu'elles en absorbent une certaine quantité; si bien que lorsqu'on les plonge dans de l'eau distillée elles donnent un courant bien accentué au galvanomètre.

467. — Soit, figure 182, A la plaque de platine oxygénée et B la plaque de platine hydrogénée.

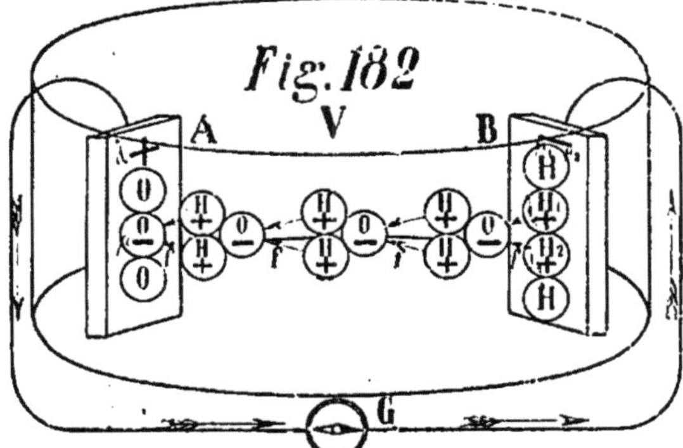

L'oxygène O ne peut exercer son affinité de comburant pour l'hydrogène qu'à la condition d'être pourvu d'électricité négative; mais il ne peut prendre la négative μ à son service sans mettre en liberté la positive correspondante λ.

De son côté l'hydrogène H_1, H_2 ne peut se comporter en combustible avec l'oxygène qu'à la condition d'être pourvu d'électricité positive; mais il ne peut prendre les positives λ à son service sans mettre en liberté les négatives μ.

Si nous comparons les deux cas, figures 181 et 182, nous voyons que les plaques conservent les mêmes signes dans les deux, mais que les flèches *f*, qui indiquent la marche de l'électricité positive, vont de A vers B dans la figure 181 et de B vers A dans la figure 182.

Donc le courant secondaire fourni par les plaques est *inverse* du courant primaire.

Le courant positif *entre* par A dans la figure 181, et dans la figure 182 il *sort* par A. Donc A est pôle positif *récepteur* dans le premier cas; et dans le second cas il est pôle positif *expéditeur.*

468. — Ritter eut immédiatement l'idée d'appliquer cette propriété du platine à la fabrication d'un *accumulateur.*

Il coupla une série de voltmètres V, V_1, V_2, etc, figure 183, et après y avoir fait passer le courant primaire d'une pile P, dont le courant f entrait par le pôle M, — il recueillait le courant f' qui sortait par ce même pôle M.

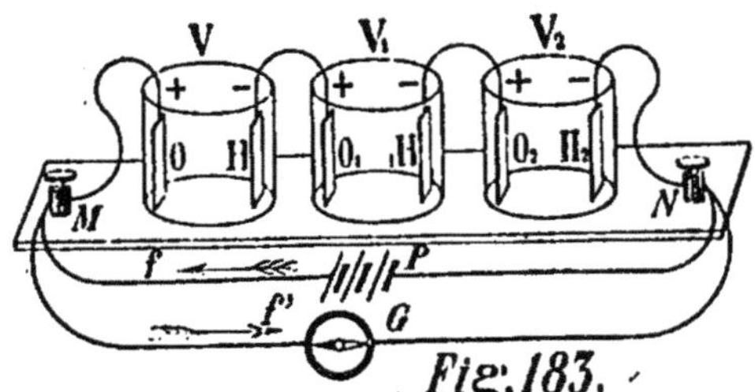

Fig. 183.

Tel est le premier accumulateur qui ait été construit.

469. — Si l'on renferme cet accumulateur sous une cloche *privée d'oxygène*, le courant secondaire f' s'arrête dès que la provision d'oxygène accumulée dans les pores de la lame A est épuisée; mais il recommence dès que l'on introduit de l'oxygène sous la cloche.

Il faut en conclure que le platine absorbe l'oxygène de l'atmosphère et le transmet à l'hydrogène de la lame B par l'intermédiaire de l'eau.

Si donc la provision d'hydrogène se renouvelait en B, l'air suffirait pour fournir en A l'oxygène voulu.

Par suite l'on voit qu'il est essentiel que les lames soient en communication et avec les gaz et avec l'eau acidulée.

470. — C'est pourquoi *Grove* a disposé sa pile à gaz comme l'indique la figure 184.

Au lieu de faire arriver les lames de platine A et B par le fond du vase, comme dans le voltmètre ordinaire, il les suspendit à des manchons en cuivre fermant le haut des éprouvettes. Dans une éprouvette il emprisonna de l'oxygène et dans l'autre de l'hydrogène.

Cet oxygène et cet hydrogène n'étant pas obtenus par le travail d'une pile primaire, cet appareil n'est pas une pile secondaire, un accumulateur. C'est une pile *primaire* dans laquelle on met simplement un comburant O et un combustible H, avec un corps qui a la propriété de déterminer leur combinaison, le *platine*.

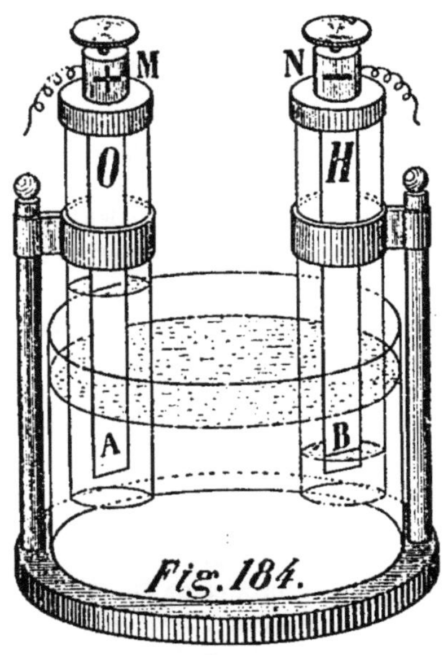

Fig. 184.

Sans lui ces deux gaz, même mélangés intimement dans une seule éprouvette, ne se combineraient pas. Mais, sans que l'on puisse en indiquer la cause, le fait prouve que sa présence suffit pour provoquer l'électrisation de l'oxygène et de l'hydrogène et par là même la réalisation de leur puissante affinité.

Ce qui prouve que le platine exerce une véritable puissance électromotrice dans ce cas, c'est que le courant de cette pile est capable de décomposer l'eau dans un voltmètre avec une énergie telle que les volumes d'oxygène et d'hydrogène qui apparaissent dans le voltmètre représentent *exactement* les volumes qui disparaissent dans les éprouvettes de la pile.

Or l'affinité de l'oxygène pour l'hydrogène dans la pile ne pourrait vaincre cette même affinité dans le voltmètre, s'il n'existait dans la pile une force *additionnelle* qui rompt l'équilibre entre ces deux forces nécessairement égales.

Il faut donc admettre dans le platine une véritable force électromotrice inhérente probablement à la propriété physique qu'il possède de condenser l'hydrogène à un degré tel que ce gaz peut y atteindre la densité de son état liquide.

Cette condensation en effet ne peut s'effectuer sans la mise en liberté d'une grande quantité de monades électriques, puisque c'est grâce au mouvement de ces monades que les molécules pondérables délimitent leur volume moléculaire. Ces monades électriques libérées produisent nécessairement un travail physique quelconque, soit simplement de la chaleur, — soit la combinaison des corps en les électrisant pour cela, — comme le fait le prouve ici.

La pile Grove peut être considérée comme le couple *électrochimique* le plus simple qu'il soit possible d'imaginer, puisqu'elle se réduit à la combustion de *deux corps simples*.

Elle a cela de particulier que c'est une cause *physique*, l'*attraction moléculaire* entre le platine et l'hydrogène qui y devient *source électromotrice* ; tandis que dans les autres couples hydro-électriques, la source électromotrice est purement *chimique*, puisqu'elle réside dans l'affinité prédominante de l'acide sulfurique pour l'oxyde de zinc.

471. — Monsieur Planté ayant substitué deux lames de plomb aux deux lames de platine dans un voltmètre, a constaté que ces deux lames se comportent comme les lames de platine de Ritter ; c'est-à-dire qu'elles rendent, après la cessation du courant primaire, un courant inverse.

Mais ici la source électromotrice est *chimique* au lieu d'être physique, comme dans les couples secondaires de Ritter.

472 — Les données chimiques qui peuvent nous en donner la clef, sont :

1° La très faible affinité de l'acide sulfurique *dilué* pour le plomb.

2° Le caractère comburant de l'oxyde puce de plomb PbO^2 qui en présence de la potasse, de la soude et du protoxyde de plomb PbO, joue le rôle d'*acide plombique* et forme des *Plombates* : le plombate de plomb ou minium $2PbO, PbO^2$; — tandis qu'en présence des acides, comme l'acide sulfurique, et même par la simple action de la chaleur, — il se transforme en combustible $PbO+O$.

C'est donc un oxydant énergique.

3° Le caractère combustible du protoxyde de plomb PbO, appelé *litharge* ou *massicot*, lequel se combine avec les acides.

4° Le caractère nul du sous-oxyde de plomb Pb^2O, poudre noire que l'oxygène de l'air forme sur le plomb, et qui n'est ni comburant ni combustible.

En présence des acides il se dédouble en plomb métallique et en protoxyde de plomb basique ; $Pb^2O = Pb + PbO$.

473. — Cela posé, prenons deux lames de plomb oxydées par l'air, c'est-à-dire recouvertes d'une couche de Pb^2O et mettons-les aux deux pôles d'une pile P dans de l'eau fortement acidulée, figure 165.

L'électricité positive λ qui arrive de la pile électrise la molécule combustible *Pb* de Pb^2O et la nantit ainsi de la force qui lui est nécessaire pour se combiner avec l'oxygène.

Son affinité ainsi mise en jeu détermine la mise en activité de O_1 de la molécule d'eau voisine; et l'on voit que Pb^2O devient ainsi 2 PbO, à savoir : Pb'O, et PbO_1.

H_1 ainsi mis à l'*état naissant*, c'est-à-dire à l'état électropositif, la dissociation se propage de molécule à molécule, jusqu'à H_2 qui

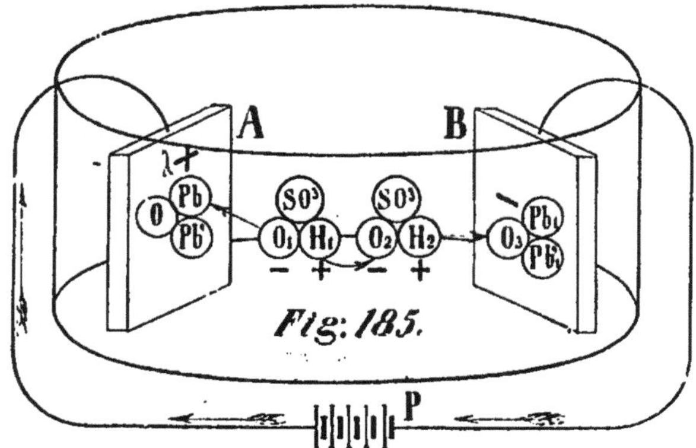

Fig: 185.

trouve O_3 électrisé négativement par l'autre pôle de la pile. Le sous-oxyde de plomb de la lame A se trouverait ainsi transformé en protoxyde, tandis que celui de la lame B serait réduit à l'état de plomb métallique.

447. — Mais si les choses se passaient ainsi, le protoxyde de plomb formé sur la lame positive A serait immédiatement attaqué par l'acide sulfurique. Tout passerait de prime abord à l'état de sulfate de plomb et par suite la série des affinités chimiques se trouverait close. L'appareil ne pourrait plus être source d'électricité : il ne pourrait être accumulateur.

Il faut donc admettre que le courant électrolytique de la pile P franchit ce point de formation de PbO sur la lame A, sans permettre à l'acide sulfurique d'attaquer ce combustible à l'instant de sa formation.

Nous touchons là, sans doute, la vraie raison pour laquelle il faut que le courant primaire qui doit charger les accumulateurs ait une force électromotrice supérieure à 2,5 volts qui est la force électromotrice produite par la formation du sulfate de plomb.

Il faut que l'afflux du courant électrique soit assez énergique pour faire passer le sous-oxyde de plomb P^2bO de la lame A à l'état de peroxyde de plomb PbO^2, sans s'arrêter au protoxyde *PbO*.

475. — Ce n'est donc pas ce qu'indique la figure 185 qui doit se passer, mais bien ce que représente la figure 186.

Trois équivalents d'eau dissociés simultanément fournissent 3 oxygènes à Pb^2O de la lame M pour les transformer immédiatement en 2 PbO^2; et 3 hydrogènes à Pb^2O de la lame B pour le réduire à l'état de plomb pur.

C'est ce que l'on suit facilement dans la figure.

Nota : Ce n'est pas seulement le sous oxyde de plomb Pb^2O qui est ainsi transformé en PbO^2, le plomb pur lui-même l'est usqu'au moment où la lame M est recouverte d'une couche d'acide plombique assez épaisse pour empêcher l'oxygène d'aller attaquer le plomb.

Ce moment est marqué par l'apparition de bulles d'oxygène mise en liberté sur la lame positive M.

Il faut éviter de laisser les choses en cet état, car cet oxygène gazeux peut en se dégageant faire tomber les PbO^2 qui sont à l'état plus ou moins spongieux sur la plaque.

Comme on le comprend aisément par l'inspection de la figure 186, les oxygènes sont utilisés 3 à 3 par le sous-oxyde Pb^2O et e seront 2 à 2 par le plomb pur ; — tandis que l'hydrogène

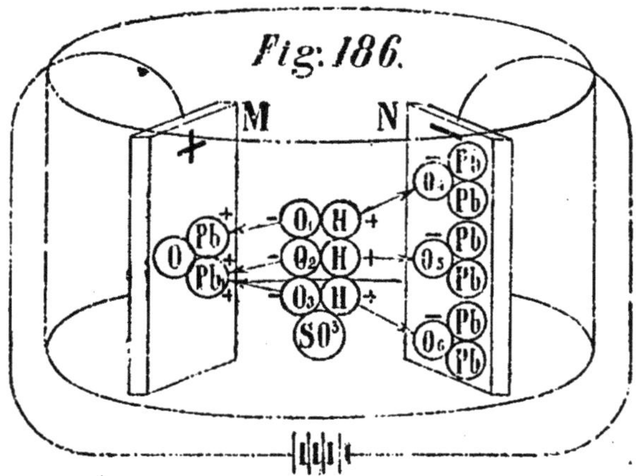

Fig: 186.

n'est utilisé que 1 à 1 par Pb^2O et ne le sera pas du tout par le plomb pur.

— L'hydrogène apparaîtra donc en liberté sur la lame négative N avant que l'oxygène apparaisse sur la lame M.

476.— Quand on supprime le courant primaire de la pile P, on a donc un couple dans lequel la lame N, formée de *plomb pur* est le *combustible*, comme l'est le zinc dans un couple ordinaire. L'acide sulfurique hydraté est le *comburant*, comme à l'ordinaire. Et enfin le peroxyde PbO_2 de la lame M est le *dépolarisant*, c'est à-dire la source d'oxygène qui empêchera l'hydrogène positif d'aller neutraliser la négative mise en liberté sur la lame N.

C'est ce que voit dans la figure 187.

L'eau se décompose sous l'empire de l'affinité prédominante de l'acide sulfurique pour PbO.

L'oxygène O_1 avec son électricité négative attaque Pb_1. Mais Pb_1 ne peut prendre la positive λ_2 à son service pour s'unir à O_1 sans mettre la négative μ_2 en liberté sur la plaque N.

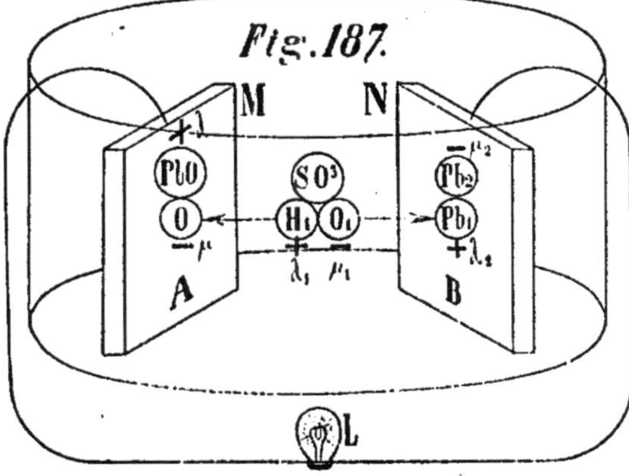

De son côté H_1 avec son électricité positive λ_1 réduit PbO^2 de la lame B en prenant O ; mais O en prenant la négative μ pour s'unir à H_1, laisse la positive λ en liberté sur PbO.

Remarquons que le dépolarisant PbO^2 étant solide ici, et tout d'une pièce, comme MnO^2 dans les agglomérés Leclanché, il est inutile d'interposer un vase poreux entre M et N.

C'est grâce à cela et à la faible distance des deux lames A et B que la résistance intérieure dans ce couple secondaire est réduite à 0,01 et même à 0,001 d'Ohm.

La force électromotrice due à l'énergie d'oxydation de PbO^2 combinée avec l'affinité de SO^3 pour PbO est de 2,5 volts, au commencement de la décharge.

477. — Je n'ai point parlé de la combustion du PbO formé sur la plaque A par l'acide sulfurique qui est à côté de lui comme à côté de Pb_1O_1 qui se forme sur la plaque B ; j'ai voulu conserver, pour un moment, l'analogie complète qui existe entre le couple secondaire Planté ainsi considéré et le couple Leclanché.

Mais il est évident qu'il n'y a aucune raison pour que l'acide sulfurique n'attaque pas PbO de la lame A, comme il attaque Pb_1O_1 de la lame B. Tout au contraire, ce PbO étant électrisé positivement est dans les meilleures conditions pour être attaqué par l'acide sulfurique.

La figure 188 explique comment cette réaction supplémentaire laisse le pôle positif subsister sur la lame A.

Soit HO, SO^3 la molécule d'acide sulfurique monohydraté située au contact de la lame A, au moment ou PbO^2 se transforme en combustible PbO par le départ de O.

Cette molécule combustible PbO est déjà électrisée positivement et pour lui faire placer la molécule HO, SO^3 doit se dissocier tout d'abord.

Or dans toutes les décompositions chimiques le combustible est électrisé positivement et le comburant négativement.

Donc la molécule HO délaissée par SO^3 prend la positive λ_3 tandis que la molécule SO^3 va garder la négative μ_3.

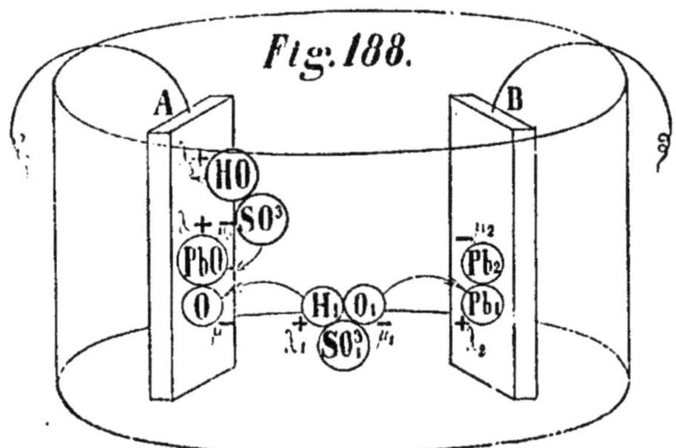

La réaction revient donc à une permutation entre PbO et HO. Ce qui revient à dire que c'est la positive μ_3 de HO qui est libérée sur la lame A au lieu de la positive λ qui va être neutralisée par μ_3 dans la formation du sulfate de plomb PbO, SO^3.

Cette particularité des accumulateurs est très remarquable.

— L'acide sulfurique se trouve ici en attraction d'affinité chimique non seulement avec l'oxyde de plomb qui va se former sur la lame B, mais encore avec l'oxyde de plomb qui sera le résidu du dépolarisant PbO^2.

C'est là, sans aucun doute, la raison pour laquelle les accumulateurs ont une force électromotrice de 2,5 volts, *malgré la faible affinité de l'acide sulfurique pour* PbO.

Nous avons vu en effet que la facilité avec laquelle le dépolarisant fournit de l'oxygène à l'hydrogène H_1 est la seconde cause de la force électromotrice ; on conçoit donc que l'affinité de l'acide sulfurique pour le PbO contenu dans PbO^2 active la propriété dépolarisante ou oxydante de ce dernier.

Dans la pile Bunzen, c'est l'instabilité des composés oxygénés de l'azote qui fait la perfection du dépolarisant ; AzO^2 ou AzO^4 qui en sont le résidu sont sans affinités chimiques.

Dans la pile Leclanché il y a bien MnO^2 qui devient MnO+O, comme ici PbO^2 devient PbO+O, mais il n'y a point d'acide sulfurique dans la pile pour se combiner avec MnO ; la décomposition de MnO^2 n'y est donc pas surexcitée comme dans les accumulateurs.

478. — Voilà donc une combustion dans laquelle il n'y a pas de négative en liberté du côté du combustible PbO. Cela vient de ce la négative μ est employée par l'oxygène O pour brûler H_i.

Si la lame A n'était recouverte que d'oxyde de plomb PbO, ce serait tout différent.

Dans ce cas PbO_2, figure 189, en prenant la positive λ pour se combiner avec SO^3, mettrait la négative μ en liberté sur la lame A, et M deviendrait un pôle négatif, — comme le zinc.

Fig. 189.

479 — Comme nous l'avons vu au numéro 473, l'oxygène ne peut dès la première attaque par un courant primaire, pénétrer jusqu'au cœur des lames de plomb ; et cependant cela importe beaucoup pour le rendement de l'accumulateur sans qu'il faille toutefois laisser l'oxygène transformer tout le plomb en peroxyde ; car la masse devenant spongieuse par cette oxydation a besoin d'un support rigide qui ne saurait être meilleur que le centre de la plaque elle-même demeuré intact.

Pour arriver à ce degré de perfection il faut charger et décharger très souvent les couples Planté. C'est ce l'on appelle leur *formation*, opération qui peut durer *plusieurs mois*.

480. — La figure 190 indique ce qui se passe quand on fait la seconde charge de l'accumulateur.

Le sulfate de plomb étant un peu soluble dans les liqueurs acides, et la solubilité étant la condition de l'électrolyse, ne considérons que l'action du courant sur les molécules de sulfate de plomb en solution dans l'eau acidulée.

Tous les oxydes de plomb ayant été transformés en sulfate de plomb, les lames A et B ne contiennent plus que du plomb métallique.

Considérons la molécule Pb de la lame A.

Electrisée positivement par le pôle positif de la pile, elle attire es oxygènes O_1 et O_2 des deux molécules voisines du sulfate de plomb et devient ainsi PbO^2.

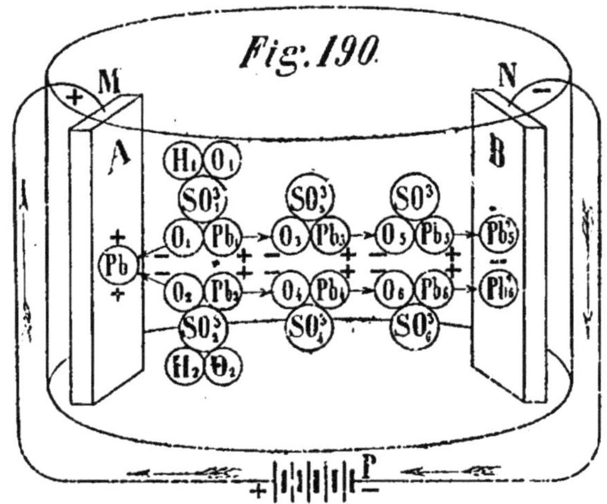

Fig. 190

Les deux molécules Pb_1 et Pb_2 ainsi mises en liberté avec . électricité positive qui leur convient, prennent les oxygènes O_3 et O_4 des deux molécules suivantes, ou plutôt prennent la place des molécules Pb_3 et Pb_4 dans les deux molécules suivantes de sulfate de plomb.

Pb_3 et Pb_4, à leur tour, prennent la place de Pb_5 et de Pb_6 qui vont se déposer en Pb'_5 et en Pb_6, attirées qu'elles sont par la négative que la pile accumule sur la lame B.

Les deux molécules de sulfate de plomb voisines de la lame positive A sont donc décomposées par le courant. A la place des bases Pb_1O_1 et Pb_2O_2 qui leur sont enlevées, elles prennent les molécules d'eau H_1O_1 et H_2O_2. L'acide sulfurique redevient libre, et par suite la densité du bain augmente.

Cette même réaction se répétant, toutes les molécules de sulfate de plomb en solution dans la liqueur acide sont successivement dialysées. L'acidité de l'eau augmente en même temps et par suite de nouvelles quantités de sulfate de plomb se dissolvent au fur et à mesure que la réaction les dissocie.

Mais comme on le voit dans la figure 190, le plomb de la lame A est oxydé, tandis que la lame B reçoit, par galvanoplastie, de nouvelles molécules de plomb qui lui adhèrent plus ou moins fortement.

Dans la décharge, la molécule Pb qui sera devenue PbO^2, cédera un oxygène qui oxydera *l'une* des deux molécules Pb'_5, Pb'_6. Cette molécule oxydée sera reprise ensuite par l'acide sulfurique et rentrera dans le bain ; mais l'autre restera sur la plaque B.

— Donc la moitié seulement des molécules de plomb apportées par le courant sur la lame négative B sera reprise dans la décharge.

Donc si l'on fait toujours entrer le courant primaire de la pile P par la même lame A, cette lame finira par disparaître, étant transportée entièrement sur la lame B. Elle aura servi à *plomber* la lame B.

C'est pourquoi il faut dans la formation de l'accumulation changer, à chaque charge l'entrée du courant formateur.

481. — La force électromotrice d'un couple Planté étant de 2,5 volts au maximum, il faut que la force électromotrice du courant primaire formateur soit supérieure à ce voltage, soit de 0,25 de volt, pour que le courant secondaire ne puisse par sa réaction empêcher le courant primaire formateur d'entrer.

La force électromotrice d'un Bunzen étant 1,90 volt, deux Bunzen, couplés en tension donnent 3,80 volts ; ils suffisent donc pour charger un accumulateur.

Si 3, 5, 10 accumulateurs sont couplés en tension, il faudra prendre pour les charger, un nombre d'éléments Bunzen suffisant pour fournir 3, 5, 10 fois 2,75 volts.

482. — Pour éviter la trop grande longueur de temps nécessaire à la formation des accumulateurs Planté, Messieurs Sellon et Wolkmar, perfectionnant une première idée de M. Faure, ont imaginé des plaques formant un grillage dont les alvéoles sont remplies d'une pâte de peroxyde de plomb.

Rendement des Accumulateurs.

483. — Les bons accumulateurs actuels arrivent à un rendement de 85 pour 100 du travail dépensé pour les charger.

Il faut les charger lentement et les décharger de même. Les charges et décharges brusques désagrègent les plaques.

Il ne faut pas leur demander plus de 1 ampère par kilogramme quand on les emploie pour la lumière électrique.

Il faut arrêter leur fonctionnement quand leur force électromotrice est descendue à 1,9 volt par couple.

Il faut veiller à ce que l'oxyde de plomb, tombant au fond des vases ne mette pas les plaques en communication, en court-circuit.

Si les plaques se recouvrent de taches blanches de sulfate de plomb, il faut les nettoyer au racloir et à la brosse métallique.

Les accumulateurs à grilles bien ménagés peuvent durer plusieurs années. Les plaques positives peuvent servir 10 ans ; les négatives ne peuvent servir que deux ou trois ans.

484. — Malgré le prix élevé de revient de la lumière électrique par les accumulateurs, on est heureux de les trouver dans certaines circonstances où les machines électriques ne peuvent être employées directement.

Dans ce cas se trouve la traction des tramways ; la navigation de plaisance ; la navigation aérienne, une illumination de circonstance loin d'un centre électrique ; etc.

Remarquons cependant que la pile à double dépolarisant ayant une constance parfaite, il est plus raisonnable de l'employer directement à produire l'électricité, par exemple dans une illumination de circonstance, que de l'employer à charger des accumulateurs ; puisque ceux-ci ne rendent jamais tout ce qu'on leur a donné.

485 — Les accumulateurs peuvent aussi servir de *régulateurs* quand la marche du moteur qui commande une machine électrique est irrégulière.

Soit 150 volts la force électromotrice normale de la Dynamo en marche ; en divisant 150 par 2,5 on trouve que 60 éléments en tension présenteront cette résistance au courant de cette dynamo. Donc pendant la marche normale le courant n'entrera pas dans l'accumulateur.

Si la vitesse de rotation augmente, le voltage de la machine grandit ; alors l'accumulateur reçoit le surcroît d'électricité produite.

Et si la vitesse diminue, il restituera ce surcroît pour suppléer à l'insuffisance de la machine.

Mais quand on emploie ainsi les accumulateurs, il faut prévoir le cas où la machine électrique s'arrêtant, l'accumulateur se déchargerait dans le circuit fermé, en pure perte.

C'est pour remédier à cet inconvénient que M. Hospitalier a imaginé son *Disjoncteur automatique*.

486. — Cette analyse des accumulateurs nous montre que ce n'est nullement à la manière des condensateurs pour l'électricité

statique qu'ils emmagasinent de l'électricité ; mais que c'est en produisant un travail chimique *instable* par suite des circonstances dans lesquelles il se réalise.

Ainsi dans l'accumulateur Ritter, le travail opéré par le courant primaire est la dissociation de l'eau.

Or ce travail a par lui-même un caractère de stabilité en ce sens que livrés à eux-mêmes après leur séparation, les deux gaz oxygène et hydrogène ne tendent à se réunir de nouveau qu'autant qu'une cause externe déterminera leur électrisation.

Si nous nous reportons en effet à la figure 182, nous voyons que ces deux gaz ne sont nullement à l'état *naissant* proprement dit, c'est-à-dire dans cet état où les corps, nantis de la force qui leur est nécessaire pour mettre leurs propriétés en acte, ont une activité toute particulière.

487. — Tel est l'état de tous les corps que l'on peut regarder comme les *résidus* dans une réaction chimique.

Citons quelques exemples.

— Dans un couple hydroélectrique, on a la réaction ;

$$\underset{+-}{HO,}\ SO^3 + \underset{+}{Zn} = \underset{+-}{ZnO,}SO^3 + \underset{+}{H}.$$

Le sulfate de zinc est le travail réel, et l'hydrogène H n'en est que le *résidu*, mais il sort de l'eau avec son électricité positive ; *il est à l'état naissant.*

— Dans la préparation de l'oxygène par le chlorate de potasse on a :

$$\underset{+-}{KO,}\ \underset{=-}{ClO^5} = \underset{+-}{KCl} + \underset{-}{6O}.$$

Le Chlorure de potassium est le travail réel pour la réalisation duquel Cl électropositif ou combustible en présence de O^5 va être obligé de se dépouiller de sa positive pour s'électriser négativement avant de brûler le potassium ; mais les 6O qui restent sans objet sont à l'état naissant, c'est-à-dire électrisés négativement ; ce qui, comme on le sait, surexite tellement leur puissance de comburants qu'ils se combinent avec le chlorate de potasse non encore décomposé, pour le transformer en perchlorate de potasse, KO,ClO^7.

Ainsi en est-il dans toutes les réactions chimiques et c'est pour cela qu'elles peuvent toutes devenir des sources d'électricité.

488. — Mais tel n'est point le cas de l'oxygène et de l'hydrogène dans la dialyse de l'eau par un courant primaire.

Ce courant dissocie l'eau précisément en imposant à l'oxygène et à l'hydrogène des électricités contraires à celles qui répondent à leur caractère de comburant et de combustible.

L'oxygène en arrivant au pôle positif, où l'entraîne son électricité négative, s'y charge nécessairement d'électricité positive et l'hydrogène se charge de négative au pôle négatif où sa positive l'a entraîné.

Ils se trouvent donc par là-même dans un état électrique qui s'oppose à leur affinité chimique.

J'en conclus que ce n'est nullement la présence des deux gaz sur les électrodes qui pourra à un moment donné s'opposer à la production du courant primaire dans la pile source, c'est-à-dire *polariser* cette source.

Pour que cet oxygène et cet hydrogène manifestent leur tendance à se combiner de nouveau; il faut qu'une cause indépendante d'eux vienne changer leur électrisation. Et c'est ce que fait le platine.

De même dans l'accumulateur Planté, la désoxydation du plomb au pôle négatif et l'oxydation du plomb au pôle positif sont deux travaux dont les résultats, *plomb pur* d'un côté et *peroxyde de plomb* de l'autre, sont désormais inertes par eux-mêmes. Ils ne sont nullement à l'état naissant.

Au contraire, eux aussi sont dans un état électrique opposé à leurs aptitudes chimiques ; le plomb pur qui est un combustible se trouve chargé d'électricité négative et PbO^2 qui est acide ou comburant se trouve chargé d'électricité positive.

Il faut donc encore ici qu'une cause extérieure à ces deux corps intervienne pour mettre leurs affinités chimiques *possibles* en jeu.

Et c'est l'acide sulfurique qui est ce troisième agent.

Redisons-le donc :

489.— La cause du courant secondaire n'est nullement ce que l'on a appelé la *Polarisation*.

Les accumulateurs sont tout simplement des couples hydroélectriques comme les autres.

La différence consiste en ce que dans les couples ordinaires c'est le Physicien préparateur qui met lui-même les réactifs en présence, tandis que dans les accumulateurs il se sert de l'électricité pour les fabriquer sur place dans le cœur même de l'élément.

Ces réactifs préparés par le courant primaire, se trouvant commandés par l'affinité prédominante de l'acide sulfurique pour l'oxyde de plomb, obéiront à la force électromotrice due à cette affinité, si une force électromotrice supérieure ne vient pas les en empêcher. C'est pour cela, comme nous l'avons dit, qu'il faut donner à la pile primaire une force électromotrice supérieure à celle de l'accumulateur que l'on veut charger.

Redisons-le donc : il faut bien se garder d'assimiler les accumulateurs à des bouteilles de Leyde. Dire qu'un accumulateur est chargé, c'est-à-dire simplement *que les réactifs y ont été reconstitués*, remis en activité de service.

Il n'y a point là deux *charges* d'électricités *accumulées* il y a simplement : PbO^2 d'un côté, Pb de l'autre, et entre les deux HO, SO_3 qui force les deux à devenir PbO pour les transformer en PbO, SO_3.

400. — Mais ce n'est point là ce qui se passe dans un couple hydroélectrique.

Après la première réaction ainsi formulée:

$$\underset{+\ -}{HO,SO^3} + \underset{+}{Zn} + \underset{-}{Zn_i} = \underset{+}{H} + \underset{+\ -\ -}{ZnO,SO^3} + \underset{-}{Zn_i}$$

L'hydrogène naissant H est armé de son électricité positive; la molécule de zinc Zn_i, non encore attaquée, est armée de la négative mise en liberté par la positive que Zn a prise à son service ; tandis que la positive de Zn et la négative de O sont neutralisées dans la formation du sulfate de zinc.

La positive de H et la négative de Zn_i sont donc précisément les électricités de *résidu* qu'il s'agit pour nous de recueillir pour les utiliser.

Si par malheur elles se rencontrent ailleurs que dans l'endroit où nous désirons les mettre au travail, lampe électrique ou autre, ce sera *un cycle fini*.

— Etant elles-mêmes les résidus d'une réaction chimique, elles ne mettront point d'autres monades en liberté par leur neutralisation.

Or, comme je l'ai déjà dit dans l'analyse de la pile, s'il n'y a pas d'attraction *chimique* entre ces deux combustibles zinc et hydrogène, il y a au moins entre eux l'attraction *physique* qui existe entre tous les corps électrisés en sens contraire, quels qu'ils soient d'ailleurs.

Et comme d'autre part c'est, on peut le dire, presque au contact l'un de l'autre qu'ils se trouvent ainsi constitués en deux états électriques différents, il faudra proposer à l'hydrogène un appât assez énergique pour l'empêcher d'aller se déposer en bulles inertes sur le zinc.

Sans cet appel fait par une source d'oxygène naissant, ou de de chlore naissant, le dépôt d'hydrogène gazeux sur le zinc se fera fatalement.

Mais alors il ne faudra pas attribuer l'absence d'électricité que l'on constatera dans le circuit extérieur à une polarisation analogue à celle que nous avons analysée dans les accumulateurs.

Il n'y a pas ici de réactifs mis en présence d'une cause capable de déterminer leur combinaison et susceptible par là même de produire un courant inverse de celui qui les a formés.

Cet hydrogène et ce zinc sont désormais inertes ; et leurs électricités contraires n'ont accompli d'autre travail en se *neutralisant*, que le travail *physique* de l'adhérence de l'hydrogène au zinc.

Leurs électricités se sont réunies dans le plus court circuit imaginable, au contact même de la molécule d'eau dissociée avec le zinc. Elles sont irrévocablement perdues ; et aucune cause chimique n'est là pour les faire sortir de nouveau de leur neutralité.

491. — J'appuie sur cette question, car je crois qu'il y a là un point important à éclaircir.

Dire, comme on le fait, que la perte d'électricité est due à la *résistance* que les bulles de gaz hydrogène adhérentes au zinc opposent au courant, c'est supposer qu'il existe un courant ; et c'est là une erreur : il n'y a pas de courant.

La réaction se passe dans un cercle fermé, véritable *cercle vicieux* constitué comme l'indique la figure 191.

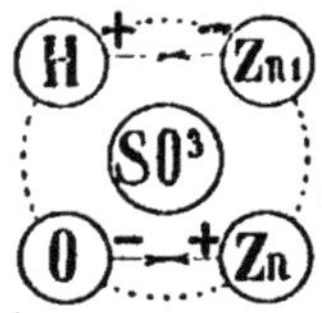

Rien n'en sort, et rien n'en peut sortir.

Fig. 191.

492. — En résumé je trouve trois phénomènes très différents confondus sous le nom vague de polarisation.

1° Il y a la polarisation de *charge* qui a lieu en circuit ouvert, lorsque l'accumulation des électricités produites dans l'intérieur de la pile vient réagir sur les réactifs et faire équilibre à leur force d'affinité. C'est le cas de charge limite dans les machines électrostatiques.

2° Il y a la polarisation de *contre-affinité* qui a lieu lorsque les produits formés par un courant se trouvent constitués dans des conditions chimiques telles qu'une affinité nouvelle tend à leur faire produire un courant inverse de celui qui les produit. C'est ainsi que dans les accumulateurs, l'affinité de SO^3 pour PbO peut interdire l'entrée au courant primaire.

Et 3°, il y a la polarisation de *neutralisation* qui a lieu lorsque les électricités qui sont réellement mises en liberté par les réactions chimiques d'une pile, se neutralisant à l'intérieur même de cette pile, meurent dans leur berceau même.

C'est ce qui avait lieu dans les premières piles à un seul liquide; c'est ce qui a lieu dans la pile actuelle à cylindre de zinc dépolarisé sur une seule de ses faces.

C'est ce qui sera évité par l'emploi de deux vases poreux dépolarisant complètement toute la surface du zinc.

CHAPITRE XI

TRANSFORMATEURS

493. — Nous avons vu que la puissance P d'un courant est égale au produit de son intensité i multipliée par sa force électromotrice e; les deux facteurs e, i devant varier en raison inverse l'un de l'autre, puisque leur produit est constant.

$$P = e.i = e'i' \text{ ; d'où } \frac{e}{e'} = \frac{i'}{i} \quad (1)$$

Mais nous avons vu aussi que l'absorption de l'électricité dans un conducteur par sa transformation en chaleur est proportionnelle à la résistance de ce conducteur et au carré de l'intensité du courant. Soient donc r et r' les résistances de deux conducteurs : i et i' les intensités des deux courants qui y circulent, si la perte T est égale dans les deux on a :

$$T = r.i^2 = r'i'^2 \text{ ; d'où } \frac{r}{r'} = \frac{i'^2}{i^2} \quad (2)$$

Or les résistances sont inversement proportionnelles aux sections s des conducteurs : on a donc :

$$\frac{r}{r'} = \frac{s'}{s} \quad (3)$$

Les équations (2) et (3) nous donnent donc :

$$\frac{s'}{s} = \frac{i'^2}{i^2} \quad (4)$$

De l'équation (1) on tire $\frac{e}{e'} = \frac{i'^2}{i^2}$ (5).

Et les équations (4) et (5) donnent :

$$\frac{s'}{s} = \frac{e^2}{e'^2} \quad (6)$$

Donc les sections des conducteurs sont inversement proportionnelles aux carrés des volts à transmettre.

494. — Nous savons d'ailleurs que la résistance d'un conducteur d'une section déterminée est proportionnelle à sa longueur. Soient donc l et l' les longueurs de deux conducteurs de même section, on a :

$$\frac{r}{r'}=\frac{l}{l'}(7).$$

Les équations (7) et (3) nous donnent :

$$\frac{s'}{s}=\frac{l}{l'}(8).$$

Et (8) nous donne avec (6).

$$\frac{l}{l'}=\frac{e^2}{e'^2}(9).$$

Donc les distances auxquelles on peut faire parvenir un courant avec un conducteur donné sont directement proportionnelles au carré de la force électromotrice.

Un courant de 110 volts pourra dans un même conducteur, ou dans deux conducteurs de même nature et de même section, se propager 4 fois plus loin qu'un courant de 55 volts, en conservant *la même puissance que ce dernier.*

495. — D'autre part l'une des dépenses les plus onéreuses dans les installations électriques est celle qui est imposée par les conducteurs que l'on peut coter à 3 francs le kilo.

Il vaut donc mieux avoir des volts que des ampères à transmettre.

Soit par exemple à transmettre les 1400 ampères et les 50 volts de la machine Brown, figure 166.

Etant admis que l'on peut transmettre :

4 ampères	par millimètre carré	avec 5 mm²	de section.
3 —	—	— 15 mm²	—
2.5 —	—	— 100 mm²	—
et 2 —	—	au delà de 100 mm²	—

Il faudrait donc un fil de 700 millimètres carrés de section, soit environ 3 centimètres de diamètre.

Or un mètre de ce fil pèserait plus de 6 kilos, ce qui, à 3 fr. le kilo, porterait la dépense à près de 20 fr. par mètre.

C'est pourquoi on a inventé les *transformateurs*, c'est-à-dire des appareils qui permettent de transformer à volonté les deux facteurs e et i de la puissance d'un courant.

496. — Nous avons vu comment l'induction peut produire dans un fil soit de l'intensité avec une faible tension,— soit de la tension avec une faible quantité selon qu'on la fait agir sur un fil gros ou fin, voir figure 126.

La bobine de Ruhmkorff est un appareil qui transforme des courants intensifs à faible tension en courants peu intensifs mais à haute tension.

Alors que le courant de la pile qui alimente le gros fil inducteur n'a pas la tension voulue pour fournir une étincelle de 1 millimètre entre les extrémités de ses fils, le courant induit dans le fil de la bobine en acquiert une capable de franchir plusieurs centimètres.

De là l'idée première de transformer les courants à basse tension en courants à haute tension; — de transformer par exemple le courant de 1400 ampères et 50 volts fourni par la machine Brown dans les expériences de Lauffen-Francfort, — en un autre courant de 15000 volts et 4,66 ampères lequel représente 70000 watts comme le premier.

On évite ainsi l'emploi onéreux des conducteurs de trop gros diamètre.

Puis l'idée inverse de transformer de nouveau ce courant de 15000 volts en un troisième de 100 ou 110 volts avec 700 ou 636 ampères, pour éviter les accidents.

497. — Quand les courants alternatifs atteignent la fréquence de 2500 périodes par seconde, elles produisent des accidents d'asphyxie. Dans ces accidents il faut donc, le plus tôt possible, provoquer la respiration artificielle chez la victime.

Si la chaleur produite par le courant n'a pas été suffisamment prolongée pour coaguler les matières albuminoïdes de l'organisme, on pourra généralement rappeler l'asphyxié à la vie.

Monsieur d'Arsonval dit qu'avec une fréquence convenablement réglée, ces courants alternatifs peuvent augmenter l'absorption de l'oxygène par le sang et l'émission de l'acide carbonique.

Ce qu'il y a de remarquable, c'est que lorsque la fréquence dépasse 3000 périodes à la seconde, l'action des courants alternatifs sur l'organisme diminue et devient complètement inoffensive avec 10000 périodes par seconde.

498. — Si l'on se souvient de ce que nous avons dit à l'occasion des figures 79 et 86, sur la nature des courants électriques, l'on pourra se rendre compte de ce phénomène.

Nous avons dit au numéro 182 que les meilleurs conducteurs présentent toujours un travail *inévitable* aux monades électriques; car, les monades positives allant toujours du pôle boréal des molécules à leur pôle austral, un courant est toujours obligé d'orienter les molécules du conducteur dans lequel il doit passer. Cette orientation, voir figure 79, fait réellement d'un conducteur un long aimant ayant son pôle boréal à l'entrée du courant et son pôle austral à la sortie.

Donc quand des courants alternatifs se présentent pour demander passage à un conducteur, il faut que le long aimant formé par ce conducteur, c'est-à-dire un nombre inimaginable de molécules changent subitement de polarité pour recevoir chaque nouveau courant inverse qui arrive.

Or pas plus dans un conducteur que dans un fer doux, la rotation de 180° des molécules ne peut se faire sans travail, comme nous l'avons établi figure 81, et tout travail physique *défini* exige un temps *déterminé*.

Donc il y a une limite de rapidité que les molécules d'un conducteur ne peuvent dépasser dans les alternances de leur orientation.

Et si les alternances du courant dépassent cette limite, les monades électriques ne peuvent trouver passage dans ces molécules que l'inertie rend trop paresseuses.

C'est, — puisque nous avons déjà pris la comparaison, continuons-la, — c'est quelque chose d'analogue à ces lambins qui trop lents à se mouvoir dans la chaîne des sauveteurs d'un incendie se trouvent avoir *le dos tourné* aux seaux qui arrivent précipitamment et ne peuvent par conséquent les prendre pour les passer.

Puisque les courants alternatifs dépassant 30000 alternances à la seconde ne pénètrent pas dans le corps humain, nous pouvons en déduire que les molécules de l'organe abordé par le courant ne peuvent exécuter 30000 changements de polarité en ce temps d'une seconde.

Il s'en suit quelles subissent l'afflux des monades électriques dans un désordre complet qui localise en elles tout le travail mécanique que ces monades peuvent accomplir. Une légère anesthésie de l'organe peut se produire et si l'on est isolé de la terre, l'épiderme se couvre de sueur.

Si les alternances sont moins fréquentes, les molécules du système nerveux réalisant *plus ou moins* parfaitement leurs orientations successives, le courant pénètre; mais comme l'orientation ne se fait pas régulièrement, les monades électriques produisent un travail partout où elles se trouvent arrêtées dans leur cheminement. C'est sans doute ce qui a lieu avec les alternances de 2500 périodes à la seconde.

499. — Tout ceci s'applique évidemment aux conducteurs métalliques.

Rappelons-nous que les files moléculaires longitudinales d'un conducteur sont exactement dans les mêmes conditions que les files moléculaires d'un aimant, c'est-à-dire qu'elles sont en *répulsion* l'une avec l'autre.

Il s'en suit que le passage des monades électriques doit se faire de préférence par les couches *superficielles* du conducteur, et ne s'opérer par les files centrales que lorsque l'intensité du courant se trouve à saturation.

Cette raison du passage d'un courant par les couches moléculaires superficielles d'un conducteur s'applique aux courants connus aussi bien qu'aux courants alternatifs. Mais pour ceux-ci une nouvelle raison doit intervenir, c'est l'impossibilité d'exécuter tel nombre de demi-révolutions à la seconde. On conçoit en effet, que les molécules *superficielles* doivent être plus libres de leurs évolutions que les molécules centrales.

Les courants alternatifs à grandes fréquences doivent donc à l'extrême limite, passer presque exclusivement par les couches superficielles du conducteur.

Il serait donc bon de substituer des conducteurs creux ou plats aux conducteurs cylindriques pleins pour éviter l'emploi d'une masse de cuivre onéreuse inutile

500. — Revenons à la transformation des courants.

La transformation en courants de haute tension étant exactement le cas de la bobine Ruhmkorff, nous n'avons pas en redonner ici la théorie.

Remarquons seulement que les dynamos à courants alternatifs se prêtent tout naturellement à cette transformation; leurs alternances jouant précisément le rôle de l'interrupteur.

Voyons donc la théorie des alternateurs qui changent les hautes tensions en basses tensions.

500. — Un raisonnement semblable à celui que nous avons fait pour la figure 126, nous conduit à dire que si un inducteur à fil fin *f* figure 192, comptant par exemple 4 files de molécules avec des essaims de 10000 monades électriques circulant dans chaque file, est mis en présence d'un induit F formé de 4000 files de molécules; la puissance inductrice de *f*, au lieu de se limiter à 4 files de molécules dans F, étendra son action à toute la masse de cet induit.

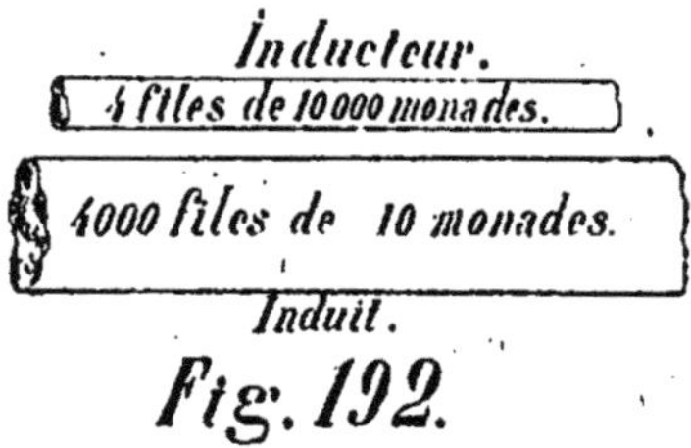

Fig. 192.

En substituant une induction moyenne à l'induction en raison inverse des carrés des distances des files induites, nous voyons que théoriquement les 40000 forces inductrices de *f* ne pourront orienter les molécules de F qu'avec une énergie moyenne de 10 monades électriques par molécules.

502. — Ainsi se conçoit le transformateur dont le premier modèle a été construit par MM. Gaulard et Gibbs.

Le courant inducteur à haute tension arrive par le fil fin MN, figure 193, autour de deux faisceaux de fils de fer doux CE et DF.

Des collerettes de cuivre G ayant 0,25 millimètres d'épaisseur sont entremêlées aux spires de ce fil fin.

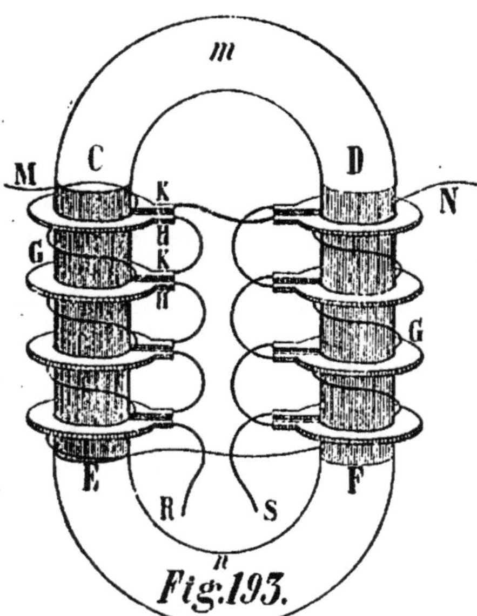

Fig:193.

Des languettes H, K, terminant ces collerettes servent à les réunir. Les languettes K étant reliées aux languettes H, on voit que ces collerettes constituent elles aussi des hélices dont les extrémités R et S sont les pôles du courant induit à basse tension que l'on désire.

Les deux faisceaux de fer doux CE et DF des deux bobines sont réunis par leurs armatures *m* et *n* en demi-anneaux de manière à former un circuit magnétique complet.

Grâce à cette disposition les courants induits dont nous avons parlé, figure 89, se neutralisent avec la plus grande facilité dans les armatures communes *m* et *n*.

Il existe encore d'autres transformateurs. On a le transformateur *Ganz*; — le transformateur *Westinghouse*, et le transformateur *Ferranti* ; mais je ne m'y arrête pas. Il suffit de savoir qu'ils sont tous inspirés par la même idée théorique que le précédent.

CHAPITRE XII

LUMIÈRE ÉLECTRIQUE

Lumière à Arc.

503. — Nous avons vu que lorsque les molécules pondérables se trouvent dans l'impossibilité de transmettre les monades électriques qu'une source leur impose, elles s'en servent pour un travail personnel de vibration, figure 47.

Si le nombre de ces vibrations s'arrête au-dessous de 400 trillions par seconde, il ne se manifeste qu'une chaleur plus ou moins intense désignée sous le nom *d'Effet Joule.*

Si le flux des monades électriques est suffisamment intense les vibrations montent au maximum de la rapidité; c'est-à-dire qu'elles produisent non seulement une lumière d'un degré quelconque, mais l'ensemble complet de la Chaleur, de la Lumière et de l'Actinie, comme celles qui nous arrivent du soleil.

504. — Telle est la Lumière à arc, dans laquelle la combustion du charbon par l'oxygène de l'air vient s'ajouter au travail de l'électricité.

Comme nous l'avons vu au numéro 33, il y a transport de matière dans les deux sens ; mais celui qui se produit du pôle positif vers le pôle négatif est prédominant. Aussi ce charbon positif se creuse-t-il en cratère tandis que le charbon négatif reste pointu, quand le courant est continu.

C'est pourquoi il faut toujours mettre le charbon positif au-dessus du négatif et adapter aux deux charbons des appareils qui les maintiennent constamment à la distance voulue pour la formation convenable de l'Arc.

505. — Les molécules de carbone qui, arrachées au pôle positif, sont transportées au pôle négatif en *files continues*, doivent

être orientées comme nous avons dit que les molécules d'un conducteur le sont.

L'électricité positive voyageant du pôle boréal des molécules à leur pôle austral, les molécules libres qui vibrent dans le passage de l'électricité vers le pôle négatif doivent être orientées comme l'indique la figure 194.

Mais par là même toutes ces files sont autant d'aimants qui ont leur pôle boréal au charbon positif C, et leur pôle austral au charbon négatif C'. Étant réunis par leurs pôles de même nom, tous ces aimants doivent se repousser, comme l'indiquent les rotations équatoriales.

Fig. 194.

C'est pourquoi cette lumière a mérité le nom d'*Arc voltaïque* ; les files de molécules s'écartant le plus possible les unes des autres dans leur partie médiane ; — comme les files de limaille de fer entre les deux pôles d'un aimant.

506. — Citons quelques exemples pour donner une idée de la puissance nécessaire aux arcs voltaïques à courants continus.

Ces arcs voltaïques ont reçu le nom de *Régulateurs* parce que cet appareil accessoire en est pour ainsi dire la partie essentielle.

NOMS DES Régulateurs	Intensité en Carcel ou 10 bougies	Volts	Ampères	Puissance motrice en chevaux
Jaspar	250	70	24	2, 1/2
Siemens	40	50	10	3/4
Gramme	500	50	24	3
Thomson	250	50	10	3/4

Installation des Lampes à Arc.

507. — Pour monter les régulateurs on peut les placer,
soit en série,
soit en dérivation,
soit en séries multiples.

508. — Dans le montage en série, figure 195, A, il faut que la source fournisse, — sans compter ce que la résistance du conducteur absorbe, — une *force électromotrice* égale à *la somme* des forces nécessaires pour chaque régulateur et une *intensité* égale seulement à celle qu'exige *un seul* régulateur.

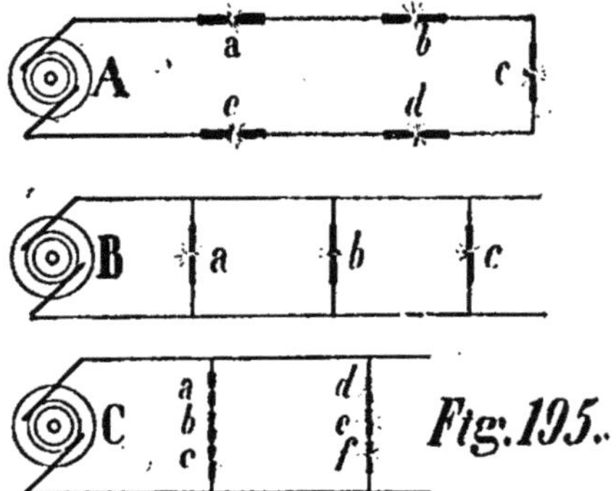

Fig. 195.

Soit *a*,*b*,*c*,*d*,*e*, 5 régulateurs Thomson de 250 carcels, à 50 volts et 10 ampères chacun.

Il faudra fournir 250 volts et 10 ampères.

509. — Dans le montage en dérivation, figure 195 B, il faudra que la source fournisse une *intensité* égale à la *somme* des intensités nécessaires pour chaque arc, et une *force électromotrice* égale seulement à celle qu'exige *un seul* régulateur.

Pour les 3 arcs *a*,*b*,*c* de 50 volts et 10 ampères chacun, il faudra 50 volts et 30 ampères.

510. — Dans le montage en séries multiples, figure 195, C, les 6 arcs à 50 volts et 10 ampères exigeront de la machine 150 volts et 20 ampères.

Bougie Jablochkoff.

511. — La bougie Jablochkoff utilisant les courants alternatifs, sans les redresser, a supprimé le régulateur.

Le courant changeant continuellement, use régulièrement les deux charbons ; on peut donc les mettre parallèlement.

Mais il faut qu'ils soient isolés et écartés de la distance nécessaire à la formation de l'arc. C'est pourquoi les deux crayons sont accolés l'un à l'autre par un mastic isolant dit *columbin*. Ce mastic formé d'un mélange de deux parties de sulfate de chaux et d'une partie de sulfate de baryte n'est pas conducteur à froid et le devient suffisamment à chaud pour limiter l'arc voltaïque aux extrémités du charbon. Il se consume en même temps que les charbons.

Les bougies Jablochkoff dont les charbons ont 6 millimètres de diamètre donnent, avec la force d'un cheval et demi, un arc de 90 carcels ou 900 bougies, exigeant 45 volts et 13,5 ampères.

Lumière à Incandescence.

512. — La Lumière à incandescence est obtenue par le passage d'un courant suffisamment intense à travers un fil peu conducteur, soustrait à l'action comburante de l'air dans des ampoules de verre dans lesquelles le vide est fait. Edison obtient ses filaments en carbonisant des fils de bambou dans des moules en nickel que l'on remplit de plombagine.

513. — Les lampes à incandescence varient dans leur mode d'excitation par suite de la grosseur et de la longueur de leur filament de charbon.

Les tableaux suivants empruntés, comme les précédents, au précieux manuel pratique de l'Electricien par M. E. Cadiat, suffisent pour en donner une idée.

	Intensité en bougies	Volts	Ampères	Nombre de lampes par cheval
Lampes Edison	32	90 à 115	1,2	4
	16	90 à 110	0,75	8
	10	90 à 110	0,55	10,8
Lampes Gérard	32	33	2,5	7
	20	25	2,3	10,5
	15	20	2,2	13,5
	8	7	21	16

514. — Ces lampes Gérard à faible voltage sont précieuses pour les installations qui n'exigent pas de *longs* conducteurs, parce qu'elles peuvent être allumées par des piles ou des accumulateurs.

C'est dans le même ordre d'idées que M. Bernstein a construit sa *Lampe merveilleuse* donnant :

de 120 à 150 bougies	avec 50 ou 65 volts	et 6 ampères ;
de 160 à 210 —	— 50 ou 65 —	— 8 —
de 82 à 90 —	— 34 ou 37 —	— 6 —
de 110 à 120 —	— 34 ou 37 —	— 8 —

Ces lampes peuvent se substituer avantageusement à tout un groupe de petites lampes à incandescence, soit même à une lampe à arc.

Installation des lampes à incandescence.

515. — Contentons-nous d'indiquer sommairement les principales méthodes de montage.

516. — Montage en *série*, figure 196, A. — Si les lampes *a*, *b*, *c*, *d*, *e*, sont de 90 volts et 1 ampère, la machine devra leur fournir 5 × 90 = 450 volts et 1 ampère.

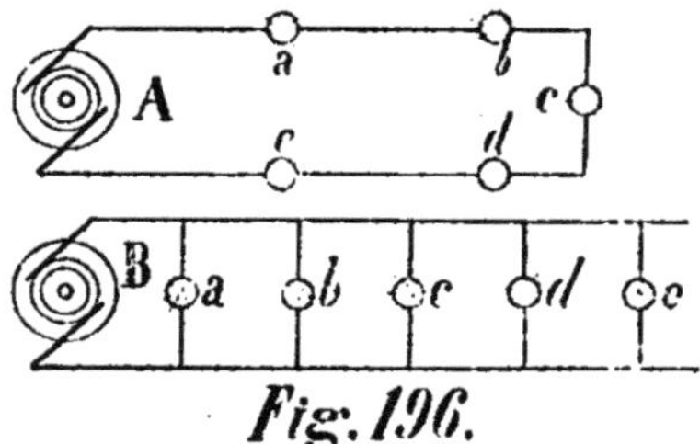

Fig. 196.

517. — Montage en *dérivation*, figure 196, B. — Les 5 lampes étant de 90 volts et 1 ampère, il faudra leur fournir 90 volts et 5 ampères, que l'on partagera entre elles en diminuant convenablement le diamètre des fils de dérivation.

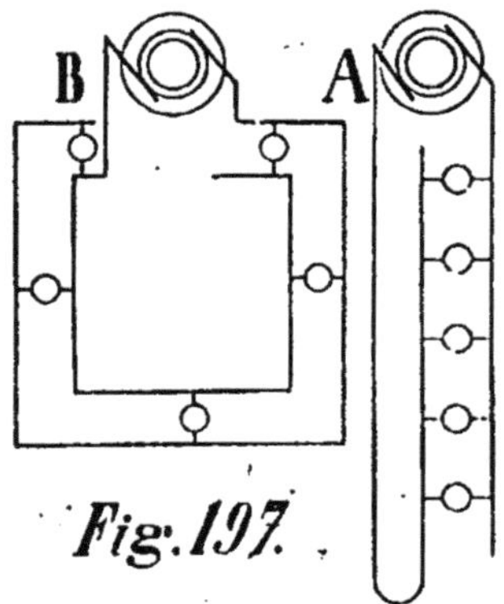

Fig. 197.

518. — Montage en *boucle*, figure 197, A. — La résistance des conducteurs étant proportionnelle à leur longueur, il arrive dans le montage en dérivation précédent, que la tension est moindre pour la lampe *e* située à l'extrémité des conducteurs que pour la lampe *a* plus rapprochée de la source.

La Boucle A remédie à cet inconvénient, comme on le voit.

519. — Montage en *ceinture*, figure 197, B. — Le même résultat est obtenu par la disposition de la figure B, dit montage en ceinture.

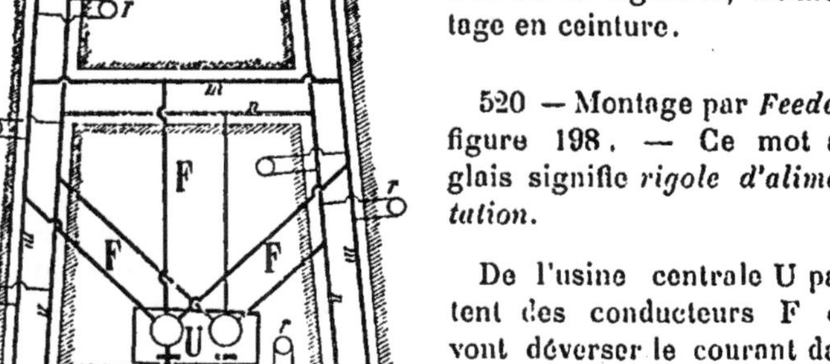

Fig: 198.

520 — Montage par *Feeders*, figure 198. — Ce mot anglais signifie *rigole d'alimentation*.

De l'usine centrale U partent des conducteurs F qui vont déverser le courant dans le réseau *m n*. De là des dérivations *r* l'envoient aux lampes des abonnés.

Durée des lampes.

521. — N'oublions pas que les vibrations lumineuses vont jusqu'à 700 trillions par seconde, se réalisant par des aplatissements discoïdaux et des allongements ovoïdes successifs des molécules. Par suite rien d'étonnant qu'à force de vibrer ainsi les molécules des filaments de charbon finissent par briser les liens de cohésion qui les réunissent, d'autant plus que ces liens ont été considérablement affaiblis dans la carbonisation de la fibre de bambou.

La molécule de cellulose étant $C^{12} H^{11} O^{11}$, les 11 HO qui ont été enlevés dans la carbonisation ont laissé les 12 atomes de charbon plus ou moins adhérents entre eux.

Aussi l'expérience démontre-t-elle que le pouvoir lumineux des lampes à incandescence baisse de 10 pour 100 après 500 heures de service; de 15 pour 100 après 800 heures et de 20 pour 100 après 1000 heures.

Il faut alors les renouveler.

Compteurs Électriques

522. — *Compteur Edison*, figure 199.

Deux volmètres VV' peuvent être introduits tour à tour dans une dérivation prise sur une bande de maillechort M par laquelle passe le courant à mesurer.

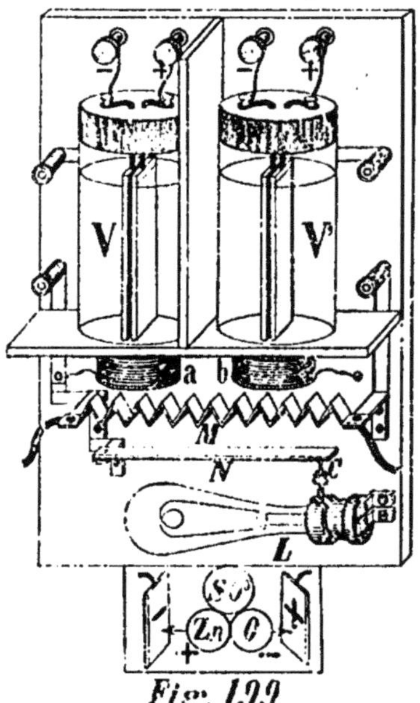

Fig. 199.

Deux lames de zinc y sont plongées dans une solution de sulfate de zinc. Et, comme il est indiqué au bas de la figure, le sulfate de zinc électrolysé par le courant donne son oxygène à la lame positive et *son zinc à lame négative.*

La résistance d'un volmètre et de sa bobine additionnelle *a* ou *b*, est calculée de telle sorte que le courant dérivé n'est que la millième partie du courant principal.

Un thermomètre N composé de deux lames d'inégale dilatabilité s'infléchit pour tel degré de froid de manière à introduire la lampe L dans une dérivation en fermant le contact C. La lampe s'allume et dégage la chaleur suffisante pour empêcher les liquides de se congeler.

Après le temps voulu on prend le volmètre qui vient de fonctionner, pour peser l'augmentation de poids de sa lame négative.

Ce poids est évidemment proportionnel à l'intensité de la millième partie du courant qui y a été dérivée.

523. — *Compteur Grassot*, figure 200.

Au lieu de demander le mesurage du courant à la lame négative comme Edison, M. Grassot la demande à lame positive.

Pour cela une baguette d'argent E, chargée d'un poids P peut descendre, guidée par un tube de verre.

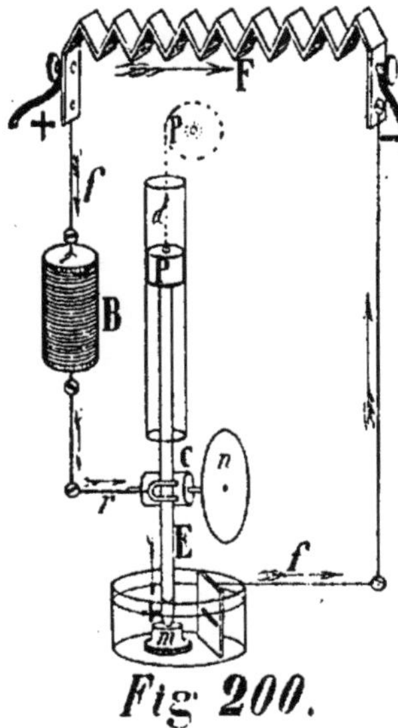

Fig 200.

Son extrémité inférieure, taillée en pointe, repose sur un tasseau isolant *m*.

Cette baguette étant le pôle positif, est rongée par l'oxygène de l'azotate d'argent électrolysé, tandis que la lame d'argent qui forme le pôle négatif s'argente

A mesure qu'elle est rongée, elle s'abaisse et fait tourner par friction le cylindre C, lequel fait mouvoir des aiguilles par un système de roues dentées en *n*.

Peut-être serait-il plus simple de faire mouvoir une poulie P' à l'aide d'un fil *d* attaché à la baguette d'argent.

Ces compteurs ne peuvent servir que pour des courants continus.

FIN

TABLE ANALYTIQUE DES MATIÈRES

Préambule Philosophique

ARTICLE IX.

Travaux des différents agents du monde physique

ARTICLE X.

Matière première. Formation de l'étendue

ARTICLE XI.

Corps chimiques.

ARTICLE XII.

Travaux de gravitation, de cohésion et d'affinité

2

CHAPITRE I.

Electrochimie

Article Ier

Principe fondamental

Article II.

Analyse de la pile

ARTICLE III.

Remarque sur la pile Leclanché

ARTICLE IV.

Couplage des piles. Examen des formules de Pouillet

ARTICLE V.

Montage raisonnée des couples hydroélectriques

CHAPITRE II.

Magnétisme

CHAPITRE III.

Courants électrique

Article Ier.

Nature du courant électrique

Article II

Action mutuelle de deux courants

ARTICLE III.

Phénomènes principaux produits par l'action mutuelle des courants

CHAPITRE IV

Induction

ARTICLE Ier

Induction d'un courant sur un fil juxtaposé

ARTICLE II

Induction d'un courant sur le fer doux et sur l'acier

ARTICLE III.

Induction d'un aimant sur un fil

ARTICLE IV.

Induction d'un aimant sur des masses métalliques ou autres

CHAPITRE V.

Application des principes de l'Induction Machines électriques

Article Ier.

Machine de Ruhmkorff

Article II

Etude de l'Etincelle d'Induction

Article III

Cerceau de Delezenne

ARTICLE IV.

Machine Gramme.

ARTICLE V

Machine Siemens.

ARTICLE VI

Machine Edison

ARTICLE VII

Machine Rechnewski

ARTICLE VIII

Machine Desroziers, de la maison Bréguet

CHAPITRE

Excitation des Dynamos

CHAPITRE VI

Dynamos à courants alternatifs ou alternateurs

ARTICLE Ier

Machine de l'abbé Nollet dite de l'Alliance

ARTICLE II

Alternateur Siemens

Article III

Alternateurs Ferranti-Thompson

CHAPITRE VII

Moteurs électriques ou Transmission de l'énergie électrique

Article Ier

Transmission par courants continus.
Moteurs sans points morts

Moteurs à courant continu avec point mort

ARTICLE II

Transmission par courants alternatifs

Moteurs à champ constant

Moteurs synchroniques

Moteurs à champ alternatif

Moteurs à champ tournant

CHAPITRE IX.

Mesure des courants électriques

I. Mesure de la quantité

II. Mesure de la Force électromotrice.

CHAPITRE X.

Piles secondaires ou Accumulateurs.

CHAPITRE XI

Transformateurs.

CHAPITRE XII

Lumière électrique

Lumière à arc

Lumière à incandescence

Compteurs électriques

FIN

Saint-Just. — Imp. Universelle

www.ingramcontent.com/pod-product-compliance
Ingram Content Group UK Ltd.
Pitfield, Milton Keynes, MK11 3LW, UK
UKHW012154240726
13966UKWH00002B/338

9 782013 593526